EXPERIMENT OF
INORGANIC AND ANALYTICAL
CHEMISTRY

无机及分析化学实验

张犁黎 主编　　张 静 副主编

第二版
2nd Edition

U0201534

化学工业出版社

·北京·

本书内容包括实验室基本常识及安全知识、实验室安全准入、无机化学实验、分析化学实验、仪器分析实验、综合设计性实验等，完全覆盖了无机化学及分析化学实验的基础知识、基本操作及能力拓展，包括演示性、验证性、设计性、开放性等不同层次的实验。本书适合化学工程、应用化学、材料化学、药学、环境化学等相关专业大专院校师生及技术人员参考阅读。

图书在版编目（CIP）数据

无机及分析化学实验/张犁黎主编. —2 版 . —北京：化学工业出版社，2015.8（2022.8 重印）
ISBN 978-7-122-24203-7

Ⅰ．①无…　Ⅱ．①张…　Ⅲ．①无机化学-化学实验-高等学校-教材②分析化学-化学实验-高等学校-教材
Ⅳ．①O61-33②O652.1

中国版本图书馆 CIP 数据核字（2015）第 120035 号

责任编辑：曾照华　　　　　　　　　文字编辑：冯国庆
责任校对：王　静　　　　　　　　　装帧设计：韩　飞

出版发行：化学工业出版社（北京市东城区青年湖南街 13 号　邮政编码 100011）
印　　装：北京建宏印刷有限公司
787mm×1092mm　1/16　印张 14¾　彩插 1　字数 363 千字　2022 年 8 月北京第 2 版第 4 次印刷

购书咨询：010-64518888　　　　　　售后服务：010-64518899
网　　址：http://www.cip.com.cn
凡购买本书，如有缺损质量问题，本社销售中心负责调换。

定　　价：29.80 元

前 言

　　本书第一版自 2011 年 8 月问世以来，已历经 4 年，被许多大专院校用作化学化工类相关专业本科生、专科生基础实验课教材和工业分析与检验专业的专业实验教材。结合使用本教材进行教学工作的一些体会，并吸收读者提出的宝贵意见和建议，我们对第一版作出了修订。

　　这次修订主要进行了下述几个方面的工作。

　　1. 对第一版的内容进行了必要的扩充。根据教材使用情况，加入了仪器分析实验的相关内容，如增加了电化学实验中电导法测定水的纯度、单扫描极谱法同时测定铅和镉，光谱法中同步荧光法同时测定色氨酸、酪氨酸和苯丙氨酸，火焰原子吸收光谱法测定水样中锌的含量，以及高效液相色谱法测定有机化合物的含量、体积排阻色谱（SEC）法测定高聚物分子量及分布等二十余个实验项目，尤其加入了核磁共振波谱（氢谱）法测定乙基苯、差示扫描量热法测定高聚物热性能、元素分析法测定样品中的 C、H、N、S 含量等大型仪器测试项目，这些在传统的分析实验教材中是不多见的。同时，为了保持本书简明扼要、条理性强的特点，新增部分内容也力求简洁、精炼。

　　2. 对第一版中的一些不当之处做了删减、修订和适当的调整，如电位法滴定 HCl 和 HAc 混合液、邻二氮菲吸光光度法测定微量铁等原有归入分析化学实验的项目重新编入仪器分析部分，对化学实验室安全和化学实验基本操作等章节中的部分内容进行了调整和改编。对一些陈旧的知识内容进行了删减，使全书更趋于合理。另外，对每个实验的思考题和注意事项做了重新审定，增删了部分内容。

　　3. 为突出实验室安全保障和基本操作规范训练，书中增设了实验室准入测试的内容，并列举一套准入考核试题。在学生进入化学实验室前，对实验室的安全规则、常用仪器、基础知识和基本技能实行"测试与准入"制度，希望能避免学生在学习过程中存在不认真、不重视的情况。通过一系列测试，引导学生遵守安全规则，强化正确操作，重视实验过程。

　　根据第一版作者的意见及授权，这次修订工作主要由张犁黎（绪论、第一章、第二章、第三章、第六章、第七章）和吴昊（第四章、第五章、第八章、第九章）等同志完成，全书由张犁黎主编，张静担任主审工作。另外，于大伟、赵丽萍、张焕、李纲和王宗慧等同志均参与了本书第一版与第二版的编写工作，付出了辛勤的劳动。由于我们的水平有限，这次修订仍难免有不能令人满意的地方，不当之处，恳请读者批评指正。

编　者

2015 年 4 月

第一版前言

无机及分析化学实验是高等院校化工、轻工、材料、石油、冶金、纺织、环保以及应用化学等专业的第一门基础化学实验课程，其教学目的和任务不只是培养学生的基本实验技能和动手能力，更重要的是通过实验教学提高学生的综合素质，培养学生进行科学实验的方法和技能，使学生逐步学会对实验现象的观察、分析、判断、推理以及归纳总结，培养独立工作能力，对工科学生更要培养其解决工业生产实际问题的能力。

随着教学改革的不断深化，要求高等工科院校的培养目标面向基层，面向企业，要求改变过去单一的培养模式，建设多类型、多层次、多规格的课程体系。教材建设必须适应培养目标而作相应的变革。本教材编入的所有实验均经过实际教学检验，在注重基本技术、技能训练的同时，增加无机、分析化学综合实验和设计研究型实验的比重，让学生能获得更多的实验技能和训练，培养学生各方面的素质和能力。

在编写本书时我们着重从以下几个方面入手来体现其特点。

1. 注重教材结构和层次

把化学实验基础知识、基本操作及常用仪器作为本书的第一篇，便于学生实验前预习，也有利于学生充分利用本教材。实验内容部分按基本操作和技能实验、无机及分析理论验证实验、实际应用实验、综合实验、设计实验的顺序编排，更有利于学生循序渐进地掌握实验技能，同时也可供工科院校各专业不同类型、层次、规格的教学要求和教学条件加以选择组合。

2. 精心选择实验内容

依据我校历年来的实验教学实践，由实验教学一线教师联合编写，书中大多数实验是我校在多年实验教学中选用或近几年教改中试用过的内容。同时博采众家之长，吸取成熟的经验，力求教学效果良好，学生容易接受，简单易行又充分贴合工业生产和生活实际。在教材中加入难度合适的设计型实验，给学生提供更多的选择余地，培养学生对化学实验的兴趣。

3. 突出工科专业特色

教材选择了部分与工业生产、环境保护、材料科学密切相关的内容，体现了实践性、应用性，也反映了现代化工行业的新发展、新技术，如"葡萄糖酸锌的制备与质量分析"，"磷酸盐在钢铁防腐中的应用"，"废干电池的综合利用"等，体现了工科化学的特色，提升了学生对工业生产的认知和兴趣。

本书由张静主编，参加编写的同志主要有张犁黎、于大伟、赵丽萍、张焕、吴昊、李纲和王宗惠。同时吴昊同志负责组织稿件和整理工作。限于编者的水平，编写经验不足，书中难免有不妥之处，恳请读者批评指正。

编 者

2011 年 3 月

目 录

绪　论

一、化学实验的目的

化学是一门实验科学。要很好地理解和掌握化学基本理论和基础知识，就需要亲自动手进行实验。此外，实验也是培养独立操作、观察记录、分析归纳、撰写报告等多方面能力的重要环节，因此化学实验课是实施全面的化学教育最有效的一种教学形式。无机及分析化学实验是化学、化工专业学生必修的基础化学实验课程之一，开设此课程的目的如下。

① 通过实验，可以获得大量物质变化的第一手感性知识。加深和巩固学生对一些基本理论、基本概念的理解。化学实验不仅能使理论知识形象化，而且能生动地反映理论知识适用的条件和范围，能较全面地反映化学现象的复杂性。

② 通过实验，学生亲自动手，能够训练学生的基本操作技能，使学生正确掌握基本化学仪器的使用，学会观察实验现象和测定实验数据，以及正确地处理所获得的数据。在分析实验现象和数据的基础上，真实客观地表达实验结果。

③ 通过实验，特别是其中的综合性、设计性实验，培养学生严谨的科学态度，良好的实验素质以及独立思考和独立工作的能力。如查找资料、设计方案、独立进行实验、细致观察和记录实验现象，分析归纳并用语言表达实验结果等。

无机及分析化学实验的任务就是要通过整个无机及分析化学实验教学过程，逐步地达到以上各项目的，为学生后续的学习和科研奠定坚实的基础。

二、化学实验的学习方法

要达到以上实验目的，不仅要有正确的学习态度，而且还要有正确的学习方法，现将化学实验的学习方法归纳如下。

1. 预习

要使实验达到良好的效果，认真预习是前提。

① 认真阅读实验教材、教科书和参考资料中的有关内容。

② 明确实验目的，了解实验内容及注意事项。

③ 预习有关的基本操作及仪器的使用说明。

④ 在预习的基础上写好预习笔记。

2. 讨论

实验前，教师以提问的形式引发学生的思考，与学生共同讨论，明确实验原理和注意事项，演示规范操作。

3. 实验

① 按照拟定的实验方案步骤，认真操作，细心观察现象并及时地、如实地做好详细的记录。

② 将实验现象和数据如实地记录在实验报告上，不得涂改。

③ 实验全程应勤于思考，仔细分析问题，力争自己解决问题。若实验失败，首先要认真分析、查找原因，自己难以解决时，可请教师指导并重新进行实验。

4. 实验报告

实验完成后对实验现象和实验数据进行解释并作出结论，根据实验数据进行处理和计算，独立完成实验报告，交给指导教师审阅。实验报告应字迹端正，简明扼要，整齐清洁。若实验现象、数据、解释、结论等不符合要求或报告写得潦草，应重做实验或重写报告。

三、实验报告的基本格式

无机及分析化学实验报告一般分为化学制备实验报告、化学测定实验报告和化学性质实验报告三种。

化学制备实验报告

实验名称：_____ 室温：____气压：____

年级：_____ 姓名：_____ 学号：_____ 实验日期：_____

一、实验目的

二、基本原理

三、简要流程

四、实验过程中的主要现象

五、实验结果

产品外观：

理论产量：

实际产量：

产率：

六、问题与讨论

化学测定实验报告

实验名称：_____ 室温：____气压：____

年级：_____ 姓名：_____ 学号：_____ 实验日期：_____

一、实验目的

二、基本原理（简述）

三、实验步骤

四、数据记录和结果处理

五、问题和讨论

化学性质实验报告

实验名称：_____　室温：_____气压：_____

年级：_____姓名：_____学号：_____实验日期：_____

一、实验目的
二、实验内容与记录

实验步骤	实验现象	解释和反应（包括化学反应方程式）

三、讨论
四、小结

第一篇

化学实验基础知识和基本操作

| 第一章 | 化学实验安全守则和常见伤害的防护 | |

在进行化学实验时，要严格遵守关于水、电、煤气和各种药品、仪器的操作规程。化学药品中，很多是易燃、易爆、有腐蚀性和有毒的。如果马虎大意，不按照规程操作，不但会造成实验的失败，还可能发生事故（如失火、中毒、烫伤或者烧伤等）。因此，第一，要从思想上重视实验室的安全工作，绝不能麻痹大意。第二，在实验前应了解仪器的性能和药品的性质以及本实验中的安全事项。在实验中注意集中精力，防止意外发生。第三，要学会一般救护措施，一旦发生意外事故，可以进行及时处理。事故与安全是一对矛盾，它们在一定的条件下可以转化。只要在思想上重视安全工作，遵守操作规程，事故就可以避免。

一、实验室安全守则

① 实验前应熟悉每个具体操作中的安全注意事项。

② 用完酒精灯后应立即熄灭，点燃的火柴用后应立即熄灭，不得乱扔。

③ 使用电器时要谨防触电，不要用湿的手、物接触电源。实验后应立即切断电源。

④ 绝对不允许把各种化学药品任意混合，以免发生意外事故。

⑤ 不要俯向容器去嗅气体的气味，应保持一定距离，慢慢地用手把离开容器的气流扇向自己。

⑥ 稀释浓酸（特别是硫酸）时，应将酸注入水内并不断搅拌，切勿将水注入酸内，以免溅出或爆炸。

⑦ 倾注药剂或加热液体时，不要俯视容器，以防溅出。试管加热时，切记不要使试管口对着自己或别人。

⑧ 严禁在实验室内饮食或把食品带进实验室。实验后必须仔细把手洗净。

⑨ 离开实验室之前，应检查水、电、门、窗是否关闭。

二、易燃和具有腐蚀性的药品与有毒药品的使用规则

① 使用氢气时，要严禁烟火。点燃氢气前必须检查氢气的纯度。凡点燃可燃性气体之

前，都必须检查其纯度。

②浓酸、浓碱具有腐蚀性，不要把它们洒在皮肤或衣物上，废酸应倾入酸缸，但不要往酸缸中倾倒碱液，以免酸碱中和放出大量的热而发生危险。

③强氧化剂（如氯酸钾、高氯酸）和某些混合物（如氯酸钾与红磷的混合物）易发生爆炸，保存及使用这些药品时，应注意安全。

④银氨溶液久置后易发生爆炸。用后不要把它保存起来，应倾入水槽中。

⑤活泼金属钾、钠等不要与水接触或暴露在空气中，应保存在煤油内，并在煤油内进行切割，取用时要用镊子。

⑥白磷有剧毒，并能烧伤皮肤，切勿与人体接触；在空气中易自燃，应保存在水中，取用时要用镊子。

⑦有机溶剂（乙醇、乙醚、苯、丙酮等）易燃，使用时，一定要远离火焰，用后应把瓶塞塞严，放在阴凉的地方。当因有机溶剂引起着火时，应立即用沙土或湿布扑灭，火势较大时可用灭火器，但不可用水扑救。

⑧下列实验应在通风橱内进行：

a. 制备具有刺激性的、恶臭的、有毒的气体（如 H_2S、Cl_2、CO_2、NO_2、SO_2、Br_2 等）或进行能产生这些气体的反应时；

b. 进行能产生氟化氢（HF）的反应时；

c. 加热或蒸发盐酸、硝酸、硫酸时。

⑨升汞（$HgCl_2$）和氰化物有剧毒，不得进入口内或接触伤口。砷盐和钡盐也有毒，不得进入口内。

⑩汞易挥发，它在人体内会积累起来，引起慢性中毒。如遇汞洒落时，必须把它尽可能地收集起来，并用硫黄粉盖在洒落的地方，使汞变成硫化汞。

三、常见伤害救护

①对割伤，可用药棉饱和药剂（双氧水或三氯化铁酒精溶液）涂在伤口上止血；也可用云南白药、止血粉止血。玻璃割伤可用红汞、碘酒或龙胆紫涂擦。还可用"好得快"、"创可贴"止血。

②对烫伤，可在伤口上涂烫伤药膏或用浓高锰酸钾溶液涂在灼伤处至皮肤变成棕色，再涂上凡士林或烫伤药膏。

③对强酸灼伤，应立即用水冲洗，再用2%～5%的碳酸钠或碳酸氢钠、肥皂水或淡石灰水冲洗，最后用水冲洗。

④对强碱腐蚀，要立即用水冲洗，再用2%的醋酸溶液或硼酸溶液冲洗。

⑤若毒药误服入口中，应用5～10mL硫酸铜溶液加入一杯温水中，内服后用手指伸入咽喉部，促使呕吐，然后立即去医院治疗。

四、意外事故的处理

①实验过程中万一出事，不要惊慌，如涉及人身安全，应尽力保护学生，尽量让学生疏散出去，同时实事求是、科学地分析事故产生的原因，排除故障，不要使学生感到恐惧，害怕实验。

②触电时应立即切断电源，在触电者脱离电源之后，将触电者迅速放在空气流通的地方急救，进行人工呼吸，有危险者，应立即送往医院。

③ 电线短路起火时，应切断电源，用四氯化碳灭火器灭火。在未切断电源之前，忌用水和二氧化碳泡沫灭火器灭火，以免造成触电等新的事故。

④ 当大量的酒精、汽油等洒落在地板上时，要立即打开门窗透风，并严禁明火，以防可燃性蒸气爆炸或起火。酒精起火时，应立即用湿布或沙土等灭火，如火势较大，也可用泡沫灭火器灭火。

⑤ 油类起火时，用干燥沙土或泡沫灭火器灭火。严禁用水浇，以防止油溢出，造成火势蔓延。

第二章　无机化学实验常用仪器介绍

化学实验仪器大部分是玻璃制品，少部分为其他材质。因为玻璃有较好的化学稳定性和很好的透明度，原料廉价又比较容易得到，此外，玻璃易于被加工成各种形状。在化学实验中，要合理选择和正确使用仪器，才能达到实验目的。表 2-1 是无机及分析化学实验中常见的仪器名称、规格、用途及注意事项。

表 2-1　无机及分析化学实验中常见的仪器名称、规格、用途及注意事项

仪　器	规　格	作　用	注意事项
普通试管 (test-tube)	玻璃质，分硬质试管、软质试管、普通试管、无刻度的普通试管。以管口外径（mm）×管长（mm）表示	用作少量试剂的反应容器，也可用于少量气体的收集	普通试管可直接用火加热。硬质试管可加热至高温。加热时应用试管夹夹持。加热后不能骤冷
具支试管 (branch test-tube)	以管口外径（mm）×长度（mm）表示	密封的具支试管相当于有单孔塞的普通试管。可以进行洗气，还可以组装简易的启普发生器	试管与支管连接位置易折断
离心试管 (centrifugal test-tube)	以容量（mL）表示	主要用于沉淀分离	离心试管只能用水浴加热

续表

仪　器	规　格	作　用	注意事项
试管架 (test-tube rack)	有木质、铝质和塑料质等 有大小不同、形状不一的各种规格	盛放试管	加热后的试管应用试管夹夹好悬放在试管架上
试管夹 (test - tube clamp)	由木料或粗金属丝、塑料制成。形状各有不同	夹持试管	防止烧损和锈蚀
毛刷 (hair brush)	以大小和用途表示。如试管刷等	洗刷玻璃器皿	使用前检查顶部竖毛是否完整，避免顶端铁丝戳破玻璃仪器
烧杯 (beaker)	玻璃质。分普通型、高型、有刻度、无刻度。规格以容量(mL)表示	用作较大量反应物的反应容器，也用作配制溶液时的容器或简易水浴的盛水器	加热时应置于石棉网上，使其受热均匀。刚加热后不能直接置于桌面上，应垫以石棉网
锥形烧瓶 (conical flask)	玻璃质。规格以容量(mL)表示	反应容器，振荡方便，适用于滴定操作	加热时应置于石棉网上，使其受热均匀。刚加热后不能直接置于桌面上，应垫以石棉网
蒸馏烧瓶 (distilling flask)	玻璃质。规格以容量(mL)表示	用于液体蒸馏，也可用作少量气体的发生装置	加热时应置于石棉网上，使其受热均匀。刚加热后不能直接置于桌面上，应垫以石棉网

仪 器	规 格	作 用	注意事项
普通圆底烧瓶 (round flask)	玻璃质。规格以容量(mL)表示	反应物较多且需长时间加热时常用作反应容器	加热时应放置在石棉网上。竖直放在桌面上时,应垫以合适的器具,以防滚动而打破
磨口圆底烧瓶 (ground-in round flask)	玻璃质。规格以容量(mL)表示。还以磨口标号表示其口径大小,如 10、14、19 等	反应物较多且需长时间加热时常用作反应容器	加热时应放置在石棉网上。竖直放在桌面上时,应垫以合适的器具,以防滚动而打破
量筒 (measuring cylinder)	玻璃质。规格以刻度所能量度的最大容积(mL)表示 上口大、下部小的称作量杯	用于量度一定体积的液体	不能加热 不能量热的液体,不能用作反应容器
移液管 吸量管 (pipette)	玻璃质。移液管为单刻度,吸量管有分刻度。规格以刻度最大标度(mL)表示	用于精确移取一定体积的液体	不能加热 用后应洗净,置于吸管架(板)上,以免沾污
酸式滴定管 (acidic buret) 碱式滴定管 (basic buret)	玻璃质。分酸式和碱式两种;管身颜色为棕色或无色 规格以刻度最大标度(mL)表示	用于滴定,或用于量取较准确体积的液体	不能加热及量取热的液体。不能用毛刷洗涤内管壁 酸式滴定管和碱式滴定管不能互换使用。酸式滴定管与酸式滴定管的玻璃活塞配套使用,不能互换

续表

仪 器	规 格	作 用	注意事项
容量瓶 (volumetric flask)	玻璃质。规格以刻度以下的容积（mL）表示 有的配以塑料瓶塞	配制准确浓度的溶液时用	不能加热。不能用毛刷洗刷瓶的磨口瓶塞配套使用，不能互换
称量瓶 (weighing bottle)	玻璃质。分高型和矮型。规格以外径(mm)×瓶高(mm)表示	需要准确称取一定量的固体样品时用	不能直接用火加热 盖与瓶配套，不能互换
干燥器 (desiccator)	玻璃质。分普通干燥器和真空干燥器。规格以上口内径(mm)表示	内放干燥剂，用作样品的干燥和保存	小心盖子滑动而打破 灼烧过的样品应稍冷后才能放入，并在冷却过程中要每隔一定时间开一开盖子，以调节器内压力
坩埚钳 (crucible tongs)	金属（铁、铜）制品。有长短不一的各种规格。习惯上以长度（寸、cm）表示	夹持坩埚加热，或往热源（煤气灯、电炉、马弗炉）中取、放坩埚	使用前钳尖应预热；用后钳尖应向上放在桌面或石棉网上
药勺 (spatula)	由牛角或塑料制成，有长、短各种规格	拿取固体样品用。视所取药量的多少选用药勺两端的大、小勺	不能用以取灼热的药品，用后应洗净并擦干备用
滴瓶　细口瓶　广口瓶 (reagent bottle)	玻璃质。带磨口塞或滴管，有无色和棕色两种。规格以容量（mL）表示	滴瓶、细口瓶用于盛放液体药品。广口瓶用于盛放固体药品	不能直接加热。瓶塞不能互换。盛放碱液时要用橡胶塞，防止瓶塞被腐蚀粘牢

仪 器	规 格	作 用	注意事项
集气瓶 (gas-jar)	玻璃质。无塞,瓶口面磨砂并配毛玻璃盖片 规格以容量(mL)表示	用作气体收集或气体燃烧实验	进行固-气燃烧试验时,瓶底应放少量砂子或水
表面皿 (watch glass)	玻璃质。规格以口径(mm)表示	盖在烧杯上,防止液体迸溅或其他用途	不能用火直接加热
漏斗 长颈漏斗 (funnel)	玻璃质或搪瓷质。分长颈、短颈两种以斗径(mm)表示	用于过滤操作以及倾注液体。长颈漏斗特别适用于定量分析中的过滤操作	不能用火直接加热
抽滤瓶和布氏漏斗 (filter f lask and buchner funnel)	布氏漏斗为瓷质,规格以容量(mL)或斗径(cm)表示 抽滤瓶为玻璃质,规格以容量(mL)表示	两者配套,用于无机制备晶体或粗颗粒沉淀的减压过滤	不能用火直接加热
砂芯漏斗 (galss sand funnel)	又称烧结漏斗、细菌漏斗。漏斗为玻璃质。砂芯滤板为烧结陶瓷。规格以砂芯板孔的平均孔径(μm)和漏斗的容积(mL)表示	用作细颗粒沉淀以至细菌的分离。也可用于气体洗涤和扩散实验	不能用于含氢氟酸、浓碱液及活性炭等物质体系的分离,避免腐蚀而造成微孔堵塞或沾污 不能用火直接加热。用后应及时洗涤,以防滤渣堵塞滤板孔

续表

仪 器	规 格	作 用	注意事项
分液漏斗 (separating funnel)	玻璃质。规格以容量(mL)和形状(球形、梨形、筒形、锥形)表示	用于互不相溶的液-液分离。也可用于少量气体发生器装置中加液	不能用火直接加热,玻璃活塞、磨口漏斗塞子与漏斗配套使用不能互换
蒸发皿 (evaporating basin)	瓷质,也有用玻璃、石英或金属制成。规格以口径(mm)或容量(mL)表示	蒸发浓缩液体用。随液体性质不同可选用不同质地的蒸发皿	能耐高温但不宜骤冷。蒸发溶液时一般放在石棉网上,也可直接用火加热
坩埚 (crucible)	材制有瓷、石英、铁、镍、铂及玛瑙等。规格以容量(mL)表示	灼烧固体用。随固体性质的不同而选用	可直接灼烧至高温。灼热的坩埚置于石棉网上
泥三角 (wire triangle)	用铁丝弯成,套以瓷管 有大小之分	灼烧坩埚时放置坩埚用	铁丝已断裂的不能使用。灼热的泥三角不能直接置于桌面上
石棉网 (asbestos center gauze)	由铁丝编成,中间涂有石棉。规格以铁网边长(cm)表示,如16×16、23×23等	加热时垫在受热仪器与热源之间,能使受热物体均匀受热	用前检查石棉是否完好,石棉脱落的不能使用。不能与水接触或卷折
燃烧匙 (combustion spoon)	铁或铜制品	检验物质可燃性,进行固-气燃烧试验	用后应立即洗净,擦干匙勺

仪　器	规　格	作　用	注意事项
三脚架 (tripod)	铁制品。有大小和高低之分	放置较大或较重的加热容器,作为仪器的支撑物	
铁夹（烧瓶夹） (flask clamp)　　铁环 (ring) 铁架（台） (ring stand)	铁制品。烧瓶夹也有用铝或铜制成的	用于固定或放置反应容器 铁环还可代替漏斗架使用	使用前检查各旋钮是否可旋动 使用时仪器的重心应处于铁架台底盘中部
研钵 (mortar)	用瓷、玻璃、玛瑙或金属制成 规格以口径（mm）表示	用于研磨固体物质及固体物质的混合。按固体物质的性质和硬度选用	不能用火直接加热 研磨时,不能捣碎,只能碾压 不能研磨易爆物质
水浴锅 (water bath)	铜或铝制品	用于间接加热,也可用作粗略控温实验	加热时防止锅内水烧干,损坏锅体 用后应将水倒出,洗净并擦干锅体,使其免受腐蚀
点滴板 (spot plate)	透明玻璃质、瓷质。分黑釉和白釉两种。按凹穴的多少分有四穴、六穴、十二穴等	用作同时进行多个不需分离的少量沉淀反应的容器,根据生成的沉淀以及反应溶液的颜色选用黑、白或透明点滴板	不能加热 不能用于含氢氟酸溶液和浓碱液的反应
碘量瓶 (iodine flask)	玻璃质 瓶塞、瓶颈部为磨砂玻璃。规格以容量（mL）表示	主要用作碘的定量反应的容器	瓶塞与瓶配套使用

第三章 化学实验基本操作

一、仪器的洗涤

化学实验中经常使用各种玻璃仪器和瓷器。为了保证实验结果准确可信，产品纯净无杂质，实验时必须使用洁净的仪器。如果用不干净的仪器进行实验，往往由于污物和杂质的存在，而无法得到准确的结果。因此，在进行化学实验时，必须把仪器洗涤干净。

仪器的洗涤方法很多，应根据实验的要求、污物的性质和沾污的程度选用适当的方法。一般情况下，附着在仪器上的污物既有可溶性物质，也有尘土和其他不溶性物质，还有有机物和油垢。针对不同的污物，可以分别用下列方法洗涤。

1. 用水刷洗

用水和毛刷刷洗，可洗去可溶性物质，或使仪器上的尘土和不溶性物质脱落，但往往不能洗去油垢和有机物质。

2. 用去污粉或合成洗涤剂洗

合成洗涤剂中含有表面活性剂，去污粉中含有碳酸钠以及能在刷洗时起摩擦作用的白土和细砂，它们可以洗去油垢和有机物质。若油垢和有机物质仍然不能洗去，可用热的碱液洗，也可用洗涤剂在超声波作用下洗涤。

3. 用铬酸洗液洗

严重沾污或口径很小的仪器，以及不易用刷子刷洗的仪器，如坩埚、称量瓶、吸量管、滴定管等宜用洗液洗涤。铬酸洗液是浓硫酸和饱和重铬酸钾的混合物，有很强的氧化性和酸性，对有机物和油垢的去除能力特别强。洗液可反复使用。使用洗液时，应避免引入大量的水和还原性物质（如某些有机物），以免洗液被冲稀或被还原变绿而失效。洗液具有很强的腐蚀性，使用时必须注意安全。

洗涤时，在仪器中倒入少量洗液，使仪器倾斜并来回旋转，至器壁全部被洗液润湿，稍等片刻，使洗液与污物充分作用，然后把洗液倒回原瓶，再用自来水把残留的洗液冲洗干净。如果用洗液将仪器浸泡一段时间或用热的洗液洗，则效果更好。

洗液的配制：将 25g 粗 $K_2Cr_2O_7$ 研细，加入 50mL 水中，加热使其溶解，冷却后将 450mL 浓硫酸在不断搅拌下慢慢加入 $K_2Cr_2O_7$ 溶液中。配好的洗液为深褐色，经反复使用后变为绿色，即重铬酸钾被还原为硫酸铬，此时洗液失效而不能使用。由于六价铬有毒，洗液的残液排放出去会污染环境，因此要尽量避免使用洗液。常用 2% 左右的橱用洗洁精代替铬酸洗液，也能取得较好的洗涤效果。

4. 特殊污物的洗涤

可根据污物的化学性质，使用合适的化学试剂与其作用，将黏附在器壁上的物质转化为水溶性物质，然后用水洗去。例如，仪器上沾有较多的 MnO_2 时，用酸性硫酸亚铁溶液或

稀 H_2O_2 溶液洗涤，效果会更好；碳酸盐、氢氧化物可用稀盐酸洗；沉积在器壁上的银或铜，以及硫化物沉淀，可用硝酸加盐酸洗涤；难溶的银盐，可用硫代硫酸钠溶液洗涤。

已洗净的仪器壁上，不应附着不溶物、油垢，洁净的仪器可以被水完全湿润。如果把仪器倒转过来，当水沿仪器壁下流时，器壁上只留下一层既薄又均匀的水膜，而不挂水珠，则表示仪器已经洗净。

已洗净的仪器不能用布或纸擦干，因为布或纸的纤维及灰尘等杂质会留在器壁上而污染仪器。

采用以上各种方法洗涤后的仪器，经自来水冲洗后，往往还留有 Ca^{2+}、Mg^{2+}、Cl^- 等离子，如果在某些定性、定量的实验中，不允许这些杂质存在，则应该用去离子水将其洗去。常采用"少量多次"的方法，既可以冲洗干净又节约用水，一般以冲洗三次为宜。

二、仪器的干燥

如需将洗净的仪器进行干燥，可根据不同的情况，采用下列方法。

1. 晾干

不急用的洗净仪器可倒置在干燥的实验柜内（倒置后不稳定的仪器应平放）或在仪器架上晾干，以供下次实验使用。

2. 烤干

烧杯和蒸发皿可以放在石棉网上用小火烤干。试管可以直接用小火烤干，操作时应使管口向下（以免水珠倒流入试管底部而炸裂试管），并不时地来回移动试管，待水珠消失后，将管口朝上加热，以便水汽逸去。

3. 烘干

将洗净的仪器放进烘箱中烘干，放进烘箱前要先把水沥干，放置仪器时，仪器口应朝下，不稳定的仪器应平放，也可用气流烘干器烘干。

4. 用有机溶剂干燥

带有刻度的计量仪器，不能用加热的方法进行干燥，否则会影响仪器的精密度。若急用，可以用有机溶剂干燥。在洗净仪器内加入少量有机溶剂（最常用的是乙醇和丙酮），转动仪器使容器中的水与其混合，然后倾出混合液（回收），少量残留在仪器中的混合物很快就挥发了，若用电吹风机往仪器中吹冷风，更能加速干燥。

三、加热与冷却

1. 常用加热器具

（1）酒精灯 酒精灯的加热温度一般在 $400 \sim 500 ℃$，适用于温度不太高的实验。酒精灯由灯罩、灯芯和灯体三部分组成（图 3-1），灯内酒精不能装得太满，一般以不超过酒精灯容积的 2/3 为宜。长期不用的酒精灯，在第一次使用时，应先打开灯罩，用嘴吹去容器中聚集的酒精蒸气，然后点燃，以免发生事故。

酒精灯要用火柴点燃，绝不能用燃着的酒精灯点燃，否则易引起火灾。熄灭灯焰时，要用灯罩将火盖灭，绝不允许用嘴吹灭。当灯内的酒精少于 1/4 容积时需要添加酒精，添加时一定要先将灯熄灭，然后拿出灯芯，再添加酒精。

（2）煤气灯　实验室中如果有煤气，在加热操作中常用煤气灯。煤气由煤气管输送到实验台上，用橡胶管将煤气开关和煤气灯相连。煤气中含有毒性物质CO，所以应防止煤气泄漏。不用时，一定要把煤气开关关紧。煤气中已添加具有特殊气味的气体，泄漏时极易闻出。

　　煤气灯的构造如图3-2所示。在灯管底部有几个圆形空气入口，转动灯管可完全关闭或不同程度地开放空气入口，以调节空气的进入量。灯座的侧面有煤气入口。在它的对侧有螺旋针形阀，可以调节煤气的大小甚至关闭煤气。当灯管空气完全关闭时，点燃进入煤气灯的煤气，此时的火焰呈黄色，煤气燃烧不完全，火焰的温度并不高。逐渐加大空气的进入量，煤气的燃烧逐渐变完全，这时火焰分为三层（图3-3）。内层为焰心，其温度最低，约为300℃；中层为还原焰，这部分火焰具有还原性，温度较内层焰心高，火焰是淡蓝色；外层为氧化焰，这部分火焰具有氧化性，是三层火焰中温度最高的。在煤气火焰中，最高温度处在还原焰顶端上部的氧化焰中（约1600℃），火焰是淡紫色的，一般用氧化焰来加热。

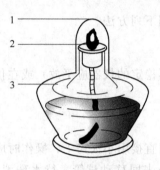

图 3-1　酒精灯

1—灯罩；2—灯芯；3—灯体

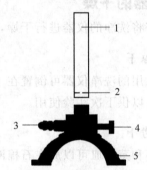

图 3-2　煤气灯的构造

1—灯管；2—空气入口；3—煤气入口；

4—螺旋针形阀；5—底座

　　当空气或煤气的进入量调节不适当时，会产生不正常的临空火焰和侵入火焰（图3-4）。临空火焰是由于煤气和空气的流量过大，火焰临空燃烧。当引燃的火柴熄灭时，它也立刻自行熄灭。侵入火焰则是由于煤气流量小，空气流量大，结果煤气不是在管口燃烧，而是在管内燃烧，并发出"嘘嘘"的响声。遇到上述情况，应立即关闭煤气，稍候关闭空气入口（小心烫手），再重新点燃。

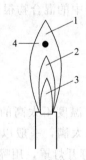

图 3-3　正常煤气火焰

1—氧化焰；2—还原焰；3—焰心；4—温度最高处

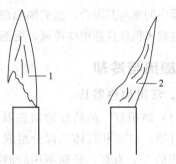

图 3-4　不正常火焰

1—临空火焰；2—侵入火焰

　　（3）酒精喷灯　在没有煤气的实验室中，常使用酒精喷灯进行加热。酒精喷灯由金属制成，主要有挂式［图3-5(a)］和座式［图3-5(b)］两种类型。酒精喷灯的火焰温度通常可以达到 700～1000℃。使用前，先在预热盘上注满酒精并点燃，以加热铜质灯管。待盘内酒精即将燃烧完时，开启开关，这时酒精在灼热的灯管内发生气化，并与来自气孔的空气混合，用火柴在管口点燃，即可获得温度很高的火焰。转动开关螺丝，可以调节火焰的大小。使用后，旋紧开关，可使灯焰熄灭，注意关闭贮罐开关，以免酒精漏失，造成危险。

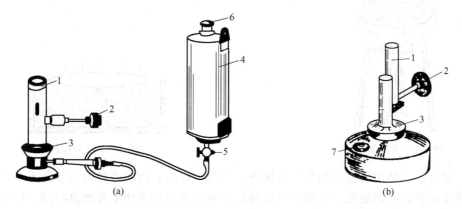

图 3-5　挂式（a）和座式（b）酒精喷灯

1—灯管；2—空气调节器；3—预热盘；4—酒精贮罐；5—开关；6—盖子；7—铜帽

使用酒精喷灯时注意以下三点。

① 在点燃酒精喷灯前，灯管必须被充分加热，否则酒精在管内不会完全气化，会有液态酒精从管口喷出，形成"火雨"，甚至引起火灾。这时应先关闭开关，并用湿抹布或石棉布扑灭火焰，然后重新点燃。

② 不用时，关闭开关的同时必须关闭酒精贮罐的活塞，以免酒精泄漏，造成危险。

③ 不得将贮罐内的酒精燃尽，当剩余 500mL 左右时应停止使用，添加酒精。

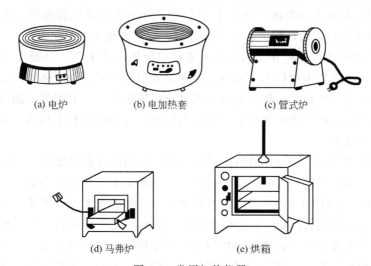

(a) 电炉　　　　(b) 电加热套　　　　(c) 管式炉

(d) 马弗炉　　　　(e) 烘箱

图 3-6　常用加热仪器

（4）加热仪器　常用的加热仪器有电炉、电加热套、管式炉、马弗炉和烘箱（图 3-6），一般用电热丝作发热体，温度高低可以控制。电炉和电加热套可通过外接变电器来改变加热温度。箱式电炉温度可以自动控制，它的温度测量和控制一般用热电偶。

（5）热浴　常用的热浴有水浴（图 3-7）、油浴、沙浴（图 3-8）等，需要根据被加热物质及加热温度的不同来选择。温度不超过 100℃ 可选用水浴。油浴常用于 100~250℃ 的加热操作，常用的油有甘油、硅油、液体石蜡。沙浴适用于温度在 220℃ 以上的加热操作，缺点是传热慢，温度上升慢，且不易控制，因此沙层要厚些。

图 3-7　水浴加热

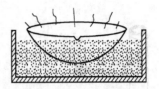

图 3-8　沙浴加热

（6）微波炉　使用微波炉加热具有快速、节能、被加热物体受热均匀等优点，但不易保持恒温及准确控制所需温度。一般可以通过试验确定微波炉的功率和加热时间，以达到所需的加热程度。微波具有高效、均匀的加热作用，还可能促进或改变一些化学反应。近年来，微波在无机固相反应、有机合成反应中的应用及机理研究已引起广泛的关注。

2．加热的方法

（1）液体的加热　适用于在较高温度下不易分解的液体。一般把装有液体的器皿放在石棉网上，用酒精灯、煤气灯、电炉或电加热套（不需石棉网）等加热。盛装液体的试管一般可直接放在火焰上加热（图 3-9），但是如果试管中装有的是易分解的物质或沸点较低的液体，则应放在水浴中加热。在火焰上直接加热试管中的物质时，应注意以下几点。

① 试管中所盛液体不得超过试管容积的 1/3。

② 应该使用试管夹夹在距试管口 1/4~1/3 处，不能用手持试管加热，以免烫伤。

③ 试管应稍微倾斜，管口向上，且不能把试管口对着他人或自己。

④ 应先用小火使试管各部分受热均匀，先加热液体的中上部，再慢慢往下移动，然后不时地左右移动，不要集中加热某一部位，否则容易引起暴沸，使液体冲出管外。

（2）固体的加热　适用于在较高温度下不易分解的固体。一般把装有固体的器皿直接放在用酒精灯、煤气灯、电炉或电加热套（不需石棉网）等加热器具上加热。在不同器皿中加热时，应注意以下几点。

① 在试管中加热（图 3-10）　加热少量固体时，可用试管直接加热。为避免凝结在试管口的水汽聚集后回流至灼热的管底，使试管炸裂，应将试管口稍向下倾斜。

② 在坩埚中灼烧（图 3-11）　当固体需要加热到高温以脱水、分解或者去除挥发性杂质时，可将其放在坩埚中进行灼烧。首先用小火烘烤坩埚使其受热均匀，然后再用大火。注意必须使用干净的坩埚钳，以免污物掉入坩埚内。用坩埚钳夹取坩埚之前，先要在火焰旁预热钳的尖端，否则灼热的坩埚遇到冷的坩埚钳易引起爆裂。为避免钳的沾污，坩埚钳用后应使其尖端向上放在桌面上（如果温度高应该放在石棉网上）。

3．制冷技术

化学实验中有些反应和分离、提纯要求在低温条件下进行，可根据不同要求，选用合适的制冷方法，常用的方法如下。

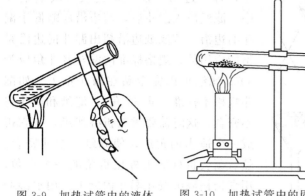
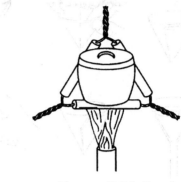

图 3-9　加热试管中的液体　　　图 3-10　加热试管中的固体　　　图 3-11　坩埚加热

（1）自然冷却　即让热的物体在空气中放置一定的时间，让其自然冷却至室温。若是不允许吸潮的物体则应放入干燥器中冷却。

（2）吹风冷却和流水冷却　当实验需要快速冷却时，可将盛有溶液的器皿放在冷水流中冲淋或用鼓风机吹风冷却。

（3）冰水冷却　将需要冷却的物体直接放在冰水中，可使其温度降至 0℃ 左右。

（4）冷冻剂冷却　要使溶液温度达到较低温度，可使用冷冻剂冷却。例如，冰盐冷冻剂、干冰冷冻剂等。

（5）回流冷凝　许多化学反应需要使反应物在较长时间内保持沸腾才能完成，同时又要防止反应物以蒸气的形式逸出，这时常用回流冷凝装置，使蒸气不断地在冷凝管内冷凝成液体，然后返回反应器中。

四、固液分离

常用的固液分离方法有三种：倾析法、过滤法、离心法。

1. 倾析法

当沉淀的结晶颗粒较大或密度较大，静置后能很快沉降至容器底部时，可用此法分离。在沉淀析出后，倾斜器皿把上层溶液慢慢泻入另一个容器中，即能达到分离的目的。如沉淀需要洗涤，则再往沉淀中加入少量蒸馏水（或其他洗涤液），用玻璃棒充分搅拌后，静置沉降，泻出洗涤液，重复洗涤数次，即可洗净沉淀。

2. 过滤法

此法是分离沉淀和溶液的最常用操作。当溶液和沉淀的混合物通过过滤器时，沉淀留在过滤器上，溶液则通过过滤器，所得溶液称为滤液。常用的过滤方法有常压过滤、减压过滤、热过滤三种。以下着重介绍常压过滤和减压过滤两种过滤方法。

（1）常压过滤　常压过滤通常使用普通漏斗。普通漏斗大多是玻璃质，但也有搪瓷的，通常分长颈和短颈两种。

过滤后为获取滤液，应先按需要过滤溶液的数量选择大小适当的漏斗。然后，由漏斗的大小确定选用滤纸的大小。滤纸的准备方法如图 3-12 所示。取边长约为漏斗边高 2 倍的正方形滤纸，将正方形滤纸对折两次，然后用剪刀剪成扇形。如有半径小于漏斗边0.5～1cm的圆形滤纸，则将圆形滤纸对折两次即可。滤纸剪裁好后，展开即呈一个圆锥体，一边为三

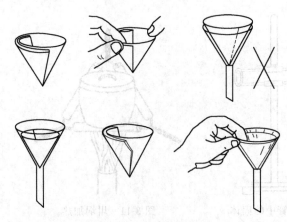

图 3-12 滤纸的准备方法

层，另一边为一层，将其放入玻璃漏斗中。滤纸放入漏斗后，其边沿应略低于漏斗的边沿。若滤纸边沿超出漏斗的边沿是不能应用的。规格标准的漏斗其斗角应为 $60°$，滤纸可以完全贴在漏斗壁上。如漏斗规格不标准（非 $60°$ 角），滤纸和漏斗将不密合，这时需要重新折叠滤纸，把它折成一个适当的角度，使滤纸与漏斗密合。然后撕去折好滤纸外层折角的一个小角，用食指把滤纸按在漏斗内壁上，用水湿润滤纸，并使它紧贴在壁上，赶去滤纸和壁之间的气泡。这样处理，过滤时，漏斗颈内可充满滤液，利用液柱下坠曳引漏斗内液体下漏，使过滤大为加速。否则，存在气泡将延缓液体在漏斗颈内下流而减缓过滤速度。

对于较大量的待过滤液，需要快速过滤时，也可用折叠滤纸来装置过滤器。

常压过滤（图 3-13）时，先将敷好滤纸的漏斗放在漏斗架上，把容积大于全部滤液体积 2 倍的清洁烧杯放在漏斗下面，并使漏斗管末端与烧杯壁接触。这样，滤液可顺着杯壁下流，不致溅失。将溶液和沉淀沿着玻璃棒靠近三层滤纸一边缓缓倒入漏斗中。液面不得超过滤纸边缘下 0.5cm。溶液滤完后，用少量蒸馏水洗涤原烧杯壁和玻璃棒，再将此溶液倒入漏斗中。待洗涤液滤完后，再用少量蒸馏水冲洗滤纸和沉淀。

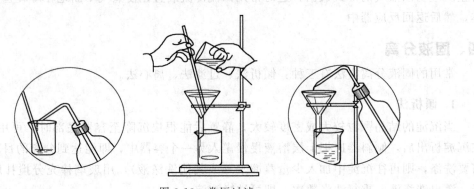

图 3-13 常压过滤

如果溶液中的溶质在温度稍下降时有大量结晶析出，为防止它在过滤过程中留在滤纸上，则应采用热滤漏斗进行过滤。

常压过滤的操作中有以下注意事项必须遵守，错误的操作方法如图 3-14 所示。

① 漏斗必须放在漏斗架上（或铁架台上合适的圆环上），不得用手拿着。

② 漏斗下要放清洁的接收器（通常是烧杯），而且漏斗管末端要靠在下面接收器的壁上，不得离开器壁。

③ 过滤时，必须细心地沿着玻璃棒倾泻待过滤溶液，不得直接往漏斗中倒。

④ 引流的玻璃棒下端应靠近三层滤纸一边，而不应靠近一层滤纸一边。以免滤纸破损，达不到过滤目的。

⑤ 每次倾入漏斗中的待过滤溶液不能超过漏斗中滤纸高度的 2/3。

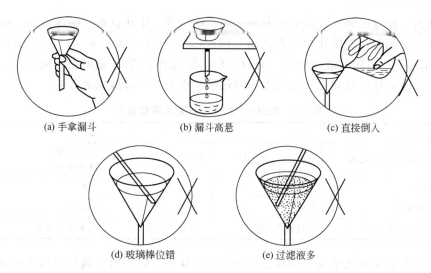

(a) 手拿漏斗　　　　　　(b) 漏斗高悬　　　　　　(c) 直接倒入

(d) 玻璃棒位错　　　　　　(e) 过滤液多

图 3-14　常压过滤中的错误操作

⑥ 过滤完毕，不要忘记用少量蒸馏水冲洗玻璃棒和盛待过滤溶液的烧杯，以及最后用少量蒸馏水冲洗滤纸和沉淀。

（2）减压过滤　减压过滤又称抽滤，其特点是过滤速度较快，沉淀抽吸得比较干燥，但胶状沉淀和颗粒很细的沉淀不宜用此法。

如图 3-15 所示，由布氏漏斗 1，通过橡胶塞装在吸滤瓶 2 的口上，吸滤瓶的支管与真空泵的橡胶管相接，被滤物转入铺有滤纸的布氏漏斗中。由于真空泵中急速水流不断将空气带走，使吸滤瓶内造成负压，促使液体较快通过滤纸进入瓶底，沉淀留在布氏漏斗中。减压过滤操作中，需掌握以下要点：

① 抽滤用的滤纸应比布氏漏斗的内径略小一些，但又能把瓷孔全部盖没；

② 布氏漏斗端的斜口应该面对（不是背对）吸滤瓶的支管；

③ 将滤纸放入漏斗并用蒸馏水润湿后，慢慢打开水泵，先抽气使滤纸贴紧，然后才能往漏斗内转移溶液；

接循环水真空泵

图 3-15　减压抽滤装置
1—布氏漏斗；2—吸滤瓶

④ 在停止过滤时，应先拔去连接吸滤瓶的橡胶管，然后关上连接水泵的自来水开关；

⑤ 为使沉淀抽得更干，可用塞子或小烧杯底部紧压漏斗内的沉淀物。

3. 离心法

离心法是借助于离心力，使密度不同的物质进行分离的方法。由于离心机等设备可产生相当高的角速度，使离心力远大于重力，于是溶液中的悬浮物便易于沉淀析出；又由于密度不同的物质所受到的离心力不同，从而沉降速度也不同，能使密度不同的物质产生分离，是固液分离的一种简便有效的方法之一。

五、试剂的取用

1. 试剂的规格

化学试剂产品很多，有无机试剂和有机试剂两大类，又可按用途分为标准试剂、一般试剂、高纯试剂、特效试剂、仪器分析专用试剂、指示剂、生化试剂、临床试剂、电子工业或食品工业专用试剂等。我国化学试剂产品有国家标准（GB）和专业（行业，ZB）标准及企业标准（QB）等。国际标准化组织（ISO）和国际纯粹化学与应用化学联合会（IUPAC）也都有很多相应的标准及规定。我国生产的化学试剂的等级标准见表3-1。

表3-1 我国生产的化学试剂的等级标准

级别	一级	二级	三级	四级
中文名称	优级纯(保证试剂)	分析纯(分析试剂)	化学纯	生化试剂 生物染色剂
英文符号	GR	AR	CP	BR
标签颜色	深绿色	红色	蓝色	咖啡色
主要用途	精密分析实验	一般分析实验	一般化学实验	生物化学实验

化学工作者必须对化学试剂标准有一个明确的认识，做到科学地存放和合理地使用化学试剂，既不超规格造成浪费，又不随意降低规格而造成对实验结果的影响。

2. 试剂瓶的种类

实验室中常用试剂瓶有细口瓶、广口瓶和滴瓶，它们又分别分为棕色和无色两种，并有大小各种规格。一般固体试剂盛放在广口瓶中，液体试剂盛放在细口瓶中，需要滴加使用的试剂可盛放在滴瓶中，见光易分解变质的试剂（如硝酸银、高锰酸钾等）放在棕色瓶中。盛放碱液的试剂瓶要使用橡胶塞，每个试剂瓶上都必须贴上标签，注明试剂的名称、浓度和配置日期等信息。

此外，还有内盛蒸馏水的洗瓶，主要用于淋洗已用自来水洗干净的仪器。洗瓶一般为聚乙烯瓶，用手轻轻一捏瓶身即可出水。

3. 试剂取用的总体方法

取用前，应该先看清标签。取用时，先打开瓶塞，将瓶塞倒置在实验台上。如瓶塞上端不是平顶而是扁平的，可用食指和中指将瓶塞夹住（或者放在清洁的表面皿上），绝对不可以将它横置于桌面上，以免沾污。取完试剂后，及时盖好瓶塞，绝不能将瓶塞张冠李戴。最后把试剂瓶放回原处，注意保持实验台的整齐干净。

4. 固体试剂的取用

① 要用清洁、干燥的药匙取试剂。用过的药匙必须洗净擦干后才能再使用。

② 注意不要超过指定用量取试剂，多取用的试剂不能倒回原瓶，可放在指定的容器中供他人使用。

③ 要求取用一定质量的固体试剂时，可把固体试剂放在干燥的纸上称量。具有腐蚀性或易潮解的固体试剂应放在表面皿上、烧杯或称量瓶中称量。

④ 往试管中加入固体试剂时，可用药匙或将取出的药品放在对折的纸片上，将纸片伸进试管2/3处。加入块状固体时，应将试管倾斜，使其顺管壁慢慢滑下，以免碰破管底。

⑤ 固体试剂的颗粒较大时，可在洁净而干燥的研钵中研碎。研钵中所盛固体的量不要超过研钵容量的1/3。

5. 液体试剂的取用

① 从滴瓶中取用液体试剂时，应使用滴瓶中的滴管。滴管绝对不能伸入加液的容器中，

以免接触器壁而沾污，然后再放回滴瓶时又污染瓶中的试剂（图 3-16）。装有试剂瓶的滴管不得横置，滴管口不能向上斜放，以免试剂流入滴管的橡胶头中而受到污染。

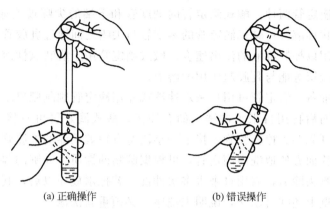

(a) 正确操作　　　　　(b) 错误操作

图 3-16　向试管中滴加液体的操作

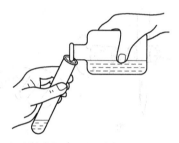

② 从细口瓶中取用液体试剂时，用倾注法。先将塞子取下，倒置在桌面上，手握住试剂瓶上贴有标签的一面，逐渐倾斜瓶子，让试剂沿着洁净的试管壁流入试管或沿着洁净的玻璃棒注入烧杯中（图 3-17）。注出所需量后，将试剂瓶口在容器上或玻璃棒上靠一下，再逐渐竖起瓶子，以免遗留在瓶口的液滴流到瓶的外壁。

图 3-17　液体倾注入试管

③ 在试管中进行某些实验时，取用试剂量不需要十分准确，这时只要学会估计取用液体的量即可。

④ 定量取用液体时，使用量筒或者移液管。

六、基本度量仪器的使用

1. 量筒

量筒是用来量取液体体积的仪器。读数时应使眼睛的视线和量筒内弯月面的最低点保持水平（图 3-18）。

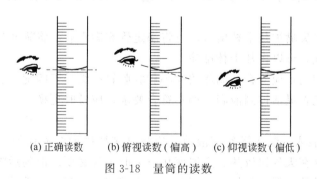

(a) 正确读数　　(b) 俯视读数（偏高）　　(c) 仰视读数（偏低）

图 3-18　量筒的读数

在进行某些实验时，如果不需要准确地量取液体试剂，不必每次都用量筒，可以根据在日常操作中所积累的经验来估量液体的体积。如普通试管容积是 20mL，则 5mL 液体约占试管的 1/4。又如滴管每滴出 20 滴约为 1mL，也可以用计算滴数的方法估计所取试剂的体积。

2. 滴定管

滴定管是在滴定过程中，用于准确测量滴定溶液体积的一类玻璃量器。滴定管一般分为酸式滴定管和碱式滴定管两种。酸式滴定管的刻度管和下端的尖嘴玻璃通过玻璃旋塞相连，适用于装酸性和氧化性溶液；碱式滴定管的刻度管与尖嘴之间通过乳胶管相连，在乳胶管中装有一颗玻璃珠，用以控制溶液的流出速度。碱式滴定管用于盛装碱性溶液，不能用来放置高锰酸钾、碘和硝酸银等能与乳胶起作用的溶液。

（1）滴定管的准备　滴定管可用自来水冲洗或先用滴定管刷蘸肥皂水或其他洗涤剂洗刷（不能用去污粉），而后再用自来水冲洗。如有油污，酸式滴定管可直接在管中加入洗液浸泡，而碱式滴定管则先要去掉乳胶管，接上一小段塞有短玻璃棒的橡胶管，然后再用洗液浸泡。总之，为了尽快而方便地洗净滴定管，可根据脏物的性质、弄脏的程度选择合适的洗涤剂和洗涤方法。脏物去除后，需用自来水多次冲洗。若把水放掉以后，其内壁应该均匀地沾上一层薄水。如管壁上还挂有水珠，说明未洗净，必须重新洗涤。

使用酸式滴定管时，如果旋塞转动不灵活或者漏水，必须将滴定管平放于实验台上，取下旋塞，用普通滤纸将旋塞和旋塞窝擦干净，然后涂抹少许凡士林，旋塞涂抹凡士林可用下面两种方法进行：一种是用手指将凡士林涂抹在旋塞的大头上 A 部（图 3-19），再用火柴杆或玻璃棒将凡士林涂抹在相当于旋塞 B 部的滴定管旋塞套内壁部分；另一种方法是用手指蘸上凡士林后，均匀地在旋塞 A、B 两部分涂上薄薄的一层（注意，滴定管旋塞套内壁不涂凡士林）。

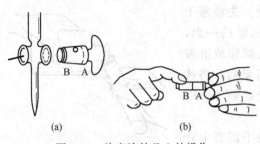

图 3-19　旋塞涂抹凡士林操作

凡士林涂得要适当。涂得太少，活塞转动不灵活，且易漏水；涂得太多，活塞孔容易被堵塞。凡士林绝对不能涂在活塞孔的上下两侧，以免旋转时堵住活塞孔。

将活塞插入活塞套中。插时，活塞孔应与滴定管平行，径直插入活塞套，不要转动活塞，这样可避免将凡士林挤到活塞孔中。然后向同一方向旋转活塞，直到活塞和活塞套上的凡士林层全部透明为止。套上小橡胶圈。经上述处理后，活塞应转动灵活，凡士林层没有纹络。

若旋塞孔或出口尖嘴被凡士林堵塞，可将滴定管充满水后，将旋塞打开，用洗耳球在滴定管上部挤压、鼓气，可以将凡士林排除。

碱式滴定管使用前，应检查玻璃珠的大小和乳胶管粗细是否匹配，乳胶管是否老化、变质，即是否漏水，能否灵活控制液滴，如不符合要求，应及时更换。

（2）滴定操作

① 操作溶液的装入　装入操作溶液前，应将试剂瓶中的溶液摇匀，使凝结在瓶内壁上的水珠混入溶液，这在天气比较热、室温变化较大时更为必要。混匀后将操作溶液直接倒入滴定管中，不得用其他容器（如烧杯、漏斗等）来转移。此时，左手前三指持滴定管上部无刻度处，并可稍微倾斜，右手拿住细口瓶往滴定管中倒溶液。对于小瓶，可以手握瓶身（瓶签向手心）；对于大瓶，则仍放在桌上，手拿瓶颈使瓶慢慢倾斜，让溶液慢慢沿滴定管内壁流下。

用摇匀的操作溶液将滴定管洗三次（第一次 10mL，大部分可由上口放出，第二、第三次各5mL，可以从出口放出，洗法同前）。应特别注意的是，一定要使操作溶液洗遍全部内壁，并使溶液接触管壁1~2min，以便与原来残留的溶液混合均匀。每次都要打开活塞冲洗出口管，并尽量放出残流液。对于碱式滴定管，仍应注意玻璃球下方的洗涤。最后，将操作溶液倒入，直到充满至零刻度以上为止。

② 管嘴气泡的检查及排除　注意检查滴定管的出口管是否充满溶液，酸式滴定管出口管及活塞透明，容易看出（有时活塞孔暗藏着的气泡，需要从出口管快速放出溶液时才能看见），碱式滴定管则需对光检查乳胶管内及出口管内是否有气泡或有未充满的地方。为使溶液充满出口管，在使用酸式滴定管时，右手拿滴定管上部无刻度处，并使滴定管倾斜约30°，左手迅速打开活塞使溶液冲出（下面用烧杯承接溶液，或到水池边将溶液放到水池中），这时出口管中应不再留有气泡。若气泡仍未能排出，可重复上述操作。如仍不能使溶液充满，可能是出口管未洗净，必须重洗。在使用碱式滴定管时，装满溶液后，右手拿滴定管上部无刻度处稍倾斜，左手拇指和食指拿住玻璃珠所在的位置并使乳胶管向上弯曲，出口管斜向上，然后在玻璃珠部位往一旁轻轻捏橡胶管，使溶液从出口管喷出（图3-20），再一边捏乳胶管一边将乳胶管放直，注意当乳胶管放直后，再松开拇指和食指，否则出口管仍会有气泡。最后，将滴定管的外壁擦干。

图3-20　碱式滴定管排气泡的方法

③ 滴定管的操作方法　进行滴定时，应将滴定管垂直地夹在滴定管架上。

如使用的是酸式滴定管，左手无名指和小拇指向手心弯曲，轻轻地贴着出口管，用其余三指控制活塞的转动（图3-21）。但应注意不要向外拉活塞以免推出活塞造成漏水；也不要过分往里扣，以免造成活塞转动困难，不能操作自如。

如使用的是碱式滴定管，左手无名指及小手指夹住出口管，拇指与食指在玻璃珠所在部位往一旁（左右均可）捏乳胶管，使溶液从玻璃珠旁空隙处流出（图3-22）。注意：

图3-21　酸式滴定管的操作

图3-22　碱式滴定管的操作

a. 不要用力捏玻璃珠，也不能使玻璃珠上下移动；

b. 不要捏到玻璃珠下部的乳胶管；

c. 停止滴定时，应先松开拇指和食指，最后再松开无名指和小指。

无论使用哪种滴定管，都必须掌握下面三种加液方法：

a. 逐滴连续滴加；

b. 每次只加一滴；

c. 使液滴悬而未落，即加半滴。

④ 滴定的操作　边滴边摇瓶要配合好，在锥形瓶中滴定时，用右手前三指拿住锥形瓶

瓶颈，使瓶底离瓷板 2～3cm。同时调节滴管的高度，使滴定管的下端伸入瓶口约 1cm。左手按前述方法滴加溶液，右手运用腕力摇动锥形瓶，边滴加溶液边摇动（图 3-23）。滴定操作中应注意以下几点。

a. 摇瓶时，应使溶液向同一方向做圆周运动（左右旋转均可），但勿使瓶口接触滴定管，溶液也不得溅出。

b. 滴定时，左手不能离开活塞任其自流。

c. 注意观察溶液落点周围溶液颜色的变化。

d. 开始时，应边摇边滴，滴定速度可稍快，但不能流成"水线"。接近终点时，应改为加一滴，摇几下。最后，每加半滴溶液就摇动锥形瓶，直至溶液出现明显的颜色变化。加半滴溶液的方法如下：微微转动活塞，使溶液悬挂在出口管嘴上，形成半滴，用锥形瓶内壁将其沾落，再用洗瓶以少量蒸馏水吹洗瓶壁。

用碱式滴定管滴加半滴溶液时，应先松开拇指和食指，将悬挂的半滴溶液沾在锥形瓶内壁上，再放开无名指与小拇指。这样可以避免出口管尖出现气泡，使读数造成误差。

e. 每次滴定最好都从 0.00 开始（或从零附近的某一固定刻度线开始），这样可以减小误差。

在烧杯中进行滴定时，将烧杯放在白瓷板上，调节滴定管的高度，使滴定管下端伸入烧杯内 1cm 左右。滴定管下端应位于烧杯中心的左后方，但不要靠壁过近。右手持搅拌棒在右前方搅拌溶液。在左手滴加溶液的同时（图 3-24），搅拌棒应做圆周搅动，但不得接触烧杯壁和底。

图 3-23　两手操作姿势　　　　图 3-24　在烧杯中的滴定操作

当加半滴溶液时，用搅棒下端承接悬挂的半滴溶液，放入溶液中搅拌。注意，搅棒只能接触液滴，不能接触滴定管管尖。

（3）滴定管的读数　读数时应遵循下列原则。

① 装满或放出溶液后，必须等 1～2min，使附着在内壁的溶液流下来，再进行读数。如果放出溶液的速度较慢（例如，滴定到最后阶段，每次只加半滴溶液时），等 0.5～1min 即可读数。每次读数前要检查一下管壁是否挂水珠，管尖是否有气泡。

② 读数时，滴定管可以夹在滴定管架上，也可以用手拿滴定管上部无刻度处。不管用哪一种方法读数，均应使滴定管保持垂直。

③ 对于无色或浅色溶液，应读取弯月面下缘最低点，读数时，视线在弯月面下缘最低点处，且与液面成水平（图 3-25）；溶液颜色太深时，可读液面两侧的最高点。此时，视线

应与该点成水平。注意初读数与终读数采用同一标准。

④ 必须读到小数点后第二位，即要求估计到 0.01mL。注意，估计读数时，应该考虑到刻度线本身的宽度（图 3-25 中滴定管的读数）。

⑤ 为了便于读数，可在滴定管后衬一个黑白两色的读数卡。读数时，将读数卡衬在滴定管背后，使黑色部分在弯月面下约 1mm，弯月面的反射层即全部成为黑色（图 3-26）。读此黑色弯月下缘的最低点。但对深色溶液需读两侧最高点时，可以用白色卡为背景。

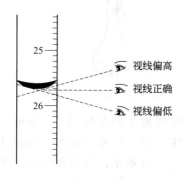

图 3-25　读数视线的位置

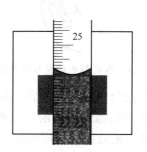

图 3-26　读数卡

⑥ 若为乳白板蓝线衬背滴定管，应当取蓝线上下两尖端相对点的位置读数。

⑦ 读取初读数前，应将管尖悬挂的溶液除去。滴定至终点时应立即关闭活塞，并注意不要使滴定管中的溶液有稍许流出，否则终读数便包括流出的半滴液。因此，在读取终读数前，应注意检查出口管尖是否悬挂溶液，如有，则此次读数不能取用。

滴定结束后，滴定管内剩余的溶液应弃去，不得将其倒回原瓶，以免沾污整瓶操作溶液。随即洗净滴定管，并用蒸馏水充满全管，备用。

3. 容量瓶

容量瓶是一个细颈梨形的平底瓶，带有磨口塞。颈上有标线表明在所指温度下（一般为 20℃），当液体充满到标线时，瓶内液体体积恰好与瓶上所注明的体积相等。

容量瓶是为配制准确浓度的溶液用的。常和移液管配合使用，以把某种物质分为若干等份。通常有 25mL、50mL、100mL、250mL、500mL、1000mL 等数种规格，实验中常用的是 100mL 和 250mL 容量瓶。

正确地使用容量瓶应注意以下几点。

① 容量瓶容积与所要求的是否一致。

② 为检查瓶塞是否严密，不漏水，在瓶中放水到标线附近，塞紧瓶塞，使其倒立 2min，用干滤纸片沿瓶口缝处检查，看有无水珠渗出（图 3-27）。如果不漏，再把塞子旋转 180°，塞紧，倒置试验这个方向有无渗漏。这样做两次检查是必要的，因为有时瓶塞与瓶口不是在任何位置都是密合的。

合用的瓶塞必须妥为保护，不要将其玻璃磨口塞随便取下放在桌面上，最好用绳把它系在瓶颈上，以防沾污或与其他容量瓶弄混。

用容量瓶配制标准溶液时，先将精确称重的试样放在小烧杯中，加入少量溶剂，搅拌使其溶解（若难溶，可盖上表面皿，稍加热，但必须放冷后才能转移）。沿搅拌棒用转移沉淀的操作将溶液定量地移入洗净的容量瓶中（图 3-28），然后用洗瓶吹洗烧杯壁 2～3 次，按同样方法转入容量瓶中。当溶液加到瓶中 2/3 处以后，将容量瓶水平方向摇转几周（勿倒转），

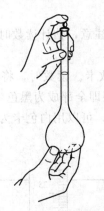

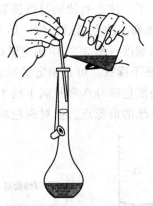

图 3-27　检查漏水和混匀溶液操作　　　　图 3-28　转移溶液的操作

使溶液大体混匀。然后，把容量瓶平放在桌子上，慢慢加水到距标线 2～3cm，等待 1～2min，使黏附在瓶颈内壁的溶液流下，用胶头滴管伸入瓶颈接近液面处，眼睛平视标线，加水至溶液凹液面底部与标线相切。无论溶液有无颜色，其加水位置均为使水至弯月面下缘与刻度线相切为标准。加水至容量瓶的刻度线后，盖好瓶塞，用一只手的食指按住瓶塞，另一只手的手指托住瓶底，注意不要用手掌握住瓶身，以免体温使液体膨胀，影响容积的准确（对于容积小于 100mL 的容量瓶，不必托住瓶底）。随后将容量瓶倒转，使气泡上升到顶，此时可将瓶振荡数次。再倒转过来，仍使气泡上升到顶。如此反复 10 次以上，才能混合均匀。

溶液注入容量瓶前需恢复到常温。因为溶质在烧杯中溶解时会吸热或放热，而容量瓶必须在常温下（20℃时）使用。

容量瓶不能久贮溶液，尤其是碱性溶液会侵蚀瓶壁，并使瓶塞粘住，无法打开。容量瓶不能加热。使用后应该立即用水冲洗干净。

4. 移液管和吸量管

移液管是用于准确量取一定体积溶液的量出式玻璃量器，它的中间有一个膨大部分［图 3-29(a)］，管颈上部刻有一圈标线，在标明的温度下，使溶液的弯月面与移液管标线相切，让溶液按一定的方法自由流出，则流出的体积与管上标明的体积相同。移液管按其容量精度分为 A 级和 B 级。

吸量管是具有分刻度的玻璃管［图 3-29(b)～(d)］。它一般只用于量取小体积的溶液。常用的吸量管有 1mL、2mL、5mL、10mL 等规格，吸量管吸取溶液的准确度不如移液管。应该注意，有些吸量管其分刻度不是刻到管尖，而是离管尖尚差 1～2cm。

为能正确使用移液管和吸量管，现分述以下几点。

（1）移液管和吸量管的润洗　移取溶液前，可用吸水纸将洗干净的管的尖端内外的水除去，然后用待吸溶液润洗三次。方法是：用左手持洗耳球，将食指或拇指放在洗耳球的上方，其余手指自然地握住洗耳球，用右手的拇指和中指拿住移液管或吸量管标线以上的部分，无名指和小拇指辅助拿住管，将洗耳球对准移液管或吸量管管口（图 3-30），将管尖伸入溶液或洗液中吸取，待吸液吸至球部的 1/4 处（注意，不要使溶液流回，以免稀释溶液）时，移出、荡洗、弃去。

图 3-29　移液管和吸量管

(a)　(b)　(c)　(d)

如此反复荡洗三次，润洗过的溶液应从尖口放出、弃去。荡洗这一步骤很重要，它是使管的内壁及有关部位与待吸溶液处于同一体系浓度状态的保证。

（2）移取溶液　管经过润洗后，移取溶液时，将管直接插入待吸液液面下1～2cm处。管尖不应伸入太浅，以免液面下降后造成吸空；也不应伸入太深，以免移液管外部附有过多的溶液。吸液时，应注意容器中液面和管尖的位置，应使管尖随液面下降而下降。当洗耳球慢慢放松时，管中的液面徐徐上升，当液面上升到标线以上时，迅速移去洗耳球。与此同时，用右手食指堵住管口，左手改拿盛待吸液的容器。然后，将移液管往上提起，使其离开液面，并将管的下端原伸入溶液的部分沿待吸液容器内部轻转两圈，以除去管壁上的溶液。然后使容器倾斜成约30°，其内壁与移液管尖紧贴，此时右手食指微微松动，使液面缓缓下降，直到视线平视时弯月面与标线相切，这时立即用食指按紧管口。移开待吸液容器，左手改拿接收溶液的容器，并将接收容器倾斜，使内壁紧贴移液管尖，成30°左右。然后放松右手食指，使溶液自然地顺壁流下（图3-31）。待液面下降到管尖后，等15s，移出移液管。这时，尚可见管尖部位仍留有少量溶液，对此，除特别注明"吹"字的以外，一般此管尖部位留存的溶液是不能吹入接收容器中的，因为在工厂生产检定移液管时是没有把这部分体积算进去的。但是必须指出，由于一些管口尖部做得不很圆滑，因此可能会由于随靠接收容器内壁的管尖部位不同方位而留存在管尖部位的体积有大小的变化，为此，可在等15s后，将管身往左右旋动一下，这样管尖部分每次留存的体积会基本相同，不会导致平行测定时的过大误差。

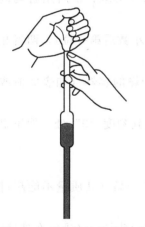

图3-30　吸取溶液的操作　　　　　　图3-31　放出溶液的操作

用吸量管吸取溶液时，大体与上述操作相同。但吸量管上常标有"吹"字，特别是1mL以下的吸量管尤其是这样，对此，要特别注意。同时，吸量管中，分度刻到离管尖相差1～2cm，放出溶液时也要注意。实验中，尽量使用同一支吸量管，以免带来误差。

5. 托盘天平

托盘天平是化学实验中不可缺少的称量仪器，常用它称取药品或物品。托盘天平称量的最大准确度为±0.1g。使用简便，但精度不高。

托盘天平（图3-32）的种类很多，规格型号有些差异，但都是根据杠杆原理设计制成的。具体的操作方法如下。

（1）称量前的检查　先将游码6拨至游码标尺5左端"0"处，观察指针3的摆动情况。

如果指针 3 在刻度盘 4 左右摆动的距离几乎相等，即表示托盘天平可以使用；如果指针在刻度盘左右摆动的距离相差很大，则应将调零螺母向里或向外拧动，以调节至指针左右摆动距离大致相等为止，便可使用。

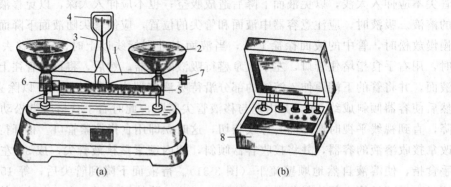

图 3-32　托盘天平

1—横梁；2—秤盘；3—指针；4—刻度盘；
5—游码标尺；6—游码；7—调零螺母；8—砝码

（2）物品称量

① 称量的物品放在左盘，砝码放在右盘。

② 先加大砝码，再加小砝码，加减砝码必须用镊子夹取，最后用游码调节，使指针在刻度盘左右两边摇摆的距离几乎相等为止。

③ 记下砝码和游码在游码标尺上的刻度数值（至小数后第一位），两者相加即为所称物品的质量。

④ 称量药品时，应在左盘放上已知质量的洁净干燥的容器（如表面皿或烧杯等）或称量纸，再将药品加入，然后进行称量。

⑤ 称量完毕，应把砝码放回砝码盒中，将游码退到刻度"0"处。取下盘上的物品，并将秤盘放在一侧，或用橡胶圈架起，以免摆动。

另外在使用托盘天平时需要注意以下几点。

① 称量天平不能称量热的物品，也不能称过重的物品（其质量不能超过托盘天平的最大称量量）。

② 称量物不能直接放在秤盘上，吸湿或有腐蚀性的药品，必须放在玻璃容器内。

③ 不能用手拿砝码、片码。

④ 托盘天平应保持清洁，不用时用加罩盖上。

6. 分析天平

分析天平是定量分析中主要的仪器之一，称量又是定量分析中的一个重要基本操作，因此必须了解分析天平的结构及其正确的使用方法。常用的分析天平有半机械加码电光天平、全机械加码电光天平等。

天平在构造和使用方法上虽有些不同，但它们的设计都依据杠杆原理。现以等臂双盘半机械加码电光天平为例来介绍分析天平的一般结构。

如图 3-33 所示为 TG-328B 型电光天平的正面图。它的主要部件是铝合金制成的三角形横梁（天平梁）5，三角形横梁上装有三把三棱形的小玛瑙刀，其中一把装在横梁中间，刀口向下，称为支点刀。支点刀放在一个玛瑙平板的刀口上，另外两把玛瑙刀则分别等距离地安装在横梁的两端，刀口向上，称为承重刀。三把刀口的棱边应完全平行且处于同一平面上，刀口的锋利程度直接影响天平的灵敏度，故应注意保护，使其不受撞击或振动。

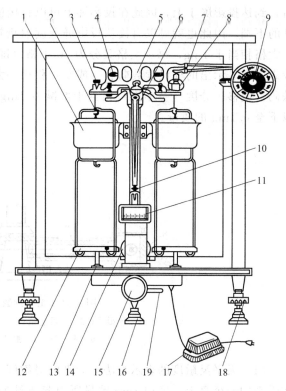

图 3-33　TG-328B 型电光天平的正面图

1—空气阻尼器；2—挂钩；3—吊耳；4—零点调节螺丝；
5—三角形横梁；6—天平柱；7—圈码钩；8—圈码；9—加圈码旋钮；10—指针；11—投影屏；12—称盘；13—盘托；14—光源；15—旋钮；16—底垫；17—变压器；
18—调水平螺丝；19—调零杆

横梁两端的承重刀上分别悬挂两个吊耳 3，吊耳的上钩挂有称盘 12，下钩挂空气阻尼器 1。空气阻尼器由两个铝制的圆筒形盒构成，其外盒固定在天平柱上，盒口朝上，直径稍小的内盒则悬挂在吊耳上，盒口朝下。内外盒必须不相接触，以免互相摩擦。当天平梁摆动时，内盒随天平横梁而在外盒内上下移动。这样由于盒内空气阻力，天平很快就会停止摆动。

为了便于观察天平横梁的倾斜程度，在横梁中间装有一根细长的金属指针 10，并在指针下端装有微分标牌。

为了保护刀口，旋转旋钮 15 带动升降枢纽可以使天平梁慢慢托起或放下。当天平不使用时应将横梁托起，使刀口和刀承分开。切不可接触未将天平梁托起的天平，以免磨损刀口。调零杆 19 和横梁顶端的零点调节螺丝 4，用以调节天平的零点。调零杆 19 相当于微调，零点调节螺丝 4 相当于粗调。横梁的背后装有感量调节圈（重心调节螺丝），以调整天平活动部分的重心。重心调节螺丝的位置往下移，则重心下移，天平稳定性增加，灵敏度降低。

为了保护天平，并减少周围温度、气流等对称量的影响，分析天平应装在天平箱中，其水平位置可通过支柱上的水准器（在横梁背后）来指示并由垫脚上面的调水平螺丝 18 来调节。使用天平时，首先应调节到水平位置。

每台天平都有它配套的一盒砝码，每个砝码都必须在砝码盒内的固定位置上，砝码组合通常有 100g、50g、20g、10g、5g、2g、1g。为了减少误差，同一实验称量中，应尽可能使用相同的砝码。砝码在使用一定时间后，应进行校准。

1g 以下的质量，由机械加码装置和光学读数装置读出。

机械加码装置是用来添加 1g 以下、10mg 以上的圈形小砝码的。使用时，只要转动指数盘的加圈码旋钮（图 3-33 的 9），则圈码钩就可将圈码自动地加在天平梁右臂上的金属窄条上。加入圈码的质量由指数盘标出。如果天平的大小砝码全部都由指数盘的加砝码旋钮自动加减，则称为全机械加码电光天平。

光学读数装置如图 3-34 所示。称量时打开旋钮接通电源。灯泡发出的光经过聚光管 6 聚光后，照在透明微分标尺 5 上，再经物镜筒 4 放大的标尺像被反射镜 3 和反射镜 2 反射后，到达投影屏 1 上，因此在投影屏上可以直接读出微分标尺的刻度。由于微分标尺装在指针的下端，因此也就可以直接从投影屏上读取指针所指的刻度。微分标尺刻有 10 大格，每一大格相当于 1mg，每一大格又分为 10 小格（即 10 分度），每分度相当于 0.1mg。因此当投影屏上显示出的标尺读数向右（或左）移动一大格时相当于在右盘上增加（或减少）1mg 砝码，偏移一分度（一小格）相当于增减 0.1mg 砝码，所以在投影屏上可直接读出 10mg 以下至 0.1mg 的质量。

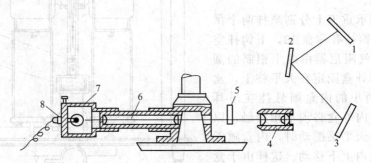

图 3-34　光学读数装置示意图

1—投影屏；2,3—反射镜；4—物镜筒；5—微分标尺；

6—聚光管；7—照明筒；8—灯筒

（1）天平灵敏度的表示方法　天平的灵敏度（E）是天平的基本性能之一。它通常是指在天平的一个盘上，增加 1mg 质量所引起指针偏斜的程度。因此指针偏斜的角度愈大，则灵敏度也愈高。灵敏度 E 的单位是分度·mg^{-1}。在实际使用中也常用灵敏度的倒数来表示，即：

$$S = \frac{1}{E} \tag{3-1}$$

式中　S——分度值（感量），$mg·分度^{-1}$。

例如，一般电光天平分度值 S 以 $0.1mg·分度^{-1}$ 为标准：

$$灵敏度(E) = \frac{1}{0.1mg·分度^{-1}} = 10 分度·mg^{-1} \tag{3-2}$$

即加 10mg 质量可以引起指针偏移 100 分度，这类天平也称为万分之一天平。一般使用中的电光天平的灵敏度，要求增加 10mg 质量时指针偏移的分度数在（100±2）分度之内，对单盘自动天平，则要求在增加 100mg 时，指针刻度应指示在 98～102mg 之间。否则应该用重心调节螺丝进行调整。天平的灵敏度太低，则称量的准确度达不到要求；灵敏度太高，则天平稳定性太差，也影响称量的准确度。

（2）灵敏度的测定　测定灵敏度前，先要测定天平的零点。测零点时，先接通电源，然后顺时针方向慢慢转动旋钮，待天平达到平衡时，检查微分标尺的零点是否与投影屏上的标线重合，如两者相差较大则应旋动零点调节螺丝（图 3-33 中的 4）进行调整。如相差不大可拨动旋钮下面的调零杆，挪动一下投影屏的位置，便可使两者重合。

零点调节后，在天平的左盘上放一个校准过的 10mg 片码。启动天平，若标尺移动的刻度与零点之差在（100±2）分度范围之内，则表示其灵敏度符合要求；若超出此范围，则应进行调节（不要求学生自己调）。

天平载重时，梁的重心将略向下移，故载重后的天平灵敏度有所降低。

（3）直接法称量方法 此法用于称取不易吸水、在空气中性质稳定的物质。如称量金属或合金试样，可将试样置于天平盘的表面皿上直接称取。称量时先调节天平的零点至刻度"0"或"0"附近，把待称物体放在左盘的表面皿中，以从大到小的顺序加减砝码（1g以上）和圈码（10～990mg），使天平达到平衡。则砝码、圈码及投影屏所表示的质量（经零点校正后）即等于该物体的质量。例如，称量某一物体时，天平的零点为−0.1分度（相当于−0.0001g），称量达到平衡时，称量结果如下。

砝码重：16g。

指数盘读数：360mg。

投影屏读数：+6.4mg。

则物体质量为：16.3664g−（−0.0001)g＝16.3665g。

一般可用药匙将试样（事先已经干燥）放在已知质量的、洁净而干燥的小表面皿中，称取一定质量的试样，然后将试样全部转移到事先准备好的容器中。

（4）减量法 此法用于称取粉末状或容易吸水、氧化、与CO_2反应的物质。一般使用称量瓶称出试样。称量瓶使用前须清洗干净，在105℃左右的烘箱内烘干（图3-35）后，放入干燥器内冷却。烘干的称量瓶不能用手直接拿取，而要用干净的纸条套在称量瓶上夹取。称量样品时，把装有试样的称量瓶盖上瓶盖，放在天平盘上，准确称至0.1mg。按如图3-36所示的方法用左手捏紧套在称量瓶上的纸条，取出称量瓶，右手隔着一个小纸片捏住盖顶，在烧杯口的上方轻轻地打开瓶盖（勿使盖离开烧杯口或锥形瓶口上方）。慢慢地倾斜瓶身，一般使称量瓶的瓶底高度与瓶口相同或略低于瓶口，以防试样倾出太多。用瓶盖轻轻敲打瓶口上方，使试样慢慢落入烧杯中。

图 3-35 称量瓶的烘干

图 3-36 试样的取出

当倾出的试样已接近所需的量时，慢慢将瓶竖起，同时用瓶盖轻轻敲击瓶口，使附在瓶口的试样落入容器或称量瓶内，然后盖好瓶盖，这时方可让称量瓶离开容器上方并放回天平盘再进行称量。最后，由两次称量之差计算取出试样的质量。

（5）注意事项

分析天平是一种精密仪器，使用时必须严格遵守下列规则。

① 称量前应进行天平的外观检查。

② 热的物体不能放在天平盘上称量，由于天平盘附近因受热而上升的气流，将使称量结果不准确。天平梁也会因热膨胀影响臂长而产生误差。因此应将热的物体冷却至室温后再进行称量。

③ 对于具有腐蚀性蒸气或吸湿性的物体，必须把它们放在密闭容器内称量。

④ 在天平盘上放入或取下物品、砝码时，都必须先把天平梁托住，否则容易使刀口损坏。

⑤ 旋转旋钮应细心缓慢，开始加砝码时，先估计被称量物的质量，选加适当的砝码，然后微微开启天平，如指针标尺已摆出投影屏以外，应立即托起天平梁，从大到小更换砝码，直到指针的偏转在投影屏标牌范围内，在托住天平梁后，关好天平门，然后完全开启天平，待天平达到平衡时记下读数。

⑥ 称量的物体及砝码应尽可能放在天平盘的中央，使用自动加码装置时应一挡挡慢慢地转动，以免圈码相碰或掉落。

⑦ 分析天平的砝码都有准确的质量，取放砝码时必须用镊子，而不得用手指直接拿，以免弄脏砝码使质量不准。砝码都应该放在砝码盒中固定的位置上，称量结果可先根据砝码盒中的空位求出，然后再和盘上的砝码重新校对一遍。

⑧ 称量完毕后，应将砝码放回砝码盒内，用毛刷将天平内掉落的称量物清除，检查天平梁是否托住，砝码是否复原，然后用罩布将天平罩好。

7. 电子天平

人们把用电磁力平衡原理称量物体重量的天平称为电子天平。其特点是称量准确可靠、显示快速清晰并且具有自动检测系统、简便的自动校准装置以及超载保护等装置。

电子天平按结构分可分为上皿式和下皿式。秤盘在支架上面的为上皿式，秤盘吊在支架下面的为下皿式。目前，广泛使用的是上皿式电子天平。尽管电子天平种类繁多，但是使用方法大同小异，具体操作可以参看各仪器的使用说明书。

电子天平在使用时维护与保养注意以下几点。

① 将天平置于稳定的工作台上，避免振动、气流及阳光照射。

② 在使用前调整水平仪气泡至中间位置。

③ 电子天平应按说明书的要求进行预热。

④ 称量易挥发和具有腐蚀性的物品时，要盛放在密闭容器中，以免腐蚀和损坏电子天平。

⑤ 经常对电子天平进行自校或定期外校，保证其处于最佳状态。

⑥ 如果电子天平出现故障应及时检修，不可带"病"工作。

⑦ 操作天平不可过载使用，以免损坏天平。

⑧ 若长期不用电子天平时应暂时收藏为好。

第四章 实验数据的处理

在化学实验中，常需要测量各种物理量和参数。在实际测量中，不仅要经过很多的操作步骤，使用各种测量仪器，还要受到操作者本身各种因素的影响，因此不可能得到绝对正确的结果，即测量值和真实值之间或多或少有一些差距，这些差距就是误差。同一个人在相同的条件下，对同一试样进行多次测定，所得结果也不完全相同。这表明，误差是普遍存在的。因此了解误差产生的原因，尽量减少误差，才能使测量结果尽量接近客观真实值。

一、误差的分类及特点

1. 系统误差

系统误差是由某个固定原因造成的，它具有单向性，即正负和大小都有一定的规律性，当重复测定时会重复出现。若能找出原因，并设法加以测定，就可以消除，因此也称可测误差、恒定误差。产生系统误差的主要原因及校正方法如下。

（1）方法误差　指分析方法本身所造成的误差。如重量分析中，沉淀的溶解，共沉淀现象；滴定分析中反应进行不完全，滴定终点与化学计量点不符等，都会系统地影响测定结果，使其偏高或偏低。选择其他方法或对方法进行校正可克服方法误差。

（2）仪器误差　来源于仪器本身不够准确，如天平砝码长期使用后质量改变，容量仪器体积不准确等。可对仪器进行校准，来克服仪器误差。

（3）试剂误差　由于试剂或蒸馏水不纯所引起的误差。通过空白试验及使用高纯度的水等方法，可以克服试剂误差。

（4）操作误差　由于操作人员主观原因造成，如对终点颜色敏感性不同，总是偏深或偏浅。通过加强训练，可减小此类误差。

2. 偶然误差

偶然误差又称随机误差，是由某些难以控制、无法避免的偶然因素造成的，其大小、正负都不固定。如天平及滴定管读数的不确定性，电子仪器显示读数的微小变动，操作中温度、湿度变化，灰尘、空气扰动、电压电流的微小波动等，都会引起测量数据的波动。实验中这些偶然因素的变化是无法控制的，因而偶然误差是必然存在的。偶然误差的大小决定分析结果的精密度。

偶然误差的出现虽然无法控制，但如果多次测量就会发现，它的出现有一定规律。即小的误差出现的概率大，大误差出现的概率小；绝对值相同的正、负误差出现的概率相同。偶然误差分布的这种规律在统计学上叫做正态分布。

由于偶然误差的出现服从统计规律，所以可以通过增加测定次数予以减少。也可以通过统计方法估计出偶然误差值，并在测定结果中正确表达。

应该指出，系统误差和偶然误差的划分不是绝对的，它们有时能够相互转化。如玻璃器皿对某些离子的吸附，对常量组分的分析影响很小，可以看作偶然误差，但如果是微量或痕量分析,这种吸附的影响则不能忽略,应该视为系统误差,就应进行校正或改用其他容器。

"过失"不同于上述两种误差,它是由于分析工作者粗心大意或违反操作规程所产生的错误,如溶液溅失、沉淀穿滤、读数记错等。一旦出现过失,不论该次测量结果如何,都应在实验记录上注明,并舍弃不用。

二、有关误差的一些基本概念

1. 准确度与精密度

分析结果的准确度表示测定结果与被测组分的真实值的接近程度,分析结果与真实值之间差别越小,分析结果的准确度越高。

为了获得可靠的分析结果,减小偶然误差的影响,在实际工作中人们总是在相同条件下对样品平行测定几份,然后以平均值作为测定结果。如果平行测定所得数据很接近,说明分析的精密度高。精密度指的是几次平行测定结果相互接近的程度。精密度是保证准确度的先决条件。精密度差,所测结果不可靠,失去了衡量准确度的前提。而精密度高,不能保证准确度也高。

2. 误差与偏差

(1) 误差 准确度的高低用误差来衡量。误差可用绝对误差和相对误差来表示。

绝对误差(E)是测量值(单次测量值 X_i)与真实值 μ 之差:

$$E = X_i - \mu$$

相对误差反映绝对误差在真实值或测量值中所占的比例:

$$E_r = \frac{E}{\mu} \times 100\% = \frac{X_i - \mu}{\mu} \times 100\%$$

如果误差小,则表示结果与真实值接近,测定准确度高;反之则准确度低。若测得值大于真实值,误差为正值;反之误差为负值。相对误差的应用更具有实际意义,因而更常用。

由于真实值是不可能测得的,实际工作中往往用"标准值"代替真实值,标准值是指采用多种可靠方法、由具有丰富经验的分析人员反复多次测定得出的比较准确的结果。有时可将纯物质中元素的理论含量作为真实值。

(2) 偏差 精密度的高低用偏差来衡量。它表示一组平行测定数据相互接近的程度。偏差越小,测定的精密度越高。偏差常用平均偏差、相对平均偏差和标准偏差、相对标准偏差表示。

绝对偏差:

$$d_i = x_i - \overline{x}(i = 1, 2, \cdots, n)$$

平均偏差:

$$\overline{d} = \frac{|d_1| \pm |d_2| \pm \cdots \pm |d_n|}{n} = \frac{1}{n} \sum_{i=1}^{n} |d_i|$$

相对平均偏差:

$$d_r = \frac{\overline{d}}{\overline{x}} \times 100\%$$

在实际工作中,更多地应用标准偏差和相对标准偏差表示数据分散的程度。它们能更好地反映大的偏差存在的影响,标准偏差用 s 表示。

$$s = \sqrt{\frac{\sum (x_i - \overline{x})^2}{n-1}} = \sqrt{\frac{\sum d_i^2}{n-1}}$$

另外也常用相对标准偏差（RSD）表示，相对标准偏差也称变异系数（CV），用百分率表示。

$$RSD = \frac{s}{\overline{x}} \times 100\%$$

三、提高分析结果准确度的方法

要得到准确的分析结果，必须设法减免在分析过程中产生的各种误差。综合人们对误差的认识，可以从以下几个方面减少分析误差。

1. 选择合适的分析方法

各种分析方法的准确度和灵敏度不同。首先应根据试样的具体情况和对分析结果的要求，选择合适的分析方法。如重量分析法和滴定分析法测定的准确度高，但灵敏度较低，适于常量组分的分析；仪器分析一般灵敏度高而准确度较差，适于微量组分的测定。

如对锌的质量分数为 35% 的炉甘石样品中锌的测定，采用滴定法分析，可以得到误差小于 0.2% 的结果；而若采用光度法测定，按其相对误差 5% 计，可能测得的范围是 33%～37%，准确度不如滴定法。而血清中含锌约 $1 mg \cdot L^{-1}$，用滴定法无法检出，用原子吸收法测定，虽然相对误差大，但因含量低，绝对误差小，可能测得的范围是 0.95～1.05 $mg \cdot L^{-1}$。

此外，还应根据分析试样的组成选择合适的分析方法。如测常量组分的铁时，若共存元素易以共沉淀方式干扰铁的重量法测定，可采用滴定法测定，而重铬酸钾法又较配位滴定法少受其他金属杂质的干扰。

2. 减少系统误差的方法

（1）对照实验　用含量已知的标准试样或纯物质，以同一种方法对其进行定量分析，由分析结果与已知含量的差值，求出分析结果的系统误差，同时对分析结果的系统误差进行校正。

（2）加样回收实验　在没有标准试样，又不宜用纯物质进行对照实验时（如中药成分分析），可以向样品中加入一定量的被测纯物质，用同一方法定量分析，由分析结果中被测组分含量的增加值与加入量之差，判断有无系统误差。若对照或回收试验表明有系统误差存在，可通过空白试验找出产生系统误差的原因，并将其消除。

（3）空白实验　在不加试样的情况下，按照试样分析步骤和条件进行分析实验，把所得结果作为空白值，从样品分析结果中扣除。从而消除试剂、蒸馏水不纯等造成的系统误差。

（4）校准仪器　消除仪器不准所引起的系统误差。如对砝码、容量瓶、移液管和滴定管进行校准。

3. 减小测量的相对误差

为了保证分析结果的准确度，应在各步操作中尽量减小测量误差。如在重量分析中的测量是称重，一般分析天平的称量误差为 ±0.0001g，用减重法称量两次，可能的最大误差是 ±0.0002g。为了使称量的相对误差小于 0.1%，应称量的试样质量为：

$$试样的误差 = \frac{绝对误差}{相对误差} = \frac{0.0002g}{0.1\%} = 0.2g$$

即试样质量应大于或等于 0.2g，方能保证称量误差在 0.1% 以内。类似地，一般滴定管的读数误差为 ±0.01mL，一次滴定需读数两次，可能的最大误差为 ±0.02mL，为使滴定的相对误差小于 0.1%，每次滴定消耗的滴定剂体积都应大于 20mL。而在光度分析时，方法的相对误差为 2%，若称取试样 0.5g，则试样称量绝对误差不大于 0.5g×2% = 0.01g 即可，没必要称准至 ±0.0001g。

4. 增加平行测定次数，减小偶然误差的影响

根据偶然误差的分布规律，增加平行测定次数，可以减小偶然误差的影响。对一般分析测定，平行测定次数以 4～6 次为宜。

四、有效数字及运算规则

在注意采取上述一系列提高分析结果准确度的措施的同时，还应注意正确记录测量值和计算实验结果。通过一个正确记录的测量值，可以判断所使用仪器的准确度和精密度；而正确表达计算结果，则可反映该次实验的精密度。

1. 有效数字的意义和位数

有效数字是指在分析工作中实际能测量到的数字。在分析测定之中，记录实验数据和计算测定结果究竟应该保留几位数字，应该根据分析方法和分析仪器的准确度来确定。例如：分析天平称量要求保留小数点后 4 位数字；台秤称量要求保留小数点后 1 位数字；滴定管读数要求保留小数点后 2 位数字。

有效数字是由全部准确数字和最后一位（只能是一位）不确定数字组成，它们共同决定了有效数字的位数。有效数字位数的多少反映了测量的准确度，在测定准确度允许的范围内，数据中有效数字的位数越多，表明测定的准确度越高。有效数字的最低位反映测量的绝对误差，测量值在这一位有 ±(1～2) 个单位的不确定性，这是由所用测量仪器的准确度决定的。而有效数字的位数大致反映测量值的相对误差。例如用移液管量取 25mL 溶液，应记为 25.00mL，而不能记为 25mL。后者表示可能引入的最大误差为 ±1mL。而事实上，移液管可以准确至 ±0.01mL。

"0" 可以是有效数字，也可能只起定位作用。例如：20.50mL 为四位有效数字，数字中间和后面的 0 都是有效数字；当记作 0.02052L 时，仍是四位有效数字，最前面的 0 只起定位作用；若记作 20500μL，则不能正确表达和判断有效数字位数。在这种情况下，应用科学记数法记作 $2.050×10mL$。这个例子还说明，改变单位并不改变有效数字的位数。

对于不是通过测量所得到的数据，如化学反应倍数关系等，可视为无误差数据或认为其有效数字位数无限多。

化学计算中常遇到的对数值，如 $\lg K$ 和 pH 等，有效数字位数取决于小数部分，其整数部分代表该数的方次。如 pH = 11.20，意为 $[H^+] = 6.3×10^{-12} mol \cdot L^{-1}$，故是两位有效数字。

若数据的首位数 ≥8，有效数字的位数可多计一位。如 9.48，因其很接近 10.00，故应按 4 位有效数字对待。

2. 有效数字的修约

在运算时，按一定规则舍入多余的尾数，称为数字修约。修约规则为"四舍六入五成双"。当尾数≤4时将其舍去；尾数≥6时则进一位；如果尾数为5，若5后面的数字不全为零，则进位；若5后面的数字全为零，进位后应使所进的位数成为偶数。恰好等于5时：5的前一位是奇数则进位，5的前一位是偶数则舍去。例如，将下列测量值修约为两位有效数字：

$$4.3468 \text{ 修约为 } 4.3$$
$$0.305 \text{ 修约为 } 0.30$$
$$7.3967 \text{ 修约为 } 7.4$$
$$0.255 \text{ 修约为 } 0.26$$
$$0.305001 \text{ 修约为 } 0.31$$

注意：进行数字修约时只能一次修约到指定的位数，不能数次约。

3. 有效数字的运算规则

（1）加减法　当几个数据相加或相减时，它们的和或差保留几位有效数字，应以小数点后位数最少（即绝对误差最大）的数为依据。

（2）乘除法　对几个数据进行乘除运算时，它们的积或商的有效数字位数，应以其中相对误差最大的（即有效数字位数最少的）那个数为依据。

例：$9.25 \times 12.035 + 1.250 = ?$（9.25按可按四位有效数字计算）

$$9.25 \times 12.035 + 1.250 = 111.4 + 1.250 = 111.4 + 1.2 = 112.6$$

其中要着重注意的是在实验中，根据分析仪器和分析方法的准确度正确读出及记录测定值，且只保留一位不确定数字。在计算测定结果之前，先根据运算方法（加减或乘除）确定欲保留的位数，然后按照数字修约规则对各测定值进行修约，先修约，后计算。

第二篇

实 验 部 分

第五章 无机化学实验

实验一 氯化钠的提纯

一、实验目的

1. 掌握提纯 NaCl 的原理和方法。

2. 练习台秤的使用以及加热、溶解、常压过滤、减压过滤、蒸发浓缩、结晶、干燥等基本操作。

3. 了解 Ca^{2+}、Mg^{2+}、SO_4^{2-} 的定性检验方法。

二、实验原理

粗食盐中含有泥沙等不溶性杂质及 Ca^{2+}、Mg^{2+}、K^+、SO_4^{2-} 等可溶性杂质。将粗食盐溶于水后，用过滤的方法可以除去不溶性杂质。Ca^{2+}、Mg^{2+}、SO_4^{2-} 等离子可以通过化学方法——加沉淀剂使其转化为难溶沉淀物，再过滤除去。K^+ 等其他可溶性杂质含量少，蒸发浓缩后不结晶，仍留在母液中。有关的离子反应方程式如下：

$$Ba^{2+} + SO_4^{2-} =\!=\!= BaSO_4 \downarrow$$

$$Mg^{2+} + 2OH^- =\!=\!= Mg(OH)_2 \downarrow$$

$$Ca^{2+} + CO_3^{2-} =\!=\!= CaCO_3 \downarrow$$

$$Ba^{2+} + CO_3^{2-} =\!=\!= BaCO_3 \downarrow$$

三、仪器、药品及材料

仪器：台秤，漏斗，布氏漏斗，吸滤瓶，蒸发皿，烧杯，量筒。

药品：HCl 溶液（2mol·L^{-1}），NaOH（2mol·L^{-1}），BaCl$_2$（1mol·L^{-1}），Na$_2$CO$_3$（1mol·L^{-1}），(NH$_4$)$_2$C$_2$O$_4$（0.5mol·L^{-1}），粗食盐，镁试剂。

材料：pH 试纸，滤纸。

四、实验步骤

1. 粗食盐的提纯

（1）粗食盐的称量和溶解　在台秤上称取 8g 粗食盐，放入 100mL 烧杯中，加入 30mL 水，加热、搅拌使食盐溶解。

（2）SO_4^{2-} 除去　在煮沸的食盐水溶液中，边搅拌边逐滴加入 $1mol \cdot L^{-1}$ $BaCl_2$ 溶液（约 2mL）。为检验 SO_4^{2-} 是否沉淀完全，可将酒精灯移开，待沉淀下沉后，再在上层清液中滴入 $1 \sim 2$ 滴 $BaCl_2$ 溶液，观察溶液是否有浑浊现象。如清液不变浑浊，证明 SO_4^{2-} 已沉淀完全，如清液变浑浊，则要继续加 $BaCl_2$ 溶液，直到沉淀完全为止。然后用小火加热 $3 \sim 5min$，以使沉淀颗粒长大而便于过滤。用普通漏斗过滤，保留滤液，弃去沉淀。

（3）Ca^{2+}、Mg^{2+}、Ba^{2+} 等离子的除去　在滤液中加入适量的（约 1mL）$2mol \cdot L^{-1}$ NaOH 溶液和 3mL $1mol \cdot L^{-1}$ Na_2CO_3 溶液，加热至沸腾。仿照（2）中方法检验 Ca^{2+}、Mg^{2+}、Ba^{2+} 等离子已沉淀完全后，继续用小火加热煮沸 5min，用普通漏斗过滤，保留滤液，弃去沉淀。

（4）调节溶液的 pH　在滤液中逐滴加入 $2mol \cdot L^{-1}$ HCl 溶液，充分搅拌，并用玻璃棒蘸取滤液在 pH 试纸上试验，直到溶液呈微酸性（pH＝$4 \sim 5$）为止。

（5）浓缩与结晶　将溶液转移至蒸发皿中，放于泥三角上用小火加热，蒸发浓缩到溶液呈稀糊状为止，切不可将溶液蒸干。让浓缩液冷却至室温。

（6）减压过滤、干燥　用布氏漏斗减压过滤，尽量将结晶抽干。将晶体放在蒸发皿中，在石棉网上用小火加热并搅拌，将其干燥。冷却后称其质量，计算收率。

2. 产品纯度的检验

称取粗食盐和提纯后的精盐 1g，分别溶于 5mL 去离子水中，然后分别盛于 3 支试管中。用下述方法对照检验它们的纯度。

（1）SO_4^{2-} 的检验　加入 2 滴 $1mol \cdot L^{-1}$ $BaCl_2$ 溶液，观察有无白色的 $BaSO_4$ 沉淀生成。

（2）Ca^{2+} 的检验　加入 2 滴 $0.5mol \cdot L^{-1}$ $(NH_4)_2C_2O_4$ 溶液，稍待片刻，观察有无白色的 CaC_2O_4 沉淀生成。

（3）Mg^{2+} 的检验　加入 $2 \sim 3$ 滴 $2mol \cdot L^{-1}$ NaOH 溶液，使溶液呈碱性，再加入几滴镁试剂，如有蓝色沉淀产生，表示有 Mg^{2+} 存在。

五、思考题

1. 在除去 Ca^{2+}、Mg^{2+}、SO_4^{2-} 时，为什么要先加入 $BaCl_2$ 溶液，再加入 Na_2CO_3 溶液？

2. 怎样除去过量的沉淀剂 $BaCl_2$、NaOH 和 Na_2CO_3？

3. 提纯后的食盐溶液浓缩时为什么不能蒸干？

实验二　硫酸亚铁铵的制备及组成分析

一、实验目的

1. 了解复盐的一般特性及硫酸亚铁铵的制备方法。

2. 熟练掌握加热、蒸发、结晶、常压过滤和减压过滤等基本操作。

3. 掌握高锰酸钾滴定法测定铁（Ⅱ）的方法，并巩固产品中杂质 Fe^{3+} 的定量分析以及 Fe^{3+} 的限量分析。

二、实验原理

硫酸亚铁铵 $(NH_4)_2Fe(SO_4)_2 \cdot 6H_2O$ 俗称摩尔盐，它在空气中不易被氧化，比硫酸亚铁稳定。它能溶于水，但难溶于乙醇。而且价格低，制造工艺简单，其应用广泛，工业上常用作废水处理的混凝剂，在农业上用作农药及肥料，在定量分析上常用作氧化还原滴定的基准物质。

像所有的复盐一样，硫酸亚铁铵在水中的溶解度比组成它的任何一个组分 $FeSO_4$ 或 $(NH_4)_2SO_4$ 的溶解度都小。因此，将含有 $FeSO_4$ 和 $(NH_4)_2SO_4$ 的溶液经蒸发浓缩、冷却结晶可得到摩尔盐晶体。

本实验采用铁屑与稀硫酸作用生成硫酸亚铁溶液：

$$Fe + H_2SO_4 =\!=\!= FeSO_4 + H_2 \uparrow$$

然后在硫酸亚铁溶液中加入硫酸铵并使其全部溶解，经蒸发浓缩，冷却结晶，得到 $(NH_4)_2Fe(SO_4)_2 \cdot 6H_2O$ 晶体。

$$FeSO_4 + (NH_4)_2SO_4 + 6H_2O =\!=\!= (NH_4)_2Fe(SO_4)_2 \cdot 6H_2O$$

产品的质量鉴定可以采用高锰酸钾滴定法确定有效成分的含量。在酸性介质中 Fe^{2+} 被 $KMnO_4$ 定量氧化为 Fe^{3+}，$KMnO_4$ 的颜色变化可以指示滴定终点的到达。

$$5Fe^{2+} + MnO_4^- + 8H^+ =\!=\!= 5Fe^{3+} + Mn^{2+} + 4H_2O$$

产品等级也可以通过测定其杂质 Fe^{3+} 的质量分数来确定。

目测比色法也是确定杂质含量的一种常用方法，在确定杂质含量后便能定出产品的级别。将产品配成溶液，与各标准溶液进行比色，如果产品溶液的颜色比某一标准溶液的颜色浅，就确定杂质含量低于该标准溶液中的含量，即低于某一规定的限度，所以这种方法又称为限量分析。

三、仪器、药品及材料

仪器：台秤，分析天平，分光光度计，漏斗，布氏漏斗，吸滤瓶，烧杯，量筒，锥形瓶，蒸发皿，棕色酸式滴定管，移液管，表面皿，比色管。

药品：Na_2CO_3（$1mol \cdot L^{-1}$），H_2SO_4（$3mol \cdot L^{-1}$），HCl（$2mol \cdot L^{-1}$），H_3PO_4（浓），$(NH_4)_2SO_4$（s），$KMnO_4$ 标准溶液（$0.1000mol \cdot L^{-1}$），无水乙醇，Fe^{3+} 标准溶液（$0.0100mol \cdot L^{-1}$），$KSCN$（$1mol \cdot L^{-1}$），铁屑，$K_3[Fe(CN)_6]$（$0.1mol \cdot L^{-1}$），$NaOH$（$2mol \cdot L^{-1}$）。

材料：pH 试纸，红色石蕊试纸，滤纸。

四、实验步骤

1. 硫酸亚铁铵的制备

（1）铁屑的净化　称取 2.0g 铁屑于 150mL 烧杯中，加入 20mL 1mol·L^{-1}Na$_2$CO$_3$ 溶液，小火加热约 10min，以除去铁屑表面的油污。用倾析法除去碱液，再用水洗净铁屑。

（2）硫酸亚铁的制备　在盛有洗净铁屑的烧杯中加入 15mL 3mol·L^{-1} H$_2$SO$_4$ 溶液，盖上表面皿，放在石棉网上用小火加热（在通风橱中进行），温度控制在 70～80℃，直至不再大量冒气泡为止，表示反应基本完成（反应过程中要适当添加去离子水，以补充蒸发掉的水分）。用普通漏斗趁热过滤，将滤液转入 50mL 蒸发皿中。此时溶液的 pH 值应在 1 左右。用去离子水洗涤残渣，用滤纸吸干后称量（如残渣极少，可不收集），从而算出溶液中所溶解的铁屑的质量。

（3）硫酸亚铁铵的制备　根据 FeSO$_4$ 的理论产量，按关系式 $n[(NH_4)_2SO_4]:n(FeSO_4)=$ 1:1计算所需 (NH$_4$)$_2$SO$_4$ 的用量。称取 (NH$_4$)$_2$SO$_4$ 固体，将其配置成 (NH$_4$)$_2$SO$_4$ 的饱和溶液。将此饱和溶液加入上述所制得的 FeSO$_4$ 溶液中，调 pH 值为 1～2。加热搅拌，蒸发浓缩至液面出现一层晶膜为止，取下蒸发皿，冷却至室温，使 (NH$_4$)$_2$Fe(SO$_4$)$_2$·6H$_2$O 结晶出来。用布氏漏斗减压抽滤，用少量无水乙醇洗去晶体表面所附着的水分，转移至表面皿上，晾干（或真空干燥）后称量，计算产率。

2. 产品检验

（1）定性鉴定　定性鉴定产品中的 NH$_4^+$、Fe^{2+} 和 SO$_4^{2-}$（拟定实验方案）。

（2）(NH$_4$)$_2$Fe(SO$_4$)$_2$·6H$_2$O 质量分数的测定　称取 0.8～0.9g（准确至 0.0001g）产品于 250mL 锥形瓶中，加 50mL 除氧的去离子水，15mL 3mol·L^{-1} H$_2$SO$_4$，2mL 浓 H$_3$PO$_4$，使试样溶解。从滴定管中放出约 10mL KMnO$_4$ 标准溶液于锥形瓶中，加热至70～80℃，再继续用 KMnO$_4$ 标准溶液滴定至溶液刚出现微红色（30s 内不消失）为终点。

根据 KMnO$_4$ 标准溶液的用量（mL），按照下式计算产品中 (NH$_4$)$_2$Fe(SO$_4$)$_2$·6H$_2$O 的质量分数。

$$w=\frac{5c(KMnO_4)V(KMnO_4)M[(NH_4)_2Fe(SO_4)_2]\times10^{-3}}{m(试样)}\times100\%$$

（3）Fe^{3+} 的定量分析　用烧杯将去离子水煮沸 5min，以除去溶解的氧，盖好，冷却后备用。称取 0.2g 产品，置于试管中，加 1.00mL 备用的去离子水使其溶解，再加入 5 滴 2mol·L^{-1}HCl 溶液和 2 滴 1mol·L^{-1}KSCN 溶液，最后用除氧的去离子水稀释到 5.0mL，摇匀，在分光光度计上进行比色分析，由 A-w(Fe^{3+}) 标准工作曲线上查出 Fe^{3+} 的质量分数，与表 5-1 对照以确定产品等级。

表 5-1　硫酸亚铁铵产品等级与 Fe^{3+} 的质量分数

产品等级	Ⅰ级	Ⅱ级	Ⅲ级
w(Fe^{3+})×100	0.005	0.01	0.02

（4）Fe^{3+} 的限量分析　用烧杯将去离子水煮沸 5min，以除去溶解的氧，盖好，冷却后备用。称取 1.00g 产品，置于 25mL 比色管中，加 10.0mL 备用的去离子水使其溶解，再加

入 2mL 2mol·L^{-1} HCl 溶液和 0.5mL 1mol·L^{-1} KSCN 溶液，最后用除氧的去离子水稀释到 25.00mL，摇匀。与标准溶液进行目测比色，以确定产品等级。

五、思考题

1. 制备硫酸亚铁铵时为什么要保持溶液呈强酸性？
2. 为什么检验产品中 Fe^{3+} 的含量时，要用不含氧的去离子水溶解产品？
3. 在制备硫酸亚铁时，为什么要使铁过量？

附注

附（1）Fe^{3+} 标准溶液的配制（实验室配制）

先配制 0.01mg·mL^{-1} 的 Fe^{3+} 标准溶液。用吸量管吸取 Fe^{3+} 的标准溶液 5.00mL、10.00mL、20.00mL 分别放入 3 支 25mL 比色管中，然后各加入 2.00mL HCl（2mol·L^{-1}）溶液和 0.50mL KSCN（1.0mol·L^{-1}）。用备用的且含氧较少的去离子水将溶液稀释到 25.00mL，摇匀，得到符合三个级别含 Fe^{3+} 的标准溶液：25mL 溶液中含 Fe^{3+} 0.05mg、0.10mg 和 0.20mg 分别为Ⅰ级、Ⅱ级、Ⅲ级试剂中 Fe^{3+} 的最高允许含量。

附（2）几种盐的溶解度（表 5-2）

表 5-2 硫酸亚铁、硫酸铵、硫酸亚铁铵在水中的溶解度　单位：g/100gH$_2$O

物　　质	温度 / ℃				
	10	20	30	40	60
$(NH_4)_2SO_4$	73.0	75.4	78.0	81.0	88
$FeSO_4·7H_2O$	40.0	48.0	60.0	73.3	100
$(NH_4)_2Fe(SO_4)_2·6H_2O$	17.23	36.47	45.0	—	—

实验三 化学反应速率与活化能的测定

一、实验目的

1. 了解浓度、温度及催化剂对化学反应速率的影响。

2. 测定 $(NH_4)_2S_2O_8$ 与 KI 反应的速率、反应级数、速率系数和反应的活化能。

二、实验原理

$(NH_4)_2S_2O_8$ 和 KI 在水溶液中发生如下反应：

$$S_2O_8^{2-}(aq) + 3I^-(aq) == 2SO_4^{2-}(aq) + I_3^-(aq) \tag{1}$$

这个反应的平均反应速率为：

$$\bar{v} = -\frac{\Delta c(S_2O_8^{2-})}{\Delta t} = kc^\alpha(S_2O_8^{2-})c^\beta(I^-)$$

式中　　　　　$\bar{v}$——反应的平均反应速率；

　　$\Delta c(S_2O_8^{2-})$——Δt 时间内 $S_2O_8^{2-}$ 的浓度变化；

$c(S_2O_8^{2-})$，$c(I^-)$——$S_2O_8^{2-}$、I^- 的起始浓度；

　　　　　　k——该反应的速率系数；

　　α，β——反应物 $S_2O_8^{2-}$、I^- 的反应级数，$(\alpha+\beta)$ 为该反应的总级数。

为了测出在一定时间（Δt）内 $S_2O_8^{2-}$ 的浓度变化，在混合 $(NH_4)_2S_2O_8$ 和 KI 溶液的同时，加入一定体积的、已知浓度的 $Na_2S_2O_3$ 溶液和淀粉，这样在反应（1）进行的同时，还有以下反应发生：

$$2S_2O_3^{2-}(aq) + I_3^-(aq) == S_4O_6^{2-}(aq) + 3I^-(aq) \tag{2}$$

由于反应（2）的速率比反应（1）的大得多，由反应（1）生成的 I_3^- 会立即与 $S_2O_3^{2-}$ 反应生成无色的 $S_4O_6^{2-}$ 和 I^-。这就是说，在反应开始的一段时间内，溶液呈无色，当 $Na_2S_2O_3$ 一旦耗尽，由反应（1）生成的微量 I_3^- 就会立即与淀粉作用，使溶液呈蓝色。

由反应（1）和（2）的关系可以看出，每消耗 1mol $S_2O_8^{2-}$ 就要消耗 2mol 的 $S_2O_3^{2-}$，即：

$$\Delta c(S_2O_8^{2-}) = \frac{1}{2}\Delta c(S_2O_3^{2-})$$

由于在 Δt 时间内，$S_2O_3^{2-}$ 已全部耗尽，所以 $\Delta c(S_2O_3^{2-})$ 实际上就是反应开始时 $Na_2S_2O_3$ 的浓度，即：

$$-\Delta c(S_2O_3^{2-}) = c_0(S_2O_3^{2-})$$

这里的 $c_0(Na_2S_2O_3)$ 为 $Na_2S_2O_3$ 的起始浓度。在本实验中，由于每份混合液中 $Na_2S_2O_3$ 的起始浓度都相同，因而 $\Delta c(S_2O_3^{2-})$ 也是相同的，这样，只要记下从反应开始到出现蓝色所需要的时间（Δt），就可以算出一定温度下的平均反应速率：

$$\bar{v} = -\frac{\Delta c(S_2O_8^{2-})}{\Delta t} = -\frac{\Delta c(S_2O_3^{2-})}{2\Delta t} = \frac{c_0(S_2O_3^{2-})}{2\Delta t}$$

按照初始速率法，从不同浓度下测得的反应速率，即可求出该反应的反应级数 α 和 β，

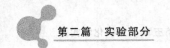

进而求得反应的总级数 $(\alpha+\beta)$，再由 $k=\dfrac{\nu}{c^{\alpha}\ (S_2O_8^{2-})\ c^{\beta}(I^-)}$ 求出反应的速率系数 k。

由 Arrhenius 方程得：

$$\lg k = A - \frac{E_a}{2.303RT}$$

式中　E_a——反应的活化能；

$\quad\ R$——摩尔气体常数，$R=8.314 J\cdot mol^{-1}\cdot K^{-1}$；

$\quad\ T$——热力学温度。

求出不同温度时的 k 值后，以 $\lg k$ 对 $\dfrac{1}{T}$ 作图，可得一直线，由直线的斜率 $\left(-\dfrac{E_a}{2.303R}\right)$ 可求得反应的活化能 E_a。

Cu^{2+} 可以加快 $(NH_4)_2S_2O_8$ 与 KI 反应的速率，Cu^{2+} 的加入量不同，反应速率也不同。

三、仪器、药品及材料

仪器：恒温水浴，烧杯，量筒，秒表，玻璃棒或电磁搅拌器。

药品：$(NH_4)_2S_2O_8$（0.2mol·L^{-1}），KI（0.2mol·L^{-1}），$Na_2S_2O_3$（0.05mol·L^{-1}），KNO_3（0.2mol·L^{-1}），$(NH_4)_2SO_4$（0.2mol·L^{-1}），淀粉溶液（0.2%），$Cu(NO_3)_2$（0.02mol·L^{-1}）。

材料：坐标纸。

四、实验步骤

1. 浓度对反应速率的影响，求反应级数、速率系数

在室温下，按表 5-3 所列各反应物用量，用量筒准确量取各试剂，除 0.2mol·L^{-1} $(NH_4)_2S_2O_8$ 外，其余各试剂均可按用量混合在各编号烧杯中，当加入 0.2mol·L^{-1} $(NH_4)_2S_2O_8$ 溶液时，立即计时，并把溶液混合均匀（用玻璃棒搅拌或把烧杯放在电磁搅拌器上搅拌），等溶液变蓝时停止计时，记下时间 Δt 和室温。

计算每次实验的反应速率 ν，并填入表 5-3 中。

用表 5-3 中实验 1、2、3 的数据，依据初始速率法求 α；用实验 1、4、5 的数据，求出 β，再求出 $(\alpha+\beta)$；再由公式 $k=\dfrac{\nu}{c^{\alpha}\ (S_2O_8^{2-})\ c^{\beta}\ (I^-)}$ 求出各实验的 k，并把计算结果填入表 5-3 中。

表 5-3　浓度对反应速率的影响（室温）

项　　目	实验编号				
	1	2	3	4	5
$V(NH_4)_2S_2O_8$/mL	10	5	2.5	10	10
$V(KI)$/mL	10	10	10	5	2.5
$V(Na_2S_2O_3)$/mL	3	3	3	3	3
$V(KNO_3)$/mL				5	7.5

项 目	实验编号				
	1	2	3	4	5
$V[(NH_4)_2SO_4]/mL$		5	7.5		
$V(淀粉溶液)/mL$	1	1	1	1	1
$c_0(S_2O_8^{2-})/mol \cdot L^{-1}$					
$c_0(I^-)/mol \cdot L^{-1}$					
$c_0(S_2O_3^{2-})/mol \cdot L^{-1}$					
$\Delta t/s$					
$\Delta c(S_2O_3^{2-})/mol \cdot L^{-1}$					
$\nu/mol \cdot L^{-1} \cdot s^{-1}$					
$k/(mol \cdot L^{-1})^{1-\alpha-\beta} \cdot s^{-1}$					

2. 温度对反应速率的影响，求活化能

按表 5-3 中实验 1 的试剂用量分别在高于室温 5℃、10℃和 15℃的温度下进行实验。这样就可测得这三个温度下的反应时间，并算出三个温度下的反应速率及速率系数，把数据和实验结果填入表 5-4 中。

表 5-4 温度对反应速率的影响

实验编号	T/K	$\Delta t/s$	$\nu/mol \cdot L^{-1} \cdot s^{-1}$	$k/(mol \cdot L^{-1})^{1-\alpha-\beta} \cdot s^{-1}$	$lg\{k\}$	$\frac{1}{T}/K^{-1}$
1						
6						
7						
8						

利用表 5-4 中各次实验的 k 和 T，作 $lgk - \frac{1}{T}$ 图，求出直线的斜率，进而求出反应（1）的活化能 E_a。

3. 催化剂对反应速率的影响

在室温下，按表 5-3 中实验 1 的试剂用量，再分别加入 1 滴、5 滴、10 滴 0.02mol·L^{-1} Cu(NO$_3$)$_2$ 溶液 [为使总体积和离子强度一致，不足 10 滴的用 0.2mol·L^{-1} (NH$_4$)$_2$SO$_4$ 溶液补充]。催化剂对反应速率的影响见表 5-5。

表 5-5 催化剂对反应速率的影响

项 目	实验编号		
	9	10	11
加入 Cu(NO$_3$)$_2$ 溶液（0.02mol·L^{-1}）的量/滴	1	5	10
反应时间 $\Delta t/s$			
反应速率 $\nu/mol \cdot L^{-1} \cdot s^{-1}$			

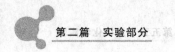

将表 5-5 中的反应速率与表 5-3 中的进行比较，得出结论。

五、思考题

1. 若用 I^-（或 I_3^-）的浓度变化来表示该反应的速率，则 v 和 k 是否和用 $S_2O_8^{2-}$ 的浓度变化表示的一样？

2. 本实验中 $Na_2S_2O_3$ 的量过多或过少对实验结果有何影响？

3. 反应中温度不恒定，对实验结果有无影响？

4. 实验中当蓝色出现后，反应是否就终止了？

实验四　醋酸解离常数的测定

（一）pH 法

一、实验目的

1. 学习溶液的配制方法及有关仪器的使用。
2. 学习醋酸解离常数的测定方法。
3. 学习酸度计的使用方法。

二、实验原理

醋酸（CH_3COOH，简写为 HAc）是一元弱酸，在水溶液中存在如下解离平衡：

$$HAc(aq) + H_2O(l) \rightleftharpoons H_3O^+(aq) + Ac^-(aq)$$

其解离常数的表达式为：

$$K_a^\ominus(HAc) = \frac{[c(H_3O^+)/c^\ominus][c(Ac^-)/c^\ominus]}{c(HAc)/c^\ominus}$$

若弱酸 HAc 的初始浓度为 $c_0(mol \cdot L^{-1})$，并且忽略水的解离，则平衡时：

$$c(HAc) = (c_0 - x) \quad mol \cdot L^{-1}$$

$$c(H_3O^+) = c(Ac^-) = x \quad mol \cdot L^{-1}$$

$$K_a^\ominus(HAc) = \frac{x^2}{c_0 - x}$$

在一定温度下，用 pH 计测定一系列已知浓度的弱酸溶液的 pH。根据 $pH = -lg[c(H_3O^+)/c^\ominus]$，求出 $c(H_3O^+)$，即 x，代入上式，可求出一系列的 $K_a^\ominus(HAc)$，取其平均值，即为该温度下醋酸的解离常数。

三、仪器、药品及材料

仪器：酸度计，容量瓶 50mL，烧杯 50mL，移液管，吸量管，洗耳球。

药品：$HAc(0.1mol \cdot L^{-1})$，实验室标定浓度标准溶液。

材料：滤纸条。

四、实验步骤

1. 不同浓度醋酸溶液的配制

① 向干燥的 4 号烧杯中倒入已知浓度的 HAc 溶液约 50mL。

② 用移液管（或吸量管）自 4 号烧杯中分别吸取 2.5mL、5.0mL、25mL 已知浓度的 HAc 溶液，放入 1、2、3 号容量瓶中，加去离子水至刻度，摇匀。

2. 不同浓度醋酸溶液 pH 的测定

① 将上述 1、2、3 号容量瓶中的 HAc 溶液分别对号倒入干燥的 1、2、3 号烧杯中。

② 用 pH 计按 1～4 号烧杯（HAc 浓度由小到大）的顺序，依次测定醋酸溶液的 pH，并记录实验数据（保留两位有效数字）。

五、数据记录与处理

温度_____℃　　　　　　标准醋酸溶液的浓度_____mol·L^{-1}

烧杯编号	1	2	3	4
$c(\text{HAc})/\text{mol·L}^{-1}$				
pH				
$c(\text{H}_3\text{O}^+)/\text{mol·L}^{-1}$				
$K_a^{\ominus}(\text{HAc})$				
$\overline{K}_a^{\ominus}(\text{HAc})$				
s				

实验测得的 4 个 $K_a^{\ominus}(\text{HAc})$，由于实验误差可能不完全相同，可用下列方法处理求 $\overline{K}_a^{\ominus}$（HAc）和标准偏差 s：

$$\overline{K}_a^{\ominus} = \frac{\sum\limits_{i=1}^{n} K_{a_i}^{\ominus}(\text{HAc})}{n}$$

$$s = \sqrt{\frac{\sum\limits_{i=1}^{n} \left[K_{a_i}^{\ominus}(\text{HAc}) - \overline{K}_a^{\ominus}(\text{HAc}) \right]^2}{n-1}}$$

六、思考题

1. 实验所用烧杯、移液管（或吸量管）各用哪种 HAc 溶液润洗？容量瓶是否要用 HAc 溶液润洗？为什么？

2. 测定 HAc 溶液的 pH 时，为什么要按 HAc 浓度由小到大的顺序测定？

3. 实验所测的四种醋酸溶液的解离度各为多少？由此可以得出什么结论？

（二）缓冲溶液法测定

一、实验目的

1. 利用测缓冲溶液 pH 的方法测定弱酸的 $pK_a^{\ominus}$。

2. 学习移液管、容量瓶的使用方法，并练习配制溶液。

二、实验原理

在 HAc 和 NaAc 组成的缓冲溶液中，由于同离子效应，当达到解离平衡时，$c(\text{HAc}) \approx c_0(\text{HAc})$，$c(\text{Ac}^-) \approx c_0(\text{NaAc})$。根据酸性缓冲溶液 pH 的计算公式：

$$pH = pK_a^{\ominus}(\text{HAc}) - \lg \frac{c(\text{HAc})}{c(\text{Ac}^-)}$$

$$-pK_a^{\ominus}(HAc) \quad lg\ \frac{c_0(HAc)}{c_0(Ac^-)}$$

对于由相同浓度 HAc 和 NaAc 组成的缓冲溶液，则有：

$$pH = pK_a^{\ominus}(HAc)$$

本实验中，量取两份相同体积、相同浓度的 HAc 溶液，在其中一份中滴加 NaOH 溶液至恰好中和（以酚酞为指示剂），然后加入另一份 HAc 溶液，即得到等浓度的 HAc-NaAc 缓冲溶液，测其 pH 即可得到 $pK_a^{\ominus}(HAc)$ 及 $K_a^{\ominus}(HAc)$。

三、仪器、药品及材料

仪器：酸度计，烧杯，容量瓶 50mL，移液管，吸量管，量筒。

药品：HAc($0.10\ mol \cdot L^{-1}$)，NaOH($0.10\ mol \cdot L^{-1}$)，酚酞（1%）。

材料：滤纸条。

四、实验步骤

1. 用酸度计测定等浓度的 HAc 和 NaAc 混合溶液的 pH

（1）配制不同浓度的 HAc 溶液　用吸量管或移液管分别准确移取 5.00mL、10.00mL、25.00mL $0.10\ mol \cdot L^{-1}$ HAc 标准溶液分别放入 3 个容量瓶中（分别编以 $1^{\#}$、$2^{\#}$、$3^{\#}$），并用去离子水稀释至刻度，摇匀，计算这三种醋酸溶液的浓度。

（2）制备等浓度的 HAc 和 NaAc 混合溶液　用 10mL 移液管从 $1^{\#}$ 容量瓶中准确移取 10mL HAc 溶液于 $1^{\#}$ 烧杯中，加入 1 滴酚酞溶液后用滴管滴入 $0.10\ mol \cdot L^{-1}$ NaOH 溶液至酚酞变色，半分钟内不褪色为止。再从 $1^{\#}$ 容量瓶中准确移取 10mL HAc 溶液加入 $1^{\#}$ 烧杯中，混合均匀，得 $1^{\#}$ 待测液。用同样的方法分别制备 $2^{\#}$ 和 $3^{\#}$ 待测液。

（3）制备 $4^{\#}$ 待测液　吸取 10.00mL $0.10\ mol \cdot L^{-1}$ HAc 标准溶液，按上述同样的方法制备。

（4）测定各待测液的 pH　用酸度计测定各待测液的 pH，这一数值就是 HAc 的 $pK_a^{\ominus}$（为什么）。

2. 求 $p\overline{K}_a^{\ominus}$(HAC) 和标准偏差

上述所测的 4 个 $pK_a^{\ominus}$(HAc)，由于实验误差可能不完全相同，可用下列方法处理，求 $p\overline{K}_a^{\ominus}$(HAc) 和标准偏差 s：

$$p\overline{K}_a^{\ominus}(HAc) = \frac{\sum\limits_{i=1}^{n} pK_{a_i}^{\ominus}(HAc)}{n}$$

误差 Δ_i：

$$\Delta_i = p\overline{K}_a^{\ominus}(HAc) - pK_{a_i}^{\ominus}(HAc)$$

标准偏差 s：

$$s = \sqrt{\frac{\sum\limits_{i=1}^{n} \Delta_i^2}{n-1}}$$

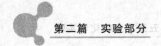

五、数据记录与处理

温度 _____ ℃ 标准醋酸溶液的浓度 _____ mol·L^{-1}

编 号	1#	2#	3#	4#
$V(HAc)/mL$	5.00	10.00	25.00	50.00
$V(H_2O)/mL$				
$c(HAc)/mol·L^{-1}$				
pH				
$pK_a^\ominus$				
$\overline{pK_a^\ominus}$				
$\overline{K_a^\ominus}$				
s				

六、思考题

1. 配制不同浓度的 HAc 溶液时，玻璃器皿是否要干燥？

2. 由测定等浓度的 HAc 和 NaAc 混合溶液的 pH，来确定 HAc 的 $pK_a^\ominus$ 的基本原理是什么？

实验五 氧化还原反应

一、实验目的

1. 加深理解电极电势与氧化还原反应的关系。
2. 了解溶液的酸碱性对氧化还原反应方向和产物的影响。
3. 了解反应物浓度和温度对氧化还原反应速率的影响。
4. 熟悉常用氧化剂和还原剂的反应。

二、实验原理

参加反应的物质间有电子转移或偏移的化学反应称为氧化还原反应。在氧化还原反应中,还原剂失去电子被氧化,元素的氧化值增大;氧化剂得到电子被还原,元素的氧化值减小。物质的氧化还原能力的大小可以根据相应电对电极电势的大小来判断。电极电势愈大,电对中的氧化型的氧化能力愈强;电极电势愈小,电对中的还原型的还原能力愈强。

根据电极电势的大小可以判断氧化还原反应的方向。当氧化剂电对的电极电势大于还原剂电对的电极电势时,即 $E_{MF}=E_{(氧化剂)}-E_{(还原剂)}>0$ 时,反应能正向自发进行。当氧化剂电对和还原剂电对的标准电池电动势相差较大时(如 $|E_{MF}^{\ominus}|>0.2\text{V}$),通常可以用标准电池电动势判断反应的方向。

由电极反应的能斯特(Nernst)方程式可以看出浓度对电极电势的影响,298.15K 时:

$$E=E^{\ominus}+\frac{0.0592}{n}\lg\frac{c(氧化型)}{c(还原型)}$$

溶液的 pH 会影响某些电对的电极电势或氧化还原反应的方向。介质的酸碱性也会影响某些氧化还原反应的产物。例如,在酸性、中性和强碱性溶液中,MnO_4^- 的还原产物分别为 Mn^{2+}、MnO_2 和 MnO_4^{2-}。

三、仪器、药品及材料

仪器:pH 计,试管。

药品:$H_2SO_4(2\text{mol}\cdot\text{L}^{-1})$,$HAc(1\text{mol}\cdot\text{L}^{-1})$,$H_2C_2O_4(0.1\text{mol}\cdot\text{L}^{-1})$,$H_2O_2(3\%)$,$NaOH(2\text{mol}\cdot\text{L}^{-1})$,$KI(0.02\text{mol}\cdot\text{L}^{-1})$,$KIO_3(0.1\text{mol}\cdot\text{L}^{-1})$,$KBr(0.1\text{mol}\cdot\text{L}^{-1})$,$K_2Cr_2O_7$ $(0.1\text{mol}\cdot\text{L}^{-1})$,$KMnO_4(0.01\text{mol}\cdot\text{L}^{-1})$,$Na_2SiO_3(0.5\text{mol}\cdot\text{L}^{-1})$,$Na_2SO_3(0.1\text{mol}\cdot\text{L}^{-1})$,$Pb(NO_3)_2(1.0\text{mol}\cdot\text{L}^{-1}$,$0.5\text{mol}\cdot\text{L}^{-1})$,$FeSO_4(0.1\text{mol}\cdot\text{L}^{-1})$,$FeCl_3(0.1\text{mol}\cdot\text{L}^{-1})$,$ZnSO_4$ $(1\text{mol}\cdot\text{L}^{-1})$,$CuSO_4(0.005\text{mol}\cdot\text{L}^{-1})$,氨水$(2\text{mol}\cdot\text{L}^{-1})$。

材料:蓝色石蕊试纸,砂纸,锌片,饱和甘汞电极。

四、实验步骤

1. 比较电对 $E^{\ominus}$ 值的相对大小

按照下列简单的实验步骤进行实验,观察现象。查出有关的标准电极电势,写出反应方程式。

① $0.02\text{mol}\cdot\text{L}^{-1}$ KI 溶液与 $0.1\text{mol}\cdot\text{L}^{-1}$ $FeCl_3$ 溶液的反应。

② $0.1\text{mol}\cdot\text{L}^{-1}$ KBr 溶液与 $0.1\text{mol}\cdot\text{L}^{-1}$ $FeCl_3$ 溶液混合。

由实验①和②比较 $E^{\ominus}(I_2/I^-)$、$E^{\ominus}(Fe^{3+}/Fe^{2+})$、$E^{\ominus}(Br_2/Br^-)$ 的相对大小，并找出其中最强的氧化剂和最强的还原剂。

2. 常见氧化剂和还原剂的反应

① 在酸性介质中，$0.02mol \cdot L^{-1}$ KI 溶液与 3% 的 H_2O_2 的反应。

② 在酸性介质中，$0.01mol \cdot L^{-1}$ $KMnO_4$ 溶液与 3% 的 H_2O_2 的反应。

③ 在酸性介质中，$0.1mol \cdot L^{-1}$ $K_2Cr_2O_7$ 溶液与 $0.1mol \cdot L^{-1}$ Na_2SO_3 溶液的反应。写出反应方程式。

④ 在酸性介质中，$0.1mol \cdot L^{-1}$ $K_2Cr_2O_7$ 溶液与 $0.1mol \cdot L^{-1}$ $FeSO_4$ 溶液的反应。写出反应方程式。

3. 浓度、温度对氧化还原反应速率的影响

(1) 浓度对氧化还原反应速率的影响　在两支试管中分别加入 3 滴 $0.5mol \cdot L^{-1}$ $Pb(NO_3)_2$ 溶液和 3 滴 $1mol \cdot L^{-1}$ $Pb(NO_3)_2$ 溶液，各加入 30 滴 $1mol \cdot L^{-1}$ HAc 溶液，混匀后，再逐滴加入 $0.5mol \cdot L^{-1}$ Na_2SiO_3 溶液 26～28 滴，摇匀，用蓝色石蕊试纸检查溶液仍呈弱酸性。在 90℃ 水浴中加热至试管中出现乳白色透明凝胶，取出试管，冷却至室温，在两支试管中同时插入表面积相同的锌片，观察两支试管中"铅树"生长速率的快慢，并进行解释。

(2) 温度对氧化还原反应速率的影响　在 A、B 两支试管中各加入 1mL $0.01mol \cdot L^{-1}$ $KMnO_4$ 溶液和 3 滴 $2mol \cdot L^{-1}$ H_2SO_4 溶液；在 C、D 两支试管中各加入 1mL $0.1mol \cdot L^{-1}$ $H_2C_2O_4$ 溶液。将 A、C 两试管放在水浴中加热几分钟后取出，同时将 A 中溶液倒入 C 中，将 B 中溶液倒入 D 中。观察 C、D 两试管中的溶液哪一个先褪色，并进行解释。

4. 介质对氧化还原反应的影响

(1) 介质的酸碱性对氧化还原反应产物的影响　在点滴板的三个孔穴中各滴入 1 滴 $0.01mol \cdot L^{-1}$ $KMnO_4$ 溶液，然后再分别加入 1 滴 $2mol \cdot L^{-1}$ H_2SO_4 溶液，1 滴 H_2O 和 1 滴 $2mol \cdot L^{-1}$ NaOH 溶液，最后再分别滴入 $0.1mol \cdot L^{-1}$ Na_2SO_3 溶液。观察现象，写出反应方程式。

(2) 溶液的 pH 对氧化还原反应方向的影响　将 $0.1mol \cdot L^{-1}$ KIO_3 溶液与 $0.1mol \cdot L^{-1}$ KI 溶液混合，观察有无变化。再滴入几滴 $2mol \cdot L^{-1}$ H_2SO_4 溶液，观察有何变化。再加入 $2mol \cdot L^{-1}$ NaOH 溶液使溶液呈碱性，观察又有何变化。写出反应方程式并进行解释。

5. 浓度对电极电势的影响

① 在 50mL 烧杯中加入 25mL $1mol \cdot L^{-1}$ $ZnSO_4$ 溶液，插入饱和甘汞电极和用砂纸打磨过的锌电极，组成原电池。将甘汞电极与 pH 计的"＋"极相连，锌电极与"－"极相接。将 pH 计的 pH-mV 开关扳向"mV"挡，量程开关扳向 0～7，用零点调节器调零点。将量程开关扳到 7～14，按下读数开关，测原电池的电动势 E_{MF}。已知饱和甘汞电极的 $E=0.2415V$，计算 $E(Zn^{2+}/Zn)$（虽然本实验所用的 $ZnSO_4$ 溶液浓度为 $1.0mol \cdot L^{-1}$，但由于温度、活度因子等因素的影响，所测数值并非 $-0.763V$）。

② 在另一个 50mL 烧杯中加入 25mL $0.005mol \cdot L^{-1}$ $CuSO_4$ 溶液，插入铜电极，与①中的锌电极组成原电池，两烧杯间用饱和 KCl 盐桥连接，将铜电极接"＋"极，锌电极接

"—"极，用 pH 计测原电池的电动势 E_{MF}，计算$E(Cu^{2+}/Cu)$和 $E^{\ominus}(Cu^{2+}/Cu)$。

⑶ 向 $0.005mol \cdot L^{-1}$ $CuSO_4$ 溶液中滴入过量 $2mol \cdot L^{-1}$氨水至生成深蓝色透明溶液，再测原电池的电动势 E_{MF}，并计算 $E([Cu(NH_3)_4]^{2+}/Cu)$。

五、思考题

1. 为什么 $K_2Cr_2O_7$ 能氧化浓盐酸中的氯离子，而不能氧化 NaCl 浓溶液中的氯离子？

2. 温度和浓度对氧化还原反应的速率有何影响？E_{MF} 大的氧化还原反应的反应速率也一定大吗？

3. H_2O_2 为什么既可作氧化剂又可作还原剂？写出有关电极反应，说明 H_2O_2 在什么情况下可作氧化剂？在什么情况下可作还原剂？

实验六 配位化合物

一、实验目的

1. 加深理解配合物的组成和稳定性，了解配合物形成时的特征。
2. 了解配合物形成时性质的改变。
3. 利用配位反应分离混合离子。

二、实验原理

配合物是由形成体（又称为中心离子或原子）与一定数目的配位体（负离子或中性分子）以配位键结合而形成的一类复杂化合物。配合物的内层与外层之间以离子键结合，在水溶液中完全解离。配位个体在水溶液中分步解离，其行为类似于弱电解质。在一定条件下，中心离子、配位体和配位个体间达到配位平衡，例如：

$$Cu^{2+} + 4NH_3 \rightleftharpoons [Cu(NH_3)_4]^{2+}$$

相应反应的标准平衡常数 $K_f^{\ominus}$ 称为配合物的稳定常数。对于相同类型的配合物，$K_f^{\ominus}$ 数值愈大，配合物就愈稳定。

在水溶液中，配合物的生成反应主要有配位体的取代反应和加合反应，例如：

$$[Fe(SCN)_n]^{3-n} + 6F^- \rightleftharpoons [FeF_6]^{3-} + nSCN^-$$

$$HgI_2(s) + 2I^- \rightleftharpoons [HgI_4]^{2-}$$

配合物形成时往往伴随溶液颜色、酸碱性（即 pH）、难溶电解质溶解度、中心离子氧化还原性的改变等特征。

三、仪器、药品及材料

仪器：点滴板，试管，离心机。

药品：$NH_3 \cdot H_2O(6mol \cdot L^{-1}, 2mol \cdot L^{-1})$，$NaOH(2mol \cdot L^{-1})$，$FeCl_3(0.1mol \cdot L^{-1})$，$KSCN(0.1mol \cdot L^{-1})$，$NaF(0.1mol \cdot L^{-1})$，$K_3[Fe(CN)_6](0.1mol \cdot L^{-1})$，$CuSO_4$ $(0.1mol \cdot L^{-1})$，$BaCl_2(0.1mol \cdot L^{-1})$，$NiSO_4(0.1mol \cdot L^{-1})$，$NaCl(0.1mol \cdot L^{-1})$，$KBr(0.1mol \cdot L^{-1})$，$KI(0.1mol \cdot L^{-1}, 2mol \cdot L^{-1})$，$AgNO_3(0.1mol \cdot L^{-1})$，$Na_2S_2O_3$ $(0.1mol \cdot L^{-1})$，$CaCl_2(0.1mol \cdot L^{-1})$，$Na_2H_2Y(0.1mol \cdot L^{-1})$，$CoCl_2(0.1mol \cdot L^{-1})$，$NH_4Cl(1mol \cdot L^{-1})$，$CuCl_2(0.1mol \cdot L^{-1})$，$BaCl_2(0.1mol \cdot L^{-1})$，95%乙醇，丁二酮肟。

材料：pH 试纸。

四、实验步骤

1. 配合物的形成与颜色变化

① 在 2 滴 $0.1mol \cdot L^{-1}$ $FeCl_3$ 溶液中，加 1 滴 $0.1mol \cdot L^{-1}$ KSCN 溶液，观察现象。再加入几滴 $0.1mol \cdot L^{-1}$ NaF 溶液，观察有什么变化。写出反应方程式。

② 在 $0.1mol \cdot L^{-1}$ $K_3[Fe(CN)_6]$ 溶液中滴加 $0.1mol \cdot L^{-1}$ KSCN 溶液，观察是否有变化。

③ 在 $0.1mol \cdot L^{-1}$ $CuSO_4$ 溶液中滴加 $6mol \cdot L^{-1}$ $NH_3 \cdot H_2O$ 至过量，然后将溶液分为两份，分别加入 $2mol \cdot L^{-1}$ NaOH 溶液和 $0.1mol \cdot L^{-1}$ $BaCl_2$ 溶液，观察现象，写出有关的反应方程式。

④ 在 2 滴 $0.1mol \cdot L^{-1}$ $NiSO_4$ 溶液中，逐滴加入 $6mol \cdot L^{-1}$ $NH_3 \cdot H_2O$，观察现象。然后再加入 2 滴丁二酮肟试剂，观察生成物的颜色和状态。

2. 配合物形成时难溶物溶解度的改变

在 3 支试管中分别加入 3 滴 $0.1mol \cdot L^{-1}$ NaCl 溶液，3 滴 $0.1mol \cdot L^{-1}$ KBr 溶液，3 滴 $0.1mol \cdot L^{-1}$ KI 溶液，再各加入 3 滴 $0.1mol \cdot L^{-1}$ $AgNO_3$ 溶液，观察沉淀的颜色。离心分离，弃去清液。在沉淀中再分别加入 $2mol \cdot L^{-1}$ $NH_3 \cdot H_2O$，$0.1mol \cdot L^{-1}$ $Na_2S_2O_3$ 溶液，$2mol \cdot L^{-1}$ KI 溶液，振荡试管，观察沉淀的溶解。写出反应方程式。

3. 配合物形成时溶液 pH 的改变

取一条完整的 pH 试纸，在它的一端滴上半滴 $0.1mol \cdot L^{-1}$ $CaCl_2$ 溶液，记下被 $CaCl_2$ 溶液浸润处的 pH，待 $CaCl_2$ 溶液不再扩散时，在距离 $CaCl_2$ 溶液扩散边缘 $0.5 \sim 1.0cm$ 干试纸处，滴上半滴 $0.1mol \cdot L^{-1}$ Na_2H_2Y 溶液，待 Na_2H_2Y 溶液扩散到 $CaCl_2$ 溶液区形成重叠时，记下重叠与未重叠处的 pH。说明 pH 变化的原因，写出反应方程式。

4. 配合物形成时中心离子氧化还原性的改变

① 在 $0.1mol \cdot L^{-1}$ $CoCl_2$ 溶液中滴加 3% 的 H_2O_2，观察有无变化。

② 在 $0.1mol \cdot L^{-1}$ $CoCl_2$ 溶液中加几滴 $1mol \cdot L^{-1}$ NH_4Cl 溶液，再滴加 $6mol \cdot L^{-1}$ $NH_3 \cdot H_2O$，观察现象。然后滴加 3% 的 H_2O_2，观察溶液颜色的变化。写出有关的反应方程式。

由上述①和②两个实验可以得出什么结论？

5. 铜氨配合物的制备

在小烧杯中加入 5mL $0.1mol \cdot L^{-1}$ $CuSO_4$ 溶液，加入 $6mol \cdot L^{-1}$ 氨水，直至最初形成的碱式盐 $Cu_2(OH)_2SO_4$ 沉淀又溶解为止，再多加数滴，然后加入 6mL 95% 的酒精。观察晶体的析出〔因 $Cu(NH_3)_4SO_4$ 难溶于酒精中〕。将制得的晶体过滤，晶体再用少量酒精洗涤两次。观察晶体的颜色。写出反应方程式。证明所得晶体含有铜氨配离子。

6. 利用配位反应分离混合离子

取 $0.1mol \cdot L^{-1}$ $CuCl_2$、$FeCl_3$、$BaCl_2$ 各 5 滴，混合并设法分离 Cu^{2+}、Fe^{3+}、Ba^{2+}。要求自己选择药品，设计分离方案，画出分离过程示意图，并进行分离实验，写出每步的实验现象及有关反应式。

五、思考题

1. 锌能从 $FeSO_4$ 溶液中置换出铁，却不能从 $K_4[Fe(CN)_6]$ 溶液中置换出铁，为什么？

2. AgCl、$Cu_2(OH)_2SO_4$ 都能溶于过量的氨水中，PbI_2 和 HgI_2 都能溶于过量的 KI 溶液中，为什么？它们各生成什么物质？

实验七　硼、碳、硅、氮、磷

一、实验目的

1. 掌握硼酸和硼砂的重要性质。
2. 了解可溶性硅酸盐的水解性和难溶硅酸盐的生成与颜色。
3. 掌握硝酸、亚硝酸及其盐的重要性质。
4. 了解磷酸盐的主要性质。
5. 掌握 CO_3^{2-}、NH_4^+、NO_2^-、NO_3^-、PO_4^{3-} 的鉴定方法。

二、实验原理

硼酸是一元弱酸，它在水溶液中的解离不同于一般的一元弱酸。硼酸是 Lewis 酸，能与多羟基醇发生加和反应，使溶液的酸性增强。

硼砂的水溶液因水解而呈碱性。硼砂溶液与酸反应可析出硼酸。

将碳酸盐溶液与盐酸反应生成的 CO_2 通入 $Ba(OH)_2$ 溶液中，能使 $Ba(OH)_2$ 溶液变浑浊，这种方法用于鉴定 CO_3^{2-}。

硅酸钠水解作用明显。大多数硅酸盐难溶于水，过渡金属的硅酸盐呈现不同的颜色。

鉴定 NH_4^+ 的常用方法有两种：一是 NH_4^+ 与 OH^- 反应，生成的 $NH_3(g)$ 使红色的石蕊试纸变蓝；二是 NH_4^+ 与奈斯勒（Nessler）试剂（$K_2[HgI_4]$ 的碱性溶液）反应，生成红棕色沉淀。

亚硝酸极不稳定。亚硝酸盐溶液与强酸反应生成的亚硝酸分解为 N_2O_3 和 H_2O。N_2O_3 又能分解为 NO 和 NO_2。

亚硝酸盐中氮的氧化值为 $+3$，它在酸性溶液中作氧化剂，一般被还原为 NO；与强氧化剂作用时则生成硝酸盐。

硝酸具有强氧化性，它与许多非金属反应，主要还原产物是 NO。浓硝酸与金属反应主要生成 NO_2，稀硝酸与金属反应通常生成 NO，活泼金属能将稀硝酸还原为 NH_4^+。

NO_2^- 与 $FeSO_4$ 溶液在 HAc 介质中反应生成棕色的 $[Fe(NO)(H_2O)_5]^{2+}$（简写为 $[Fe(NO)]^{2+}$）：

$$Fe^{2+} + NO_2^- + 2HAc \xrightarrow{\quad\quad} Fe^{3+} + NO + H_2O + 2Ac^-$$

$$Fe^{2+} + NO \xrightarrow{\quad\quad} [Fe(NO)]^{2+}$$

NO_3^- 与 $FeSO_4$ 溶液在浓 H_2SO_4 介质中反应生成棕色的 $[Fe(NO)]^{2+}$：

$$3Fe^{2+} + NO_3^- + 4H^+ \xrightarrow{\quad\quad} 3Fe^{3+} + NO + 2H_2O$$

$$Fe^{2+} + NO \xrightarrow{\quad\quad} [Fe(NO)]^{2+}$$

在试液与浓 H_2SO_4 溶液层界面处生成的 $[Fe(NO)]^{2+}$ 呈棕色环状。此方法用于鉴定 NO_3^-，称为"棕色环"法。

碱金属（锂除外）和铵的磷酸盐、磷酸一氢盐易溶于水，其他磷酸盐难溶于水。大多数磷酸二氢盐易溶于水。焦磷酸盐和三聚磷酸盐都具有配位作用。

PO_4^{3-} 与 $(NH_4)_2MoO_4$ 溶液在硝酸介质中反应，生成黄色的磷钼酸铵沉淀。此反应可

用于鉴定 PO_4^{3-}。

三、仪器、药品及材料

仪器：点滴板，试管。

药品：HCl 溶液（2mol·L^{-1}，6mol·L^{-1}，浓），H$_2$SO$_4$（1mol·L^{-1}，6mol·L^{-1}，浓），HNO$_3$（2mol·L^{-1}，浓），HAc（2mol·L^{-1}），NaOH（2mol·L^{-1}，6mol·L^{-1}），Ba(OH)$_2$（饱和），Na$_2$CO$_3$（0.1mol·L^{-1}），Na$_2$SiO$_3$（0.5mol·L^{-1}，20%），Na$_2$SiO$_3$（0.1mol·L^{-1}），NaNO$_2$（0.1mol·L^{-1}，1mol·L^{-1}），KI（0.02mol·L^{-1}），KMnO$_4$（0.01mol·L^{-1}），KNO$_3$（0.1mol·L^{-1}），Na$_3$PO$_4$（0.1mol·L^{-1}），Na$_2$HPO$_4$（0.1mol·L^{-1}），NaH$_2$PO$_4$（0.1mol·L^{-1}），CaCl$_2$（0.1mol·L^{-1}），CuSO$_4$（0.1mol·L^{-1}），Na$_4$P$_2$O$_7$（0.5mol·L^{-1}），Na$_2$B$_4$O$_7$·10H$_2$O(s)，H$_3$BO$_3$(s)，Co(NO$_3$)$_2$·6H$_2$O(s)，CaCl$_2$，CuSO$_4$·5H$_2$O(s)，ZnSO$_4$·7H$_2$O(s)，Fe$_2$(SO$_4$)$_3$(s)，NiSO$_4$·7H$_2$O(s)，NaHCO$_3$(s)，Na$_2$CO$_3$(s)，NH$_4$NO$_3$(s)，锌粉，铜屑，FeSO$_4$·7H$_2$O(s)，甘油，甲基橙指示剂，奈斯勒试剂，淀粉试液，钼酸铵试剂。

材料：pH 试纸，红色石蕊试纸。

四、实验步骤

1. 硼酸和硼砂的性质

① 在试管中加入约 0.5g 硼酸晶体和 3mL 去离子水，观察溶解情况。微热后使其全部溶解，冷至室温，用 pH 试纸测定溶液的 pH。然后在溶液中加入 1 滴甲基橙指示剂，并将溶液分成两份，在一份中加入 10 滴甘油，混合均匀，比较两份溶液的颜色。写出有关反应的离子方程式。

② 在试管中加入约 1g 硼砂和 3mL 去离子水，微热使其溶解，用 pH 试纸测定溶液的 pH。然后加入 10 滴 6mol·L^{-1} H$_2$SO$_4$ 溶液，将试管放在冷水中冷却，并用玻璃棒不断搅拌，片刻后观察硼酸晶体的析出。写出有关反应的离子方程式。

2. CO$_3^{2-}$ 的鉴定

在试管中加入 1mL 0.1mol·L^{-1} Na$_2$CO$_3$ 溶液，再加入半滴管 2mol·L^{-1} HCl 溶液，立即用带导管的塞子盖紧试管口，将产生的气体通入 Ba(OH)$_2$ 饱和溶液中，观察现象。写出有关反应方程式。

3. 硅酸盐的性质

① 在试管中加入 1mL 0.5mol·L^{-1} Na$_2$SiO$_3$ 溶液，用 pH 试纸测其 pH。然后逐滴加入 6mol·L^{-1} HCl 溶液，使溶液的 pH 在 6～9，观察硅酸凝胶的生成（若无凝胶生成可微热）。

②"水中花园"实验：在 50mL 烧杯中加入约 30mL 20% 的 Na$_2$SiO$_3$ 溶液，然后分散加入 CaCl$_2$、CuSO$_4$·5H$_2$O、ZnSO$_4$·7H$_2$O、Fe$_2$(SO$_4$)$_3$、Co(NO$_3$)$_2$·6H$_2$O、NiSO$_4$·7H$_2$O(s)晶体各一小粒，静置 1～2h 后观察"石笋"的生成和颜色。

4. NH$_4^+$ 的鉴定

① 在试管中加入少量 1.0mol·L^{-1} NH$_4$Cl 溶液和 2mol·L^{-1} NaOH 溶液，微热，用湿润的红色石蕊试纸在试管口检验逸出的气体。写出有关反应方程式。

② 在滤纸条上加1滴奈斯勒试剂，代替红色石蕊试纸重复实验①，观察现象。写出有关反应方程式。

5. 硝酸的氧化性

① 在试管内放入1小块铜屑，加入几滴浓 HNO_3，观察现象。然后迅速加水稀释，倒掉溶液，回收铜屑。写出反应方程式。

② 在试管中放入少量锌粉，加入 $1mL\ 2mol \cdot L^{-1}\ HNO_3$ 溶液，观察现象（如不反应可微热）。取清液检验是否有 NH_4^+ 生成。写出有关的反应方程式。

6. 亚硝酸及其盐的性质

（1）亚硝酸的不稳定性　在试管中加入 10 滴 $1mol \cdot L^{-1}\ NaNO_2$ 溶液，然后滴加 $6mol \cdot L^{-1}\ H_2SO_4$ 溶液，观察溶液和液面上气体的颜色（若室温较高，应将试管放在冷水中冷却）。写出有关的反应方程式。

（2）$NaNO_2$ 的氧化性　在 $0.5mL\ 0.1mol \cdot L^{-1}\ NaNO_2$ 溶液中加1滴 $0.02mol \cdot L^{-1}$ KI 溶液，有无变化？用 $1mol \cdot L^{-1}\ H_2SO_4$ 溶液酸化，然后加入淀粉试液，又有何变化？写出离子反应方程式。

（3）$NaNO_2$ 的还原性　取 $0.5mL\ 0.1mol \cdot L^{-1}\ NaNO_2$ 溶液，加1滴 $0.01mol \cdot L^{-1}$ $KMnO_4$ 溶液，用 $1mol \cdot L^{-1}\ H_2SO_4$ 溶液酸化，比较酸化前后溶液的颜色，写出离子反应方程式。

7. NO_3^- 和 NO_2^- 的鉴定

① 取 $2mL\ 0.1mol \cdot L^{-1}\ KNO_3$ 溶液，加入少量 $FeSO_4 \cdot 7H_2O$ 晶体，摇荡试管使其溶解。然后斜持试管，沿管壁小心滴加 $1mL$ 浓 H_2SO_4 静置片刻，观察两种液体界面处的棕色环。写出有关反应方程式。

② 取 1 滴 $0.1mol \cdot L^{-1}\ NaNO_2$ 溶液稀释至 $1mL$，加少量 $FeSO_4 \cdot 7H_2O$ 晶体，摇荡试管使其溶解，加入 $2mol \cdot L^{-1}\ HAc$ 溶液，观察现象。写出有关反应方程式。

8. 磷酸盐的性质

① 用 pH 试纸分别测定 $0.1mol \cdot L^{-1}\ Na_3PO_4$ 溶液、$0.1mol \cdot L^{-1}\ Na_2HPO_4$ 溶液和 $0.1mol \cdot L^{-1}\ NaH_2PO_4$ 溶液的 pH。写出有关反应方程式并加以说明。

② 在 3 支试管中各加入几滴 $0.1mol \cdot L^{-1}\ CaCl_2$ 溶液，然后分别滴加 $0.1mol \cdot L^{-1}$ Na_3PO_4 溶液、$0.1mol \cdot L^{-1}\ Na_2HPO_4$ 溶液和 $0.1mol \cdot L^{-1}\ NaH_2PO_4$ 溶液，观察现象。写出有关反应的离子方程式。

③ 在试管中加入几滴 $0.1mol \cdot L^{-1}\ CuSO_4$ 溶液，然后逐滴加入 $0.5mol \cdot L^{-1}$ $Na_4P_2O_7$ 溶液至过量，观察现象。写出有关反应的离子方程式。

9. PO_4^{3-} 的鉴定

取几滴 $0.1mol \cdot L^{-1}\ Na_3PO_4$ 溶液，加 10 滴浓 HNO_3，再加 $1mL$ 钼酸铵试剂，在水浴上微热到 $40 \sim 45℃$，观察现象。写出反应方程式。

五、思考题

1. 为什么不能用磨口玻璃器皿贮存碱液？

2. 为什么在 Na_2SiO_3 溶液中加入 HAc 溶液、NH_4Cl 溶液或通入 CO_2，都能生成硅酸凝胶？

3. $Al_2(SO_4)_3$ 与 Na_2CO_3 或 Na_2S 反应，为什么得不到 $Al_2(CO_3)_3$ 或 Al_2S_3 沉淀？

4. 硝酸与金属反应的主要还原产物与哪些因素有关？

实验八 铬、锰、铁、钴、镍

一、实验目的

1. 掌握铬、锰、铁、钴、镍氢氧化物的酸碱性和氧化还原性。
2. 掌握铬、锰重要氧化态之间的转化反应及其条件。
3. 掌握铁、钴、镍配合物的生成和性质。
4. 学习 Cr^{3+}、Mn^{2+}、Fe^{2+}、Fe^{3+}、Co^{2+}、Ni^{2+} 的鉴定方法。

二、实验原理

铬、锰、铁、钴、镍是周期表第四周期第ⅥB～Ⅷ族元素，它们都能形成多种氧化值的化合物。铬的重要氧化值为 +3 和 +6；锰的重要氧化值为 +2、+4、+6 和 +7；铁、钴、镍的重要氧化值都是 +2 和 +3。

$Cr(OH)_3$ 是两性的氢氧化物。$Mn(OH)_2$ 和 $Fe(OH)_2$ 都很容易被空气中的 O_2 氧化，$Co(OH)_2$ 也能被空气中的 O_2 慢慢氧化。由于 Co^{3+} 和 Ni^{3+} 都具有强氧化性，$Co(OH)_3$、$Ni(OH)_3$ 与浓盐酸反应分别生成 $Co(Ⅱ)$ 和 $Ni(Ⅱ)$，并放出氯气。$Co(OH)_3$ 和 $Ni(OH)_3$ 通常分别由 $Co(Ⅱ)$ 和 $Ni(Ⅱ)$ 的盐在碱性条件下用强氧化剂氧化得到，例如：

$$2Ni^{2+} + 6OH^- + Br_2 =\!=\!= 2Ni(OH)_3(s) + 2Br^-$$

Cr^{3+} 和 Fe^{3+} 都易发生水解反应。Fe^{3+} 具有一定的氧化性，能与强还原剂反应生成 Fe^{2+}。酸性溶液中，Cr^{3+} 和 Mn^{2+} 的还原性都较弱，只有用强氧化剂才能将它们分别氧化为 $Cr_2O_7^{2-}$ 和 MnO_4^-。在酸性条件下利用 Mn^{2+} 和 $NaBiO_3$ 的反应可以鉴定 Mn^{2+}。

在碱性溶液中，$[Cr(OH)_4]^-$ 可被 H_2O_2 氧化为 CrO_4^{2-}。在酸性溶液中 CrO_4^{2-} 转变为 $Cr_2O_7^{2-}$。$Cr_2O_7^{2-}$ 与 H_2O_2 反应能生成深蓝色的 CrO_5，由此可以鉴定 Cr^{3+}。

在重铬酸盐溶液中分别加入 Ag^+、Pb^{2+}、Ba^{2+} 等，能生成相应的铬酸盐沉淀。

$Cr_2O_7^{2-}$ 和 MnO_4^- 都具有强氧化性。酸性溶液中 $Cr_2O_7^{2-}$ 被还原为 Cr^{3+}。MnO_4^- 在酸性、中性、强碱性溶液中的还原产物分别为 Mn^{2+}、MnO_2 沉淀和 MnO_4^{2-}。强碱性溶液中，MnO_4^- 与 MnO_2 反应也能生成 MnO_4^{2-}。在酸性甚至近中性溶液中，MnO_4^{2-} 歧化为 MnO_4^- 和 MnO_2。在酸性溶液中，MnO_2 也是强氧化剂。

铬、锰、铁、钴、镍都能形成多种配合物。Co^{2+} 和 Ni^{2+} 能与过量的氨水反应分别生成 $[Co(NH_3)_6]^{2+}$ 和 $[Ni(NH_3)_6]^{2+}$。$[Co(NH_3)_6]^{2+}$ 容易被空气中的 O_2 氧化为 $[Co(NH_3)_6]^{3+}$。Fe^{2+} 与 $[Fe(CN)_6]^{3-}$ 反应，或 Fe^{3+} 与 $[Fe(CN)_6]^{4-}$ 反应，都生成蓝色沉淀，分别用于鉴定 Fe^{2+} 和 Fe^{3+}。酸性溶液中 Fe^{3+} 与 SCN^- 反应也用于鉴定 Fe^{3+}。Co^{2+} 也能与 SCN^- 反应，生成不稳定的 $[Co(NCS)_4]^{2-}$，在丙酮等有机溶剂中较稳定，此反应用于鉴定 Co^{2+}。Ni^{2+} 与丁二酮肟在弱碱性条件下反应生成鲜红色的内配盐，此反应常用于鉴定 Ni^{2+}。

三、仪器、药品及材料

仪器：离心机。

药品：HCl（$2mol \cdot L^{-1}$，$6mol \cdot L^{-1}$，浓），H_2SO_4（$2mol \cdot L^{-1}$，$6mol \cdot L^{-1}$），

$HNO_3(6mol \cdot L^{-1})$，$NaOH(2mol \cdot L^{-1}$，$6mol \cdot L^{-1}$，$40\%)$，$NH_3 \cdot H_2O(2mol \cdot L^{-1}$，$6mol \cdot L^{-1})$，$MnSO_4(0.1mol \cdot L^{-1}$，$0.5mol \cdot L^{-1})$，$Pb(NO_3)_2(0.1mol \cdot L^{-1})$，$CrCl_3$ $(0.1mol \cdot L^{-1})$，$K_2CrO_4(0.1mol \cdot L^{-1})$，$K_2Cr_2O_7(0.1mol \cdot L^{-1})$，$KMnO_4(0.01mol \cdot L^{-1})$，$BaCl_2(0.1mol \cdot L^{-1})$，$FeCl_3(0.1mol \cdot L^{-1})$，$CoCl_2(0.1mol \cdot L^{-1}$，$0.5mol \cdot L^{-1})$，$FeSO_4(0.1mol \cdot L^{-1})$，$SnCl_2(0.1mol \cdot L^{-1})$，$NiSO_4(0.1mol \cdot L^{-1}$，$0.5mol \cdot L^{-1})$，$K_4[Fe(CN)_6](0.1mol \cdot L^{-1})$，$K_3[Fe(CN)_6](0.1mol \cdot L^{-1})$，$NH_4Cl(1mol \cdot L^{-1})$，$MnO_2(s)$，$FeSO_4 \cdot 7H_2O(s)$，$KSCN(s)$，戊醇（或乙醚），$H_2O_2(3\%)$，溴水，丁二酮肟，丙酮。

材料：淀粉-KI试纸。

四、实验步骤

1. 铬、锰、铁、钴、镍氢氧化物的生成和性质

① 以 $0.1mol \cdot L^{-1}$ $CrCl_3$ 溶液为原料，制备少量 $Cr(OH)_3$，检验其是否具有两性，观察现象。写出有关的反应方程式。

② 在 3 支试管中各加入几滴 $0.1mol \cdot L^{-1}$ $MnSO_4$ 溶液和 $2mol \cdot L^{-1}$ $NaOH$ 溶液（均预先加热除氧），观察现象。迅速检验两支试管中 $Mn(OH)_2$ 的酸碱性，振荡第三支试管，观察现象。写出有关的反应方程式。

③ 取 2mL 去离子水，加入几滴 $2mol \cdot L^{-1}$ H_2SO_4 溶液，煮沸除去氧，冷却后加少量 $FeSO_4 \cdot 7H_2O(s)$ 使其溶解。在另一支试管中加入 1mL $2mol \cdot L^{-1}$ $NaOH$ 溶液，煮沸驱氧。冷却后用长滴管吸取 $NaOH$ 溶液，迅速插入 $FeSO_4$ 溶液底部挤出，观察现象。摇荡后分为三份，取两份检验酸碱性，另一份在空气中放置，观察现象。写出有关的反应方程式。

④ 在 3 支试管中各加几滴 $0.5mol \cdot L^{-1}$ $CoCl_2$ 溶液，再逐滴加入 $2mol \cdot L^{-1}$ $NaOH$ 溶液，观察现象。离心分离，弃去清液，然后检验两支试管中沉淀的酸碱性，将第三支试管中的沉淀在空气中放置，观察现象。写出有关的反应方程式。

⑤ 用 $0.5mol \cdot L^{-1}$ $NiSO_4$ 溶液代替 $CoCl_2$ 溶液，重复实验④。

通过实验③～⑤比较 $Fe(OH)_2$、$Co(OH)_2$ 和 $Ni(OH)_2$ 还原性的强弱。

⑥ 制取少量 $Fe(OH)_3$，观察其颜色和状态，检验其酸碱性。

⑦ 取几滴 $0.5mol \cdot L^{-1}$ $CoCl_2$ 溶液，加几滴溴水，然后加入 $2mol \cdot L^{-1}$ $NaOH$ 溶液，摇荡试管，观察现象。离心分离，弃去清液，在沉淀中滴加浓 HCl，并用淀粉-KI试纸检查逸出的气体。写出有关的反应方程式。

⑧ 用 $0.5mol \cdot L^{-1}$ $NiSO_4$ 溶液代替 $CoCl_2$ 溶液，重复实验⑦。

通过实验⑥～⑧，比较 Fe(Ⅲ)、Co(Ⅲ) 和 Ni(Ⅲ) 氧化性的强弱。

2. Cr（Ⅲ）的还原性和 Cr^{3+} 的鉴定

取几滴 $0.1mol \cdot L^{-1}$ $CrCl_3$ 溶液，逐滴加入 $6mol \cdot L^{-1}$ $NaOH$ 溶液至过量，然后滴加 3% 的 H_2O_2 溶液，微热，观察现象。待试管冷却后，再补加几滴 H_2O_2 和 0.5mL 戊醇（或乙醚），慢慢滴入 $6mol \cdot L^{-1}$ HNO_3 溶液，摇荡试管，观察现象。写出有关的反应方程式。

3. CrO_4^{2-} 和 $Cr_2O_7^{2-}$ 的相互转化

① 取几滴 $0.1mol \cdot L^{-1}$ K_2CrO_4 溶液，逐滴加入 $2mol \cdot L^{-1}$ H_2SO_4 溶液，观察现象。

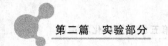

再逐滴加入 $2mol \cdot L^{-1}$ NaOH 溶液，观察有何变化。写出反应方程式。

② 在两支试管中分别加入几滴 $0.1mol \cdot L^{-1}$ K_2CrO_4 溶液和 $0.1mol \cdot L^{-1}$ $K_2Cr_2O_7$ 溶液，然后分别滴加 $0.1mol \cdot L^{-1}$ $BaCl_2$ 溶液，观察现象。最后再分别滴加 $2mol \cdot L^{-1}$ HCl 溶液，观察现象。写出有关的反应方程式。

4. $Cr_2O_7^{2-}$、MnO_4^-、Fe^{3+} 的氧化性与 Fe^{2+} 的还原性

① 取 2 滴 $0.1mol \cdot L^{-1}$ $K_2Cr_2O_7$ 溶液，用 $2mol \cdot L^{-1}$ H_2SO_4 溶液酸化，然后滴加 $0.1mol \cdot L^{-1}$ $FeSO_4$ 溶液，观察现象。写出反应方程式。

② 取 2 滴 $0.01mol \cdot L^{-1}$ $KMnO_4$ 溶液，用 $2mol \cdot L^{-1}$ H_2SO_4 溶液酸化，再滴加 $0.1mol \cdot L^{-1}$ $FeSO_4$ 溶液，观察现象。写出反应方程式。

③ 取几滴 $0.1mol \cdot L^{-1}$ $FeCl_3$ 溶液，滴加 $0.1mol \cdot L^{-1}$ $SnCl_2$ 溶液，观察现象。写出反应方程式。

④ 将 $0.01mol \cdot L^{-1}$ $KMnO_4$ 溶液与 $0.5mol \cdot L^{-1}$ $MnSO_4$ 溶液混合，观察现象。写出反应方程式。

⑤ 取 2mL $0.01mol \cdot L^{-1}$ $KMnO_4$ 溶液，加入 1mL 40% 的 NaOH，再加少量 $MnO_2(s)$，加热，沉降片刻，观察上层清液的颜色。取清液于另一个试管中，用 $2mol \cdot L^{-1}$ H_2SO_4 溶液酸化，观察现象。写出有关的反应方程式。

5. 铁、钴、镍的配合物

① 取 2 滴 $0.1mol \cdot L^{-1}$ $K_4[Fe(CN)_6]$ 溶液，然后滴加 $0.1mol \cdot L^{-1}$ $FeCl_3$ 溶液；取 2 滴 $0.1mol \cdot L^{-1}$ $K_3[Fe(CN)_6]$ 溶液，滴加 $0.1mol \cdot L^{-1}$ $FeSO_4$ 溶液。观察现象，写出有关的反应方程式。

② 取几滴 $0.1mol \cdot L^{-1}$ $CoCl_2$ 溶液，加几滴 $1mol \cdot L^{-1}$ NH_4Cl 溶液，然后滴加 $6mol \cdot L^{-1}$ $NH_3 \cdot H_2O$ 溶液，观察现象。摇荡后在空气中放置，观察溶液颜色的变化。写出有关的反应方程式。

③ 取几滴 $0.1mol \cdot L^{-1}$ $CoCl_2$ 溶液，加入少量 KSCN 晶体，再加入几滴丙酮，摇荡后观察现象。写出反应方程式。

④ 取几滴 $0.1mol \cdot L^{-1}$ $NiSO_4$ 溶液，滴加 $2mol \cdot L^{-1}$ $NH_3 \cdot H_2O$ 溶液，观察现象。再加 2 滴丁二酮肟溶液，观察有何变化。写出有关的反应方程式。

6. 混合离子的分离与鉴定

自行设计方法对下列两组混合离子进行分离和鉴定，图示步骤，写出现象和有关的反应方程式。

① 含 Cr^{3+} 和 Mn^{2+} 的混合溶液。

② 可能含 Pb^{2+}、Fe^{3+} 和 Co^{2+} 的混合溶液。

五、思考题

1. 试总结铬、锰、铁、钴、镍氢氧化物的酸碱性和氧化还原性。

2. 在 $Co(OH)_3$ 中加入浓 HCl，有时会生成蓝色溶液，加水稀释后变为粉红色，试解释此现象。

3. 在 $K_2Cr_2O_7$ 溶液中分别加入 $Pb(NO_3)_2$ 和 $AgNO_3$ 溶液会发生什么反应？

4. 在制备 $Fe(OH)_2$ 的实验中，为什么蒸馏水和 NaOH 溶液都要事先经过煮沸以赶尽空气？

5. 在酸性溶液、中性溶液、强碱性溶液中，$KMnO_4$ 与 Na_2SO_3 反应的主要产物分别是什么？

实验九 沉淀反应

一、实验目的

1. 加深理解沉淀-溶解平衡和溶度积的概念，掌握溶度积规则及其应用。
2. 学习离心机的使用和固-液分离操作。

二、实验原理

1. 沉淀-溶解平衡

在含有难溶强电解质晶体的饱和溶液中，难溶强电解质与溶液中相应离子间的多相离子平衡，称为沉淀-溶解平衡。用通式表示如下：

$$A_m B_n(s) \rightleftharpoons m A^{n+}(aq) + n B^{m-}(aq)$$

其溶度积常数为：

$$K_{sp}^{\ominus} = \frac{c(A^{n+})}{c^{\ominus}} \times \frac{c(B^{m-})}{c^{\ominus}}$$

沉淀的生成和溶解可以根据溶度积规则来判断：

$J^{\ominus} > K_{sp}^{\ominus}$，有沉淀析出，平衡向左移动；

$J^{\ominus} = K_{sp}^{\ominus}$，处于平衡状态，溶液为饱和溶液；

$J^{\ominus} < K_{sp}^{\ominus}$，无沉淀析出，或平衡向右移动，原来的沉淀溶解。

溶液 pH 的改变、配合物的形成或发生氧化还原反应，往往会引起难溶电解质溶解度的改变。

2. 分步沉淀

在实际工作中，常遇到有几种离子同时存在的混合溶液，当加入一种沉淀剂时，会出现有几种沉淀生成的较复杂的情况。对于相同类型的难溶电解质，可以根据其 $K_{sp}^{\ominus}$ 的相对大小判断沉淀的先后顺序。对于不同类型的难溶电解质，则要根据计算所需沉淀试剂浓度的大小来判断沉淀的先后顺序。

3. 沉淀转化

在含有沉淀的溶液中，加入适当试剂，以与某一离子结合为更难溶解的物质，称为沉淀转化。要使一种难溶电解质转化为另一种难溶电解质是有条件的，由一种难溶电解质转化为另一种更难溶的物质是较容易的，而且两种物质的溶解度相差越大，转化越完全；反之，由一种溶解度较小的物质转化为溶解度较大的物质就较困难，两种物质的溶解度相差越大，则越难转化。这可以从转化反应的平衡常数加以判别。

三、仪器、药品及材料

仪器：离心机。

药品：$NH_3 \cdot H_2O$（$2mol \cdot L^{-1}$），$NaOH$（$2.0mol \cdot L^{-1}$），$Pb(Ac)_2$（$0.01mol \cdot L^{-1}$），KI（$0.02mol \cdot L^{-1}$，$2mol \cdot L^{-1}$），Na_2S（$0.1mol \cdot L^{-1}$），$Pb(NO_3)_2$（$0.1mol \cdot L^{-1}$），HCl（$6mol \cdot L^{-1}$，$2mol \cdot L^{-1}$），HNO_3（$6mol \cdot L^{-1}$），$MgCl_2$（$0.1mol \cdot L^{-1}$），

$NH_4Cl(1mol \cdot L^{-1})$，$K_2CrO_4(0.1mol \cdot L^{-1})$，$AgNO_3(0.1mol \cdot L^{-1})$，$NaCl(0.1mol \cdot L^{-1})$，$Fe(NO_3)_3(0.10mol \cdot L^{-1})$，$NaNO_3(s)$。

材料：pH 试纸。

四、实验步骤

1. 沉淀的生成与溶解

① 在 3 支试管中各加入 2 滴 $0.01mol \cdot L^{-1}$ $Pb(Ac)_2$ 溶液和 2 滴 $0.02mol \cdot L^{-1}$ KI 溶液，摇荡试管，观察现象。在第 1 支试管中加 5mL 去离子水，摇荡，观察现象；在第 2 支试管中加少量 $NaNO_3(s)$，摇荡，观察现象；在第 3 支试管中加过量的 $2mol \cdot L^{-1}$ KI 溶液，观察现象，分别进行解释。

② 在 2 支试管中各加入 1 滴 $0.1mol \cdot L^{-1}$ Na_2S 溶液和 1 滴 $0.1mol \cdot L^{-1}$ $Pb(NO_3)_2$ 溶液，观察现象。在 1 支试管中加入 $6mol \cdot L^{-1}$ HCl，在另 1 支试管中加入 $6mol \cdot L^{-1}$ HNO_3，摇荡试管，观察现象。写出反应方程式。

③ 在 2 支试管中各加入 0.5mL $0.1mol \cdot L^{-1}$ $MgCl_2$ 溶液和数滴 $2mol \cdot L^{-1}$ $NH_3 \cdot H_2O$ 溶液至沉淀生成。在第 1 支试管中加入几滴 $2mol \cdot L^{-1}$ HCl 溶液，观察沉淀是否溶解；在另 1 支试管中加入数滴 $1mol \cdot L^{-1}$ NH_4Cl 溶液，观察沉淀是否溶解。写出有关反应方程式，并解释每步实验现象。

2. 分步沉淀

① 在试管中加入 1 滴 $0.1mol \cdot L^{-1}$ Na_2S 溶液和 1 滴 $0.1mol \cdot L^{-1}$ K_2CrO_4 溶液，用去离子水稀释至 5mL，摇匀。先加入 1 滴 $0.1mol \cdot L^{-1}$ $Pb(NO_3)_2$ 溶液，摇匀，观察沉淀的颜色，离心分离；然后再向清液中继续滴加 $Pb(NO_3)_2$ 溶液，观察此时生成沉淀的颜色。写出反应方程式，并说明判断两种沉淀先后析出的理由。

② 在试管中加入 2 滴 $0.1mol \cdot L^{-1}$ $AgNO_3$ 溶液和 1 滴 $0.1mol \cdot L^{-1}$ $Pb(NO_3)_2$ 溶液，用去离子水稀释至 5mL，摇匀。逐滴加入 $0.1mol \cdot L^{-1}$ K_2CrO_4 溶液（注意：每加 1 滴，都要充分摇荡），观察现象。写出反应方程式，并进行解释。

3. 沉淀的转化

在 6 滴 $0.1mol \cdot L^{-1}$ $AgNO_3$ 溶液中加 3 滴 $0.1mol \cdot L^{-1}$ K_2CrO_4 溶液，观察现象。再逐滴加入 $0.1mol \cdot L^{-1}$ NaCl 溶液，充分摇荡，观察有何变化。写出反应方程式，并计算沉淀转化反应的标准平衡常数 $K^{\ominus}$。

4. 沉淀法分离混合离子

在试管中加入 $AgNO_3$ 溶液 $(0.10mol \cdot L^{-1})$、$Fe(NO_3)_3$ 溶液 $(0.10mol \cdot L^{-1})$ 和 $Al(NO_3)_3$ 溶液 $(0.10mol \cdot L^{-1})$ 各 3 滴。向混合溶液中加入几滴 HCl 溶液 $(2.0mol \cdot L^{-1})$，有什么沉淀析出？离心分离后，在上层清液中再加入 1 滴 HCl 溶液 $(2.0mol \cdot L^{-1})$，若无沉淀析出，表示能形成难溶氯化物的离子已经沉淀完全。离心分离，将清液转移到另一个试管中。在清液中加入过量的 NaOH 溶液 $(2.0mol \cdot L^{-1})$，搅拌并加热后，有什么沉淀析出？离心分离后，在清液中加入 1 滴 NaOH 溶液 $(2.0mol \cdot L^{-1})$，若无沉淀生成，表示能形成难溶氢氧化物的离子已经沉淀完全。将清液转移到另一个试管中。此时三种离子已经分开。写出分离过程示意图。

五、思考题

1. 计算 $CaSO_4$ 沉淀与 Na_2CO_3 溶液（饱和）反应的平衡常数。用平衡移动原理解释 $CaSO_4$ 沉淀转化为 $CaCO_3$ 沉淀的原因。

2. 将 2 滴 $AgNO_3$ 溶液（$0.1mol \cdot L^{-1}$）和 2 滴 $Pb(NO_3)_2$ 溶液（$0.1mol \cdot L^{-1}$）混合并稀释到 5mL 后，再逐滴加入 K_2CrO_4 溶液（$0.1mol \cdot L^{-1}$）时，哪种沉淀先生成？为什么？

实验十　水的软化及其电导率的测定

一、实验目的

1. 了解用配位滴定法测定水硬度的基本原理和方法。
2. 了解用离子交换法软化与净化水的基本原理和方法。
3. 学习电导率仪器的使用方法。

二、实验原理

1. 硬水和水的硬度

通常将溶解有微量或不含 Ca^{2+}、Mg^{2+} 等离子的水称为软水，而将溶解有较多 Ca^{2+}、Mg^{2+} 等离子的水称为硬水。

水的硬度是指溶于水中的 Ca^{2+}、Mg^{2+} 等离子的含量。水中所含有钙、镁的酸式碳酸盐经加热易分解而析出沉淀，由这类盐所形成的硬度称为暂时硬度。而由钙、镁的硫酸盐、氯化物、硝酸盐所形成的硬度称为永久硬度。暂时硬度和永久硬度的总和称为总硬度。

水的硬度以水中所含有 $CaCO_3$ 的浓度（即每升水中所含有 $CaCO_3$ 的质量，单位为 $mg \cdot L^{-1}$）表示，或以水中含有 CaO 的浓度（即每升水中所含有的 CaO 的质量，单位为 $mg \cdot L^{-1}$）表示，水质可按照硬度的大小进行分类，见表 5-6。

表 5-6　总硬度的水质分类

水　　质	水的总硬度	
	$CaO/mg \cdot L^{-1}$	$CaCO_3/mg \cdot L^{-1}$
很软水	0~40	0~100
软水	40~80	100~200
中等硬水	80~160	200~400
硬水	160~300	400~750
很硬水	>300	>750

2. 离子交换法

离子交换树脂是一类具有离子交换功能的高分子材料。在溶液中它能将本身的离子与溶液中的同号离子进行交换。按交换基团性质的不同，离子交换树脂可分为阳离子交换树脂和阴离子交换树脂两类。

阳离子交换树脂大都含有磺酸基（—SO_3H）、羧基（—COOH）或苯酚基（—C_6H_4OH）等酸性基团，其中的氢离子能与溶液中的金属离子或其他阳离子进行交换。例如苯乙烯和二乙烯苯的高聚物经磺化处理得到强酸性阳离子交换树脂，其结构式可简单表示为 R—SO_3H，式中，R 代表树脂母体，其交换原理为：

$$2R—SO_3H + Ca^{2+} \Longrightarrow (R—SO_3)_2Ca + 2H^+$$

这也是硬水软化的原理。

阴离子交换树脂含有季铵基 [—$N(CH_3)_3OH$]、氨基（—NH_2）或亚氨基（—NH_2）等碱性基团。它们在水中能生成 OH^-，可与各种阴离子起交换作用，其交换原理为：

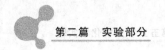

$$R—N(CH_3)_3OH+Cl^-\Longrightarrow R—N(CH_3)_3Cl+OH^-$$

3. 水的软化和净化处理

硬水的软化和净化的方法很多，本实验采用离子交换法，使水样中的 Ca^{2+}、Mg^{2+} 等离子与阳离子交换树脂进行离子交换，可除去水样中的杂质阳离子而使水净化。一般情况下，阴离子的去除使用阴离子交换树脂，所得到的水叫做去离子水。化学反应时可表示如下（以杂质离子 Mg^{2+} 和 Cl^- 为例）：

$$2R—SO_3H(s)+Mg^{2+}(aq)\Longrightarrow (R—SO_3)_2Mg(s)+2H^+(aq)$$
$$2R—N(CH_3)_3OH(s)+2Cl^-(aq)\Longrightarrow 2R—N(CH_3)_3Cl(s)+2OH^-(aq)$$
$$H^+(aq)+OH^-(aq)\Longrightarrow H_2O$$

4. 水的软化和净化检验

纯水是极弱的电解质，水样中所含有的可溶性电解质（杂质）常使其导电能力增大。用电导率仪测定水样中的电导率，可以确定蒸馏水的纯度。各种水样的电导率大致范围见表 5-7。

表 5-7　各种水样的电导率大致范围

水　　样	电导率/$S\cdot m^{-1}$	水　　样	电导率/$S\cdot m^{-1}$
自来水	$5.0\times10^{-1}\sim5.3\times10^{-2}$	二次蒸馏水	$2.8\times10^{-4}\sim5.3\times10^{-6}$
一般实验室用水	$5.0\times10^{-3}\sim5.3\times10^{-4}$	去离子水	约 5.5×10^{-6}
蒸馏水	$5.0\times10^{-4}\sim5.3\times10^{-5}$		

三、仪器药品及材料

仪器：烧杯 100mL 2 个，250mL 1 个，锥形瓶 250mL 2 个，螺丝夹，药匙，T 形管，乳胶管。

药品：强酸型阳离子交换树脂（001×7），强碱型阴离子交换树脂（201×7），水样（可用自来水或泉水）。

材料：玻璃纤维。

四、实验步骤

1. 硬水的软化（离子交换法）

（1）装柱　将交换柱底部塞入少量玻璃纤维，下端通过乳胶管与 T 形管相连接。T 形管下端的乳胶管用螺丝夹夹住。将交换柱固定在铁架台上。然后将阳离子交换树脂（已用酸转型处理过的）装入柱内，要求树脂堆积紧密。不带气泡，并使树脂始终被蒸馏水覆盖。

（2）离子交换　将高位槽（或直接用乳胶管接上自来水管）的水样慢慢注入交换柱中，同时调节下端的螺丝夹使经离子交换后的流出水以每分钟 25～30 滴的速度滴出。弃去开始流出的约 20mL 水，然后用小烧杯接取流出的水约 30mL，留作测定水的电导率。

2. 水电导率的测定

用电导率仪分别测定自来水、实验室购买的去离子水和软化后水样的电导率。

五、思考题

1. 用离子交换法使硬水软化和净化的基本原理是怎样的？操作中有哪些需注意之处？

2. 为什么通常可以用电导率值的大小来估计水质的纯度？是否可以认为电导率的值越小水质的纯度越高？

附注

1. 离子交换树脂的再生

由于离子交换作用是可逆的，因此用过的离子交换树脂一般用适当浓度的无机酸或碱进行洗涤，可恢复到原状态而重复使用，这一过程称为再生。阳离子交换树脂可用稀盐酸、稀硫酸等溶液淋洗；阴离子交换树脂可用氢氧化钠等溶液处理，进行再生。

离子交换树脂的用途很广，主要用于分离和提纯。例如用于硬水软化和制取去离子水、回收工业废水中的金属、分离稀有金属和贵金属、分离和提纯抗生素等。

2. 电导率仪的使用方法

DDS-ⅡA型电导率仪是目前最常用的电导率测量仪器。它的外形结构如图5-1所示。其测量范围为 $0\sim10^5\mu S\cdot cm^{-1}$，分12个量程，不同的量程要配用不同的电极。

使用方法如下。

① 电源开启前观察表头指针是否指零，如不指零，调节表头11上的调零螺丝，使指针指零。

② 将校正测量开关4拨到"校正"位置。

③ 开启电源开关1，预热数分钟，待指针稳定后调节校正调节器5，使指针指向满刻度处。

④ 根据被测溶液电导率的大小，选择低周或高周。即当测量电导率小于 $300\mu S\cdot cm^{-1}$ 的液体时，将高周、低周开关3拨到"低周"；当测量电导率大于 $300\mu S\cdot cm^{-1}$ 的液体时，将该开关拨到"高周"。

⑤ 将量程选择开关6拨到所需要的测量范围挡上。如果预先不知道被测液电导率所在的范围，应先把开关拨到最大挡，然后逐挡下降至合适范围，防止量程选择不当，打弯电表指针。

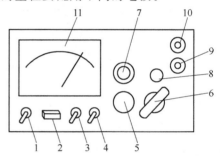

图 5-1　DDS-ⅡA 型电导率仪外形图
1—电源开关；2—氖泡；3—高周、低周开关；4—校正测量开关；5—校正调节器；6—量程选择开关；7—电极常数调节器；8—电容补偿调节器；9—电极插口；10—10mV 输出插口；11—表头

⑥ 根据被测溶液电导率的大小，选用合适的电极。同时将电极常数调节器7调节在与该电极上标有的电极常数相应的位置上。例如，所用电极的电极常数为0.95，则应将电极常数调节器调到0.95处。

⑦ 将电极插头插在电极插口9内，旋紧插口上的固定螺丝。用少量待测溶液将电极冲洗2~3次，然后将电极浸入待测溶液中。

⑧ 再次调节校正调节器5使电表指针在满刻度处。然后将校正测量开关4拨到"测量"位置，这时电表指针指示的数值，再乘上量程选择开关所指示的倍率，即为被测溶液的电导率。

⑨ 在使用量程选择开关1、3、5、7、9、11各挡时，应读取表头上行的数值（0~1.0）；使用2、4、6、8、10各挡时，应读取表头下行的数值（0~3.0）；即红点对红线，黑点对黑线。

⑩ 当用 $0\sim0.1\mu S\cdot cm^{-1}$ 或 $0\sim0.3\mu S\cdot cm^{-1}$ 这两挡测量高纯水时，把电极引线插头插在电极插口内，在电极未浸入溶液之前，调节电容补偿调节器8使电表指针处在最小值（由

于电极之间存在漏电阻，致使调节电容补偿调节器时，指针不能达到零点），然后开始测量。

⑪ 测量完毕后，断开电源，取下电极，用蒸馏水冲洗后放回盒中。

3. 注意事项

① 电极使用之前，应将电极泡在蒸馏水内数分钟，但应注意不能弄湿电极引线，否则将测不准。

② 测量高纯水时，该水在大气中曝露的时间尽可能短，否则空气中的 CO_2 溶于水而解离出 H^+ 和 HCO_3^-，使电导率增大。

③ 当测量电导率大于 $1 \times 10^4 \mu S \cdot cm^{-1}$ 时，应选用 DJS-10 型铂黑电极，这时应把电极常数调节器调节到该电极常数 1/10 的数值上。例如，若电极常数为 9.8，则应使调节器指在 0.98 处。最后将指针的读数乘以 10，即为被测液的电导率。

实验十一 阴离子定性分析

一、实验目的

1. 掌握一些常见阴离子的性质和鉴定反应。

2. 了解阴离子分离与鉴定的一般原则,掌握常见阴离子分离与鉴定的原理和方法。

二、实验原理

许多非金属元素可以形成简单的或复杂的阴离子,例如 S^{2-}、Cl^-、NO_3^- 和 SO_4^{2-} 等,许多金属元素也可以以复杂阴离子的形式存在,例如 VO_3^-、CrO_4^{2-}、$Al(OH)_4^-$ 等。所以,阴离子的总数很多。常见的重要阴离子有 Cl^-、Br^-、I^-、S^{2-}、SO_3^{2-}、$S_2O_3^{2-}$、SO_4^{2-}、NO_3^-、NO_2^-、PO_4^{3-}、CO_3^{2-} 等十几种,这里主要介绍它们的分离与鉴定的一般方法。

许多阴离子只在碱性溶液中存在或共存,一旦溶液被酸化,它们就会分解或相互间发生反应。酸性条件下易分解的有 NO_2^-、SO_3^{2-}、$S_2O_3^{2-}$、S^{2-}、CO_3^{2-};酸性条件下氧化性离子 NO_3^-、NO_2^-、SO_3^{2-} 可与还原性离子 I^-、SO_3^{2-}、$S_2O_3^{2-}$、S^{2-} 发生氧化还原反应。还有些离子易被空气氧化,例如 NO_2^-、SO_3^{2-}、S^{2-} 易被空气氧化成 NO_3^-、SO_4^{2-} 和 S 等,分析不当也容易造成错误。

由于阴离子间的相互干扰较少,实际上许多离子共存的机会也较少,因此大多数阴离子分析一般都采用分别分析的方法,只有少数相互有干扰的离子才采用系统分析法,如 S^{2-}、SO_3^{2-}、$S_2O_3^{2-}$、Cl^-、Br^-、I^- 等。

混合阴离子分离与鉴定举例如下。

SO_4^{2-}、NO_3^-、Cl^-、CO_3^{2-} 混合液的定性分析:

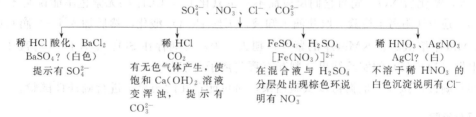

三、仪器药品及材料

仪器:试管,离心试管,点滴板,滴管,煤气灯,水浴烧杯,离心机等。

药品:浓度均为 $0.1mol \cdot L^{-1}$ 的阴离子混合液,CO_3^{2-}、SO_4^{2-}、NO_3^-、PO_4^{3-} 一组;Cl^-、Br^-、I^- 一组;S^{2-}、SO_3^{2-}、$S_2O_3^{2-}$、CO_3^{2-} 一组;未知阴离子混合液可配 5~6 个离子一组。

材料:试纸,滤纸,火柴。

四、实验步骤

1. 已知阴离子混合液的分离与鉴定

按例题格式,设计出合理的分离鉴定方案,分离鉴定下列三组阴离子:

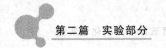

① CO_3^{2-}、SO_4^{2-}、NO_3^-、PO_4^{3-}；

② Cl^-、Br^-、I^-；

③ S^{2-}、SO_3^{2-}、$S_2O_3^{2-}$、CO_3^{2-}。

2. 未知阴离子混合液的分析

某混合离子试液可能含有 CO_3^{2-}、NO_2^-、NO_3^-、PO_4^{3-}、S^{2-}、SO_3^{2-}、$S_2O_3^{2-}$、SO_4^{2-}、Cl^-、Br^-、I^-，按下列步骤进行分析，确定试液中含有哪些离子。

（1）用 pH 试纸测试未知试液的酸碱性 如果溶液呈酸性，哪些离子不可能存在？如果试液呈碱性或中性，可取试液数滴，用 $3mol \cdot L^{-1}$ H_2SO_4 酸化并水浴加热。若无气体产生，表示 CO_3^{2-}、NO_2^-、S^{2-}、SO_3^{2-}、$S_2O_3^{2-}$ 等离子不存在；如果有气体产生，则可根据气体的颜色、气味和性质初步判断哪些阴离子可能存在。

（2）阴离子组的检验 在离心试管中加入几滴未知液，加入 $1 \sim 2$ 滴 $1mol \cdot L^{-1}$ $BaCl_2$ 溶液，观察有无沉淀产生。如果有白色沉淀产生，可能有 SO_4^{2-}、SO_3^{2-}、PO_4^{3-}、CO_3^{2-} 等离子（$S_2O_3^{2-}$ 的浓度大时才会产生 BaS_2O_3 沉淀）。离心分离，在沉淀中加入数滴 $6mol \cdot L^{-1}$ HCl，根据沉淀是否溶解，进一步判断哪些离子可能存在。

（3）银盐组阴离子的检验 取几滴未知液，滴加 $0.1mol \cdot L^{-1}$ $AgNO_3$ 溶液。如果立即生成黑色沉淀，表示有 S^{2-} 存在；如果生成白色沉淀，迅速变黄变棕变黑，则有 $S_2O_3^{2-}$。但 $S_2O_3^{2-}$ 浓度大时，也可能生成 $Ag(S_2O_3)_2^{3-}$ 而不析出沉淀。Cl^-、Br^-、I^-、CO_3^{2-}、PO_4^{3-} 都与 Ag^+ 形成浅色沉淀，如有黑色沉淀，则它们有可能被掩盖。离心分离，在沉淀中加入 $6mol \cdot L^{-1}$ HNO_3，必要时加热。若沉淀不溶或只发生部分溶解，则表示有可能 Cl^-、Br^-、I^- 存在。

（4）氧化性阴离子检验 取几滴未知液，用稀 H_2SO_4 酸化，加 CCl_4 $5 \sim 6$ 滴，再加入几滴 $0.1mol \cdot L^{-1}$ KI 溶液。振荡后，CCl_4 层呈紫色，说明有 NO_2^- 存在（若溶液中有 SO_3^{2-} 等，酸化后 NO_2^- 先与它们反应而不一定氧化 I^-，CCl_4 层无紫色不能说明无 NO_2^-）。

（5）还原性阴离子检验 取几滴未知液，用稀 H_2SO_4 酸化，然后加入 $1 \sim 2$ 滴 $0.01mol \cdot L^{-1}$ $KMnO_4$ 溶液。若 $KMnO_4$ 的紫红色褪去，表示可能存在 SO_3^{2-}、$S_2O_3^{2-}$ 等离子。

根据（1）～（5）的实验结果，判断有哪些离子可能存在。

（6）确证性试验 根据初步试验结果，对可能存在的阴离子进行确证性试验。

五、思考题

1. 离子鉴定反应具有哪些特点？
2. 使离子鉴定反应正常进行的主要反应条件有哪些？
3. 什么叫反应的灵敏度？什么叫反应的选择性？提高反应选择性的一般方法有哪些？
4. 何为空白试验？何为对照实验？各有什么作用？

实验十二　水溶液中 Ag^+、Pb^{2+}、Hg^{2+}、Cu^{2+}、Bi^{3+} 和 Zn^{2+} 等离子的分离和检出

一、实验目的

1. 掌握 Ag^+、Pb^{2+}、Hg^{2+}、Cu^{2+}、Bi^{3+}、Zn^{2+} 等离子的分离和检出的条件。
2. 熟悉以上离子的有关性质。

二、实验原理

Ag^+、Pb^{2+}、Hg^{2+}、Cu^{2+}、Bi^{3+}、Zn^{2+} 等离子的分离以硫化氢系统分析法为依据，其分离和检出可用下面的流程图表示。

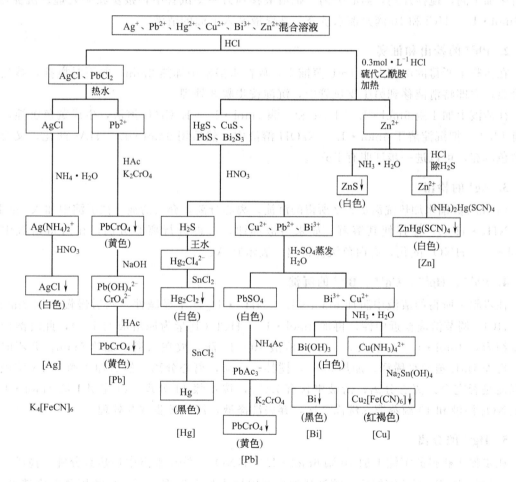

三、仪器药品及材料

仪器：离心机，坩埚，水浴锅。

药品：HCl(浓，$6mol \cdot L^{-1}$，$2mol \cdot L^{-1}$)，HAc ($6mol \cdot L^{-1}$，$2mol \cdot L^{-1}$)，HNO_3

（浓，6mol·L^{-1}），H$_2$SO$_4$（浓），NH$_3$·H$_2$O（浓，6mol·L^{-1}，2mol·L^{-1}），NaOH（6mol·L^{-1}），AgNO$_3$，Pb（NO$_3$）$_2$，Hg（NO$_3$）$_2$，CuSO$_4$，Bi（NO$_3$）$_3$，Zn（NO$_3$）$_2$，K$_4$[Fe(CN)$_6$]，(NH$_4$)$_2$[Hg(SCN)$_4$]（以上浓度均为 0.1mol·L^{-1}），K$_2$CrO$_4$（1mol·L^{-1}），NH$_4$NO$_3$(1mol·L^{-1})，SnCl$_2$(0.5mol·L^{-1})，NH$_4$Ac(3mol·L^{-1})，硫代乙酰胺（TAA，5％）。

材料：醋酸铅试纸。

四、实验步骤

取 Ag$^+$ 试液 2 滴和 Pb^{2+}、Hg^{2+}、Cu^{2+}、Bi^{3+}、Zn^{2+} 试液各 5 滴，加到离心管中，混合均匀，按以下步骤进行分离和检出。

1. Ag$^+$、Pb^{2+} 的沉淀

在试液中加 1 滴 6mol·L^{-1} HCl，剧烈搅拌，有沉淀生成时再滴加 HCl 至沉淀完全，然后多加 1 滴，搅拌片刻，离心分离，把清液移到另一支试管中，按步骤 4 处理。沉淀用 1 滴 6mol·L^{-1} HCl 和 10 滴蒸馏水洗涤，洗涤液并入上面的清液。

2. Pb^{2+} 的检出和证实

在步骤 1 所得的沉淀上加 1mL 蒸馏水，放在水浴锅中加热 2min，并不时搅拌，趁热离心分离，立即将清液移到另 1 支试管中，沉淀按步骤 3 处理。

往清液中加 1 滴 6mol·L^{-1} HAc 和 5 滴 1mol·L^{-1} K$_2$CrO$_4$ 溶液，生成黄色沉淀，表示有 Pb^{2+}。把沉淀溶于 6mol·L^{-1} NaOH 溶液中，然后用 6mol·L^{-1} HAc 酸化，又会析出黄色沉淀，可以进一步证明有 Pb^{2+}。

3. Ag$^+$ 的检出

用 1mL 蒸馏水加热洗涤步骤 2 所得的沉淀，离心分离，弃去清液。往沉淀中加入 2mol·L^{-1} NH$_3$·H$_2$O，搅拌使其溶解，如果溶液浑浊，可再进行离心分离，在所得清液中加 6mol·L^{-1} HNO$_3$ 酸化，有白色沉淀析出，表示有 Ag$^+$。

4. Pb^{2+}、Hg^{2+}、Cu^{2+}、Bi^{3+} 的沉淀

往步骤 1 所得的清液中滴加 6mol·L^{-1} NH$_3$·H$_2$O 至显碱性，然后慢慢滴加 2mol·L^{-1} HCl，调节溶液至近中性，再加 2mol·L^{-1} HCl（其量为原溶液的 1/6），此时溶液的酸度约为 0.3mol·L^{-1}。加入 5％TAA 溶液 10～12 滴，放在水浴中加热 5min，并不时搅拌，再加 1mL 蒸馏水稀释，加热 3min，搅拌，冷却，离心分离，然后加 1 滴 TAA 溶液检验沉淀是否完全。离心分离，清液中含有 Zn^{2+}，按步骤 11 处理。沉淀用 1 滴 1mol·L^{-1} NH$_4$NO$_3$ 溶液和 10 滴蒸馏水洗涤 2 次，弃去洗涤液，沉淀按步骤 5 处理。

5. Hg^{2+} 的分离

往步骤 4 获得的沉淀上加 10 滴 6mol·L^{-1} HNO$_3$，放在水浴中加热数分钟，搅拌，使 PbS、CuS、Bi$_2$S$_3$ 沉淀溶解后，溶液移到坩埚中按步骤 7 处理，不溶残渣用蒸馏水洗 2 次，第一次洗涤液合并到坩埚中，沉淀按步骤 6 处理。

6. Hg^{2+} 的检出

往步骤 5 所得的残渣上加 3 滴浓 HCl 和 1 滴浓 HNO$_3$，使沉淀溶解后，再加热几分钟

使王水分解，以赶尽氯气。溶液用几滴蒸馏水稀释，然后逐滴加入 $0.5mol \cdot L^{-1}$ $SnCl_2$ 溶液，产生白色沉淀，并逐渐变黑，表示有 Hg^{2+}。

7. Pb^{2+} 的分离和检出

往步骤 5 的坩埚内加 3 滴浓 H_2SO_4，放在石棉上小火加热，直到冒出刺激性白烟（SO_3）为止，切勿将 H_2SO_4 蒸干！冷却后，加 10 滴蒸馏水，用滴管将坩埚中的浑浊液吸入离心管中，放置后析出白色沉淀，表示有 Pb^{2+}。离心分离，把清液移到另一支离心管中，按步骤 9 处理。

8. Pb^{2+} 的证实

在步骤 7 所得的沉淀上加 10 滴 $3mol \cdot L^{-1}$ NH_4Ac 溶液，加热搅拌，如果溶液浑浊，还要进行离心分离，把清液加到另一支试管中，再加 1 滴 $2mol \cdot L^{-1}$ HAc 和 2 滴 K_2CrO_4 溶液，产生黄色沉淀，证实有 Pb^{2+}。

9. Bi^{3+} 的分离和检出

在步骤 7 所得的清液中加浓 $NH_3 \cdot H_2O$ 至显碱性，并加入过量的 $NH_3 \cdot H_2O$（能嗅到氨味），产生白色沉淀，表示有 Bi^{3+}。溶液为蓝色，表示有 Cu^{2+}。离心分离，把清液移到另一支试管中，按步骤 10 处理。沉淀用蒸馏水洗 2 次，弃去洗涤液，往沉淀上加少量新配制的亚锡酸钠溶液，立即变黑，表示有 Bi^{3+}。

10. Cu^{2+} 的检出

将步骤 9 所得的清液用 $6mol \cdot L^{-1}$ HAc 酸化，再滴加 2 滴 $0.1mol \cdot L^{-1}$ $K_4[Fe(CN)_6]$ 溶液，产生红褐色沉淀，表示有 Cu^{2+}。

11. Zn^{2+} 的检出和证实

在步骤 4 所得的溶液内加 $6mol \cdot L^{-1}$ $NH_3 \cdot H_2O$，调节 pH 值为 3～4。再加 1 滴 TAA 溶液，在水浴中加热，如有白色沉淀则表示有 Zn^{2+}。

如果沉淀不白，可把它溶解在 HCl（2 滴 $2mol \cdot L^{-1}$ HCl 加 8 滴蒸馏水）中，然后把清液移到坩埚中，加热赶掉 H_2S，再把清液加到试管中，加等体积的 $(NH_4)_2[Hg(SCN)_4]$ 溶液，用玻璃棒摩擦管壁，生成白色沉淀，证实有 Zn^{2+}。

五、思考题

1. 在用 TAA 从离子混合液中沉淀 Pb^{2+}、Hg^{2+}、Cu^{2+}、Bi^{3+} 等离子时，为什么要控制溶液酸度为 $0.3mol \cdot L^{-1}$？酸度太高或太低对分离有何影响？控制酸度为什么用盐酸而不用硝酸？在沉淀过程中，为什么还要加水稀释溶液？

2. 洗涤 CuS、HgS、Bi_2S_3、PbS 沉淀时，为什么要加 1 滴 NH_4NO_3 溶液？如果沉淀没有洗净而还沾有 Cl^- 时，对 HgS 与其他硫化物的分离有何影响？

3. 当 HgS 溶于王水后，为什么要继续加热使剩余的王水分解？不分解完全有何影响？

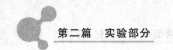

实验十三 水溶液中 Fe^{3+}、Co^{2+}、Ni^{2+}、Mn^{2+}、Al^{3+}、Cr^{3+} 和 Zn^{2+} 等离子的分离和检出

一、实验目的

1. 熟悉 Fe^{3+}、Co^{2+}、Ni^{2+}、Mn^{2+}、Al^{3+}、Cr^{3+}、Zn^{2+} 各离子的有关性质（如氧化还原性、两性、配位性等）。

2. 掌握这些离子的分离和检出的条件。

二、实验原理

本组离子主要利用其两性和配合物的性质进行分离，分离及检出的示意图如下。

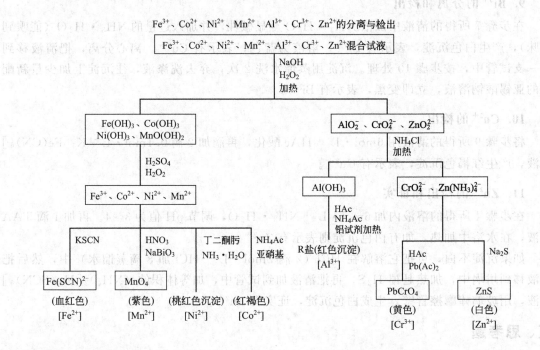

三、仪器药品及材料

仪器：离心机。

药品：HAc($6mol \cdot L^{-1}$，$2mol \cdot L^{-1}$)，HNO_3($2mol \cdot L^{-1}$)，H_2SO_4($2mol \cdot L^{-1}$)，$NH_3 \cdot H_2O$（$2mol \cdot L^{-1}$），$NaOH$（$6mol \cdot L^{-1}$），$FeCl_3$，$CoCl_2$，$NiCl_2$，$MnCl_2$，$Al_2(SO_4)_3$，$CrCl_3$，$ZnCl_2$，$K_4[Fe(CN)_6]$，$(NH_4)_2Hg(SCN)_4$（以上浓度均为 $0.1mol \cdot L^{-1}$），$KSCN$($1mol \cdot L^{-1}$)，NH_4Ac($3mol \cdot L^{-1}$)，NH_4SCN（饱和溶液），$Pb(Ac)_2$($0.5mol \cdot L^{-1}$)，Na_2S($2mol \cdot L^{-1}$)，$NaBiO_3$，NH_4F，NH_4Cl（以上为固体试剂），H_2O_2（3％），丙酮，丁二酮肟，铝试剂。

材料：滤纸，纸条，火柴。

四、实验步骤

1. Fe^{3+}、Co^{2+}、Ni^{2+}、Mn^{2+}与Al^{3+}、Cr^{3+}、Zn^{2+}的分离

取 Fe^{3+}、Co^{2+}、Ni^{2+}、Mn^{2+}、Al^{3+}、Cr^{3+}、Zn^{2+} 等试液各 5 滴，加到离心管中，混合均匀，往混合液中加入 $6mol \cdot L^{-1}$ NaOH 溶液至强碱性后，再多加 5 滴 NaOH 溶液。然后逐滴加 3% 的 H_2O_2 溶液，每加 1 滴 H_2O_2，即用玻璃棒搅拌。加完后继续搅拌 3min，加热使过剩的 H_2O_2 完全分解，至不再产生气泡为止。离心分离，把清液移到另一支离心管中，按步骤 7 处理。沉淀用热水洗一次，离心分离，弃去洗涤液。

2. 沉淀的溶解

往步骤 1 所得的沉淀上加 10 滴 $2mol \cdot L^{-1}$ H_2SO_4 和 2 滴 3% H_2O_2 溶液，搅拌后，放在水浴上加热至沉淀全部溶解，H_2O_2 分解完全，把溶液冷却至室温，进行以下实验。

3. Fe^{3+}的检出

取 1 滴步骤 2 所得的溶液加到点滴板穴中，加 1 滴 $0.1mol \cdot L^{-1}$ $K_4[Fe(CN)_6]$ 溶液，产生蓝色沉淀，表示有 Fe^{3+}。

取 1 滴步骤 2 所得的溶液加到点滴板穴中，加 1 滴 $1mol \cdot L^{-1}$ KSCN 溶液，溶液变成血红色，表示有 Fe^{3+}。

4. Mn^{2+}的检出

取 1 滴步骤 2 所得的溶液，加 3 滴蒸馏水和 3 滴 $3mol \cdot L^{-1}$ HNO_3 及一小勺 $NaBiO_3$ 固体，搅拌，溶液变成紫红色，表示 Mn^{2+}。

5. Co^{2+}的检出

在试管中加 2 滴步骤 2 所得的溶液和 1 滴 $3mol \cdot L^{-1}$ NH_4Ac 溶液，再加 1 滴亚硝基 R 盐溶液。溶液呈红褐色，表示有 Co^{2+}。

在试管中加 2 滴步骤 2 所得的溶液和少量 NH_4F 固体，再加入等体积的丙酮，然后加入饱和 NH_4SCN 溶液。溶液呈蓝色（或蓝绿色），表示有 Co^{2+}。

6. Ni^{2+}的检出

在试管中加几滴步骤 2 所得的溶液，并加 $2mol \cdot L^{-1}$ $NH_3 \cdot H_2O$ 至呈碱性，如果有沉淀，还要离心分离，然后往上层清液中加 1～2 滴丁二酮肟，产生桃红色沉淀，表示有 Ni^{2+}。

7. Al（Ⅲ）和 Zn（Ⅱ）、Cr（Ⅵ）的分离及 Al^{3+}的检出

往步骤 1 中所得的清液内加 NH_4Cl 固体，加热，产生白色絮状沉淀，即是 $Al(OH)_3$。离心分离，把清液移到另一支试管中，按步骤 8 和步骤 9 处理。沉淀用 $2mol \cdot L^{-1}$ $NH_3 \cdot H_2O$ 洗一次，离心分离，洗涤液并入清液，加 4 滴 $6mol \cdot L^{-1}$ HAc，加热使沉淀溶解，再加 2 滴蒸馏水、2 滴 $3mol \cdot L^{-1}$ NH_4Ac 溶液和 2 滴铝试剂，搅拌后使其微热，产生红色沉淀，表示有 Al^{3+}。

8. Cr^{3+}的检出

如果步骤 7 所得的清液呈淡黄色，则有 CrO_4^{2-}，用 $6mol \cdot L^{-1}$ HAc 酸化溶液，再加 2

滴 $0.5mol \cdot L^{-1}$ $Pb(Ac)_2$ 溶液，产生黄色沉淀，表示有 Cr^{3+}。

9. Zn^{2+} 的检出

取几滴步骤 7 所得的清液，滴加 $2mol \cdot L^{-1}$ Na_2S 溶液，产生白色沉淀，表示有 Zn^{2+}。

取几滴步骤 7 所得的清液，用 $2mol \cdot L^{-1}$ HAc 酸化，再加等体积的 $(NH_4)_2Hg(SCN)_4$ 溶液，摩擦试管壁，生产白色沉淀，表示有 Zn^{2+}。

五、思考题

1. 在分离 Fe^{3+}、Co^{2+}、Ni^{2+}、Mn^{2+} 与 Al^{3+}、Cr^{3+}、Zn^{2+} 时，为什么要加过量的 NaOH，同时还要加 H_2O_2？反应完全后，过量的 H_2O_2 为什么要完全分解？

2. 在使 $Fe(OH)_3$、$Co(OH)_3$、$Ni(OH)_2$、$MnO(OH)_2$ 等沉淀溶解时，除了加 H_2SO_4 外，为什么还要加 H_2O_2？H_2O_2 在这里起的作用与生成沉淀时起的作用是否一样？过量的 H_2O_2 为什么也要分解？

第六章 分析化学实验

实验一　分析天平的称量练习

一、实验目的

1. 了解分析天平的构造、称量原理及使用规则和方法。
2. 学会分析天平零点和灵敏度的测定。
3. 熟悉直接法和减量法准确称取试样的技术。
4. 学习准确、简明、规范地记录实验原始数据的方法。

二、实验原理

分析天平是定量分析中使用的主要仪器，通常要求能准确称量至 0.0001g（即 0.1mg）。一般分析天平的最大载重量为 $100\sim200$g。为了能得到准确的称量结果，必须了解它的构造、性能、使用方法及其使用规则。

分析天平的灵敏度是指天平的一个盘上增加一定质量时，天平指针偏转的角度，用分度值来表示。一定质量下，指针偏转角度越大，天平的灵敏度越高。

天平的灵敏度在文献中也常用感量来表示。感量与灵敏度互为倒数，感量就是分度值。它们之间的关系为：

$$分度值（感量）=\frac{1}{灵敏度}$$

使用分析天平进行称量的方法有直接称量法、减量法（差减法）；有时对于吸湿性小的粉末状物质也可采用增量法（即加重称量法）。本实验主要采用直接法和减量法进行分析天平的称量练习。

三、仪器与试剂

仪器：分析天平（0.1mg）；台秤（$0.1\sim0.2$g）；干燥器；称量瓶；标准砝码（10mg）；小烧杯（或硫酸纸）。

试剂：邻苯二甲酸氢钾（s）；干燥硅胶；无水乙醇。

四、实验步骤

1. 分析天平的使用

① 了解分析天平的构造原理及种类型号，重点熟悉全机械加码和半机械加码电光天平的使用方法。

② 阅读分析天平的使用规则。

2. 电光天平零点和灵敏度的测定

（1）零点的测定　接通电源，慢慢旋动开关旋钮启动天平，天平在不载重的情况下，检查投影屏上标尺的位置，如零点与投影屏上的标线不重合，可拨动开关旋钮附近的扳手，移动投影屏的位置，使其重合。若相差较大时，则可旋动平衡螺丝以调节空盘零点的位置（在实验中若动平衡螺丝时应报告指导教师）。

（2）灵敏度的测定　启动天平，调节天平的零点，使其与投影屏上的标线重合。在天平盘上放一个 10mg 标准砝码，再启动天平，标尺应移至 9.9～10.1mg 范围内，如不符合要求，则应调节灵敏度（学生不得任意动手调节）。

当载重时，天平臂略有变化，因此灵敏度也有微小的变化。

3. 称量样品练习

（1）直接法称量　准备两个干燥的小烧杯（编号），先在台秤上粗称其各自的质量，记在记录本上。然后按粗称的质量，在分析天平上加好克重砝码，只要调节指数盘，就可以准确称出空烧杯的质量（准确至 0.1mg），记录：

$$空小烧杯的质量分别记为 m_0 和 m_0^*（g）$$

（2）减量法称量　称取两份邻苯二甲酸氢钾（0.1～0.15g）。首先将装有邻苯二甲酸氢钾的称量瓶从干燥器中取出，先在台秤上粗称，记录质量。然后按粗称的质量，在分析天平上加砝码，准确称重，记录：

$$（称量瓶+试样）的质量（倾出前）m_1（g）$$

将称量瓶中的试样慢慢倾入按上法已准确称出空烧杯（m_0）中。由于初次称量，缺乏经验，很难一次倾准，因此要试称（即一次倾出少些试样，开启天平读数，判断不足的量，继续倾出），最后准确读数，设为 m_2（g），即：

$$（称量瓶+试样）的质量（倾出后）m_2（g）$$

则（$m_1 - m_2$）为第一份倾出试样的质量。再称重，记录：

$$（小烧杯+倾出试样）的质量 m_3（g）$$

检查（$m_1 - m_2$）是否等于小烧杯增加的质量（$m_3 - m_0$），如不相等，求出差值。

按上述方法称量另一份试样于质量为 m_0^* 的第二个小烧杯中。

要求每份试样的绝对差值小于 0.5mg，即（0.10～0.15）±0.0005g。如不符合要求，分析原因后，继续练习，直到达到实验要求。

五、数据记录与处理

称量练习记录格式示例见表 6-1。

六、注意事项

1. 拿取称量瓶和烧杯，可借助于洁净干燥的纸条，或戴上洁净的手套。

2. 在天平梁没有托起的情况下，绝对不允许把任何东西放在天平盘上或从天平盘上取下。

七、思考题

1. 每次称量时，为什么先要测定天平的零点？天平的零点宜在什么位置？如果偏离太大时，应该怎样调节？

表 6-1　称量练习记录格式示例

项　　目	次　　数	
	（一）	（二）
（称量瓶＋试样）的质量（倾出前）m_1/g		
（称量瓶＋试样）的质量（倾出后）m_2/g		
倾出试样的质量（m_1-m_2）/g		
（烧杯＋倾出试样）的质量 m_3/g		
空烧杯的质量 m_0（m_0^*）/g		
称得试样的质量（m_3-m_0）/g		
绝对差值＜±0.5mg		

2. 如何表示分析天平的灵敏度？灵敏度太低或太高有什么不好？

3. 减量法在何种情况下使用？在减量法称量过程中能否用小勺取样？为什么？

4. 在称量的记录和计算中，如何正确运用有效数字？

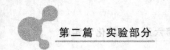

实验二　滴定分析量器的校准

一、实验目的

1. 了解滴定分析量器校准的意义。
2. 掌握滴定管的绝对校正、移液管和容量瓶相对校正的方法。
3. 掌握酸（碱）滴定管、移液管和容量瓶的规范操作。
4. 进一步熟练分析天平的称量。

二、实验原理

　　滴定分析的可靠性依赖于体积量度，而体积量度的可靠性则取决于刻度是否准确。一般合格的容量仪器可以满足分析工作上的要求，对于要求较高的研究工作应对容量仪器进行校准。

　　量器的校准通常是以称量该容器所容纳或放出的纯水的质量来进行计算的。根据质量换算成容积时要考虑三个因素：

　　① 水的体积随温度的变化；

　　② 温度对玻璃量器胀缩的影响；

　　③ 在空气中称量，空气浮力对砝码和该容器的影响。

　　具体校准方法是：准确称量被校准容器（滴定管）中所放出纯水的质量，查得该温度下水的密度，由 $V_{20}=m_t/\rho_t$（式中，V_{20} 为容器在 20℃的容积；m_t 为滴定管所放出纯水在大气中、温度为 t 时，以黄铜砝码称量所得的质量；ρ_t 为考虑了进行校准时的温度、空气浮力影响后，水在不同温度 t 时的密度，可参照表 6-3）直接计算出滴定管各段的真正容积，减去滴定管放出水的体积（读数），求出校正值。

　　移液管和容量瓶进行相对校准。

三、仪器与试剂

　　仪器：分析天平（0.1mg）；酸、碱式滴定管 25mL；移液管 25mL；容量瓶 250mL（洗净晾干）；具塞锥形瓶 25mL；温度计（0～100℃）。

　　试剂：洗涤剂或洗液；医用凡士林。

四、实验步骤

1. 酸、碱滴定管的使用

　　① 清洗酸式和碱式滴定管各一支。

　　② 练习并掌握酸式滴定管的玻璃旋塞涂凡士林的方法和滴定管除去气泡的方法。

　　③ 练习并初步掌握酸式和碱式滴定管的滴定操作以及控制液滴大小与滴定速度的方法。

　　④ 练习并掌握滴定管的正确读数方法。

2. 校准滴定管（绝对校准法）

　　步骤如下。

　　① 将去离子水注入酸式（或碱式）滴定管中，排气泡后调整初始读数为 0.00mL。

② 称量 25mL 具塞锥形瓶的质量，记为 m_0（空瓶）（准确称至小数点后第二位数，为什么?）。

③ 从滴定管放出一定体积的去离子水（记为 V_n，n 为序号）于已称重的具塞锥形瓶中，盖紧塞子，称出"瓶＋水"的质量 $m_{(瓶+水)}$。而 $m_{(瓶+水)}-m_0$ 即为放出水的质量。

按此操作测定 0～5mL、5～10mL、10～15mL、15～20mL、20～25mL 等刻度去离子水的质量（m_t）。以实验时实际水温，从表 6-3 中查得该温度下水的密度（ρ_t），算出滴定管所测各段的真正容积（V_{20}），减去滴定管放出水的体积，求出校正值。

按上述操作程序对酸式滴定管进行校准。

3. 移液管、容量瓶的使用及相对校准

① 洗净一支 25mL 移液管，练习移液管的使用方法。

② 用 25mL 移液管移取去离子水于准备好的 250mL 容量瓶中，重复 10 次（在此处，操作应强调准确，而不强调迅速）。然后观察液面最低线是否与瓶上的标线相符（相切），若不相符则重新标线。经相对校准后的移液管和容量瓶配套使用时，它们的体积比即为 1∶10。

五、数据记录与处理

参照表 6-2 的格式，按实际操作重新列空表格做记录，实验完毕后进行计算。

表 6-2　滴定管校准表示例

（水的温度＝25℃，1mL 水的质量＝0.9962g）

滴定管读数	容积 /mL	(瓶＋水) /g	水质量 /g	实际容积 /mL	校正值 /mL	总校正值 /mL
0.03(初读数)	29.20g(空瓶)					
10.13	10.10	39.28	10.08	10.12	+0.02	+0.02
20.10	9.97	49.19	9.91	9.95	−0.02	0.00
30.17	10.07	59.27	10.08	10.12	+0.05	+0.05
40.20	10.03	69.24	9.97	10.01	−0.02	+0.03
49.99	9.79	79.07	9.83	9.86	+0.07	+0.10

六、注意事项

1. 滴定分析量器（滴定管、移液管或吸量管、容量瓶等）都不能用加温烘干法来干燥，因为玻璃在高温时会膨胀，冷却后不一定能恢复至未加热时的状况。

2. 原则上，滴定管校正时初始读数可以在 0～1mL 刻度之间，实际上在 0.00 刻度开始读数为好，以减少视觉误差。

3. 滴定管等分析量器的校正对分析结果准确度有重要意义。校正时操作方法不正确，数据没有重复性，可能会越校正越不准确，影响到以后的分析结果的准确性。在操作上要注意以下几点。

① 滴定管、移液管、容量瓶内壁不允许挂水珠。

② 滴定管内，尤其是碱式滴定管出水管内的气泡要注意排除干净。

③ 滴定管和移液管嘴尖在放出液体前后不留悬垂的小液滴。

④ 滴定管的校准可以以每段5mL进行校正，这样更精确些。

七、思考题

1. 校正滴定管时，所称量的锥形瓶和水的质量只需准确到0.01g，为什么？

2. 分段校正滴定管时，滴定管每次放出的去离子水体积是否一定要是整数？应注意什么？

3. 容量瓶校正前为什么需要晾干？在用容量瓶配制标准溶液时是否也需要晾干？

4. 在实际分析工作中如何应用滴定管的校正值？

附注

在不同温度下充满1000mL（20℃）玻璃容器的纯水质量见表6-3。

表6-3 在不同温度下充满1000mL（20℃）玻璃容器的纯水的质量

温度 /℃	1000mL 水的质量 /g	温度 /℃	1000mL 水的质量 /g	温度 /℃	1000mL 水的质量 /g
0	998.24				
10	998.39	20	997.18	30	994.91
11	998.32	21	997.00	31	994.68
12	998.23	22	996.80	32	994.34
13	998.14	23	996.60	33	994.05
14	998.04	24	996.38	34	993.75
15	997.93	25	996.17	35	993.44
16	997.80	26	995.93	36	993.12
17	997.66	27	995.69	37	992.80
18	997.51	28	995.44	38	992.46
19	997.35	29	995.18	39	992.12

实验三 酸碱溶液的配制及滴定操作练习

一、实验目的

1. 了解酸碱滴定原理；学会酸碱溶液的配制。
2. 练习滴定操作；初步掌握准确地确定终点的方法。
3. 熟悉甲基橙和酚酞指示剂的使用和终点颜色变化。

二、实验原理

酸碱滴定是利用酸碱中和反应测定酸碱浓度的定量分析方法。本实验以强酸（HCl）与强碱（NaOH）溶液滴定反应为例，练习滴定的规范操作。

$$H^+ + OH^- \rightleftharpoons H_2O$$

酸碱溶液经过滴定，确定酸碱中和反应时所需的体积比。

实验室常用酸碱指示剂有：酚酞（变色范围 pH＝8.0～9.8）、甲基红（变色范围 pH＝4.4～6.2）、甲基橙（变色范围 pH＝3.1～4.4）等。滴定时所用指示剂，要根据不同酸碱选用。

三、仪器与试剂

仪器：台秤（0.1g）；滴定管 25mL；容量瓶 250mL；移液管 20mL；锥形瓶 250mL。

试剂：NaOH(s)；HCl（6mol·L^{-1}）；甲基橙指示剂（0.1％水溶液）；酚酞指示剂（0.2％乙醇溶液）；Na$_2$CO$_3$（0.05000mol·L^{-1}标准溶液）。

四、实验步骤

1. 配制 0.1mol·L^{-1} HCl 溶液

用量筒取 4.2mL 6mol·L^{-1} HCl 于容量瓶（或试剂瓶）中，加去离子水稀释至250mL，塞住瓶口摇匀。贴上标签，注明浓度、名称。

2. 配制 0.1mol·L^{-1} NaOH 溶液

在台秤上称取固体 NaOH 1.0g，置于小烧杯中，加入少量新煮沸放冷的去离子水，使其全部溶解，将溶液移至容量瓶（或试剂瓶）中，加去离子水稀释至 250mL，塞住瓶口摇匀。贴上标签，注明浓度、名称。

3. 滴定操作练习

（1）准备 用上述配好的 HCl 溶液，洗涤已洗净的酸式滴定管，每次 5～10mL，从滴定管两端分别流出弃去，共洗三次，而后装满滴定管。取碱式滴定管，用同样方法洗涤后装入配好的 NaOH 溶液。赶去尖端气泡，擦净外部。调节滴定管内溶液的液面至"0"刻度，静止 1min，再调一次，直至准确。

（2）NaOH 溶液滴定 HCl 溶液（以酚酞为指示剂） 准确移取 20.00mL 0.1mol·L^{-1} HCl 溶液于 250mL 锥形瓶中，加 2 滴酚酞指示剂，摇匀，用 0.1mol·L^{-1} NaOH 溶液滴定。

　　开始滴定时由于酸的量大，滴入的 NaOH 量少，此时滴定速度可以稍快些（但不能流成"水线"），而且要摇动均匀。随着 NaOH 加入量增多，溶液出现红色但摇动后立即消失，说明离终点还远。继续滴定，当溶液出现红色且摇动后较难消失（但仍褪色）时，放慢滴定速度，滴下一滴，摇匀，待颜色褪去后再滴下一滴。当滴下一滴，溶液变红且要摇几下才褪色即滴定临近终点。临近终点时用洗瓶吹洗锥形瓶内壁。

　　这时滴下 0.02mL（半滴）NaOH 溶液时，试液从无色变为淡红色，并在半分钟内不褪色即为终点（注意滴定终点的控制），记下用去 NaOH 溶液的体积。

　　平行测定三次。计算体积比：$V(NaOH)/V(HCl)$。要求相对平均偏差不大于 0.2%。

　　（3）HCl 溶液滴定 NaOH 溶液（以甲基橙为指示剂）　准确移取 20.00mL 0.1mol·L^{-1} NaOH 溶液于 250mL 锥形瓶中，加入 1～2 滴甲基橙指示剂，摇匀。用 0.1mol·L^{-1} HCl 溶液滴定。以下程序按上述操作进行。溶液颜色从黄色突变为橙色即为终点，记下用去 HCl 溶液的体积。

　　平行测定三次。计算体积比：$V(HCl)/V(NaOH)$。要求相对平均偏差不大于 0.2%。

4. 标定 HCl 溶液的浓度（可选做）

　　准确移取 20.00mL 0.05000mol·L^{-1} Na$_2$CO$_3$ 标准溶液于锥形瓶中，加入 20mL 水和 1～2 滴甲基橙指示剂，摇匀，用 0.1mol·L^{-1} HCl 溶液滴定至溶液刚呈现橙色为终点，记下耗去 HCl 溶液的体积。平行测定三次。

　　根据 $c(HCl)V(HCl)=2c(Na_2CO_3)V(Na_2CO_3)$，计算 HCl 溶液的浓度。

五、数据记录与处理

　　数据记录与处理见表 6-4 和表 6-5。

表 6-4　NaOH 溶液滴定 HCl 溶液数据记录

记录项目	滴定次数		
	（一）	（二）	（三）
$V(HCl)/mL$			
消耗 $V(NaOH)$体积/mL			
$V(NaOH)/V(HCl)$			
平均值 $V(NaOH)/V(HCl)$			
平均偏差			
相对平均偏差(<0.2%)			

表 6-5　HCl 溶液滴定 NaOH 溶液数据记录

记录项目	滴定次数		
	（一）	（二）	（三）
$V(NaOH)/mL$			
消耗 $V(HCl)$体积/mL			
$V(HCl)/V(NaOH)$			
平均值 $V(HCl)/V(NaOH)$			
平均偏差			
相对平均偏差(<0.2%)			

标定 HCl 溶液浓度的数据记录自拟。

六、思考题

1. 定量分析所用的标准溶液和试剂应直接从试剂瓶取用，不允许用别的器皿转移后再取用，为什么？

2. 使用酚酞指示剂，滴定终点后，放置几分钟红色又褪去，为什么？是否应当再滴？

3. 有人说指示剂的用量越多越容易观察滴定终点，因此滴定结果更准确对吗？为什么？

4. 氢氧化钠和盐酸能否作为基准试剂？能否在容量瓶中，直接配成 $0.1000\,mol \cdot L^{-1}$ 氢氧化钠标准溶液？为什么？

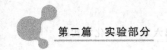

实验四 盐酸标准溶液的配制及混合碱含量的测定（双指示剂法）

一、实验目的

1. 学会盐酸标准溶液的配制和标定方法。
2. 掌握双指示剂法测定 NaOH 和 Na_2CO_3 混合碱的原理及方法。
3. 熟悉酸碱滴定法选用指示剂的原则。

二、实验原理

混合碱一般指 NaOH 与 Na_2CO_3，或 Na_2CO_3 与 $NaHCO_3$ 的混合物。工业产品碱液（NaOH），易吸收空气中的 CO_2 形成 Na_2CO_3，所以苛性碱实际上往往含有 Na_2CO_3，故称为混合碱。可采用"双指示剂法"进行分析，测定各组分的含量。

双指示剂法是指在待测混合碱试液中先加入酚酞指示剂，用 HCl 标准溶液滴定至溶液由红色刚好变为无色，记体积 V_1；再加入甲基橙指示剂，继续滴定溶液由黄色变为橙色即为终点，记体积 V_2。

当 $V_1 > V_2$ 时，试液为 NaOH 与 Na_2CO_3 的混合物；如果 $V_1 < V_2$ 时，试液则为 Na_2CO_3 与 $NaHCO_3$ 的混合物。具体内容如下。

（1）标定盐酸溶液浓度 以无水 Na_2CO_3 作基准物质，甲基橙为指示剂，主要反应有：
$$Na_2CO_3 + 2HCl = 2NaCl + H_2CO_3 \qquad H_2CO_3 = CO_2\uparrow + H_2O$$
市售基准物 Na_2CO_3，用时应预先在 180℃ 下充分干燥，并保存在干燥器中（为什么?）。

（2）$NaOH \cdot Na_2CO_3$ 混合碱的测定（双指示剂法）

$$\left.\begin{array}{l}NaOH\\Na_2CO_3\end{array}\right\}\xrightarrow{\text{加入 HCl}}\left.\begin{array}{l}NaCl\\NaHCO_3\end{array}\right\}\xrightarrow{\text{加入 HCl}}\left.\begin{array}{l}NaCl\\H_2CO_3\end{array}\right\}\rightarrow H_2O+CO_2\uparrow$$

加酚酞指示剂（红色）$\xrightarrow{V_1\ (HCl)}$ 无色

加甲基橙指示剂（黄色）$\xrightarrow{V_2\ (HCl)}$ 橙色

主要反应有：
$$NaOH + HCl = NaCl + H_2O$$
$$Na_2CO_3 + HCl = NaHCO_3 + NaCl$$
$$NaHCO_3 + HCl = NaCl + CO_2\uparrow + H_2O$$

由消耗 HCl 标准溶液体积 V_1 与 V_2 的量，可以确定混合碱的组成，并可计算各自含量（$g \cdot L^{-1}$）。

三、仪器与试剂

仪器：分析天平（0.1mg）；滴定管 25mL；锥形瓶 250mL；称量瓶。

试剂：无水碳酸钠；酚酞指示剂（0.2%）；甲基橙指示剂（0.1%）；HCl（6mol·L^{-1}）；混合碱（含 NaOH、Na_2CO_3）。

四、实验步骤

1. HCl 标准溶液浓度的标定

（1）配制 250mL 0.1mol·L^{-1} HCl 溶液 同实验三。

（2）0.1mol·L^{-1} HCl 溶液的标定 用减量法在分析天上准确称取三份无水碳酸钠，每份 0.1~0.12g，分别置于三个锥形瓶中。加去离子水 50mL，摇动使其溶解。各加甲基橙指示剂 2 滴，用待标定的 HCl 溶液滴定，直到溶液刚由黄变为橙色为止，即为滴定终点。

记下消耗待标定的 HCl 溶液的体积。用同样方法滴定其余两份 Na_2CO_3 溶液。

平行实验三次，计算 HCl 溶液的浓度及相对平均偏差应小于 0.2%。

2. NaOH、Na_2CO_3 混合碱的测定

准确移取 20.00mL 混合碱于 250mL 锥形瓶中，加酚酞指示剂 1~2 滴，溶液呈现红色。用 HCl 标准溶液滴定至溶液由红色刚变为无色，即为第一终点，记下所耗 HCl 溶液的体积 V_1(mL)。

然后加入 2 滴甲基橙指示剂于此溶液中，溶液变为黄色，继续用 HCl 标准溶液滴定，直至溶液出现橙色，即为第二终点（滴定时要摇动，不使局部 CO_2 过浓），记录所消耗 HCl 溶液的体积为 V_2(mL)。

平行实验三次。根据 V_1 和 V_2 计算 NaOH 和 Na_2CO_3 含量，以质量浓度 ρ（$g \cdot L^{-1}$）表示。要求相对平均偏差应小于 0.5%。

五、数据记录与处理

1. 计算公式

① $c(HCl) = \dfrac{m(Na_2CO_3) \times 2000}{M(Na_2CO_3) \times V(HCl)}$

② $\rho(NaOH) = \dfrac{c(HCl) \times (V_1 - V_2) \times M(NaOH)}{V_0（试液）}$

③ $\rho(Na_2CO_3) = \dfrac{c(HCl) \times 2V_2 \times M(Na_2CO_3)}{2V_0（试液）}$

式中 V——标定时消耗 HCl 溶液的体积，mL；

V_0——被测物混合碱（试液）的体积，mL；

V_1，V_2——测定混合碱时消耗 HCl 溶液的体积，mL。

2. 数据记录

数据记录见表 6-6 和表 6-7。

表 6-6　标定 HCl 标准溶液的浓度记录

记 录 项 目	平 行 实 验		
	（一）	（二）	（三）
称 $m(Na_2CO_3)$/g			
消耗 $V(HCl)$/mL			
$c(HCl)$标准溶液浓度/mol $\cdot$ L^{-1}			
$\bar{c}(HCl)$/mol $\cdot$ L^{-1}			
相对平均偏差（<0.2%）			

表 6-7　混合碱（NaOH、Na_2CO_3）的测定（双指示剂法）

记 录 项 目	平 行 实 验		
	（一）	（二）	（三）
取混合碱体积 V_0/mL			
消耗 HCl 的体积 V_1/mL			
消耗 HCl 的体积 V_2/mL			
$\rho(NaOH)$的含量/g $\cdot$ L^{-1}			

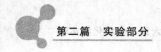

续表

记录项目	平行实验		
	（一）	（二）	（三）
$\bar{\rho}$(NaOH)平均含量/g·L^{-1}			
NaOH 的相对平均偏差（<0.5%）			
ρ(Na$_2$CO$_3$)的含量/g·L^{-1}			
$\bar{\rho}$(Na$_2$CO$_3$)平均含量/g·L^{-1}			
Na$_2$CO$_3$ 的相对平均偏差（<0.5%）			

六、思考题

1. 测定混合碱时分别出现 $V_1 > V_2$、$V_1 = V_2$、$V_1 < V_2$ 时，各样品是什么物质？

2. 通过实验说明双指示剂法的原理。

3. 如果无水 Na$_2$CO$_3$ 吸湿，则标定 HCl 标准溶液浓度偏高还是偏低？

4. 如果取固体的混合碱试样，请列出分析结果的计算公式。

实验五　EDTA 标准溶液的配制

一、实验目的

1. 掌握 EDTA 标准溶液的配制与标定方法。
2. 掌握配位滴定的原理、特点及操作。
3. 熟悉钙指示剂及二甲酚橙指示剂的使用。

二、实验原理

EDTA 是乙二胺四乙酸的简称，常用 H_4Y 表示，是一种氨羧配位剂，能与大多数金属离子形成 1：1 的稳定螯合物。但是 EDTA 难溶于水（$0.2g \cdot L^{-1}$，22℃），通常采用其二钠盐（$110g \cdot L^{-1}$，22℃）来配制标准溶液，习惯上也称为 EDTA 标准溶液。$Na_2H_2Y \cdot 2H_2O$ 可以精制成基准物质，但提纯方法较复杂，因此分析中通常采用间接法（即标定法）来配制 EDTA 标准溶液。

标定 EDTA 溶液的基准物质很多，常用金属锌、铜、铋、铅以及 ZnO、$CaCO_3$、$MgSO_4 \cdot 7H_2O$ 等。选用原则是测定何种物质，就尽量选用与被测物质相同的纯物质作基准物，这样滴定条件一致，可减少测量误差。而 Zn 和 $CaCO_3$ 是最常用的两种基准物质。

当测 Ca、Mg 含量时，则宜选用 $CaCO_3$ 为基准物质。加 HCl 溶液溶解，其反应为：
$$CaCO_3 + 2HCl \Longrightarrow CaCl_2 + CO_2 + H_2O$$

当基准物 $CaCO_3$ 溶解后，将溶液转移到容量瓶中定容，制成钙标准溶液。标定 EDTA 溶液时，从中吸取一定量钙标准液移入锥形瓶中，调节 $pH \geqslant 12$，加入钙指示剂，用待标定的 EDTA 溶液滴定，溶液由酒红色变为纯蓝色，即为终点，其原理如下。

在 $pH \geqslant 12$ 时，溶液中加入钙指示剂（用 HIn^{2-} 表示指示剂），其反应为：
$$HIn^{2-} + Ca^{2+} \Longrightarrow CaIn^- + H^+$$
$$\text{纯蓝色} \qquad\qquad \text{酒红色}$$

用 EDTA 标准溶液滴定到终点其反应为：
$$CaIn^- + H_2Y^{2-} + OH^- \Longrightarrow CaY^{2-} + HIn^{2-} + H_2O$$
$$\text{酒红色} \qquad\qquad\qquad \text{无色} \quad \text{纯蓝色}$$

在用 EDTA 标准溶液测 Pb^{2+}、Bi^{3+} 时，标定 EDTA 溶液可用 ZnO 或金属锌为基准物，以二甲酚橙为指示剂。在 $pH = 5 \sim 6$ 的条件下标定，溶液由紫红色变为黄色即为终点。

三、仪器与试剂

仪器：分析天平（0.1mg）；台秤；酸式滴定管 25mL；锥形瓶 250mL；移液管 25mL；表面皿。

试剂：EDTA（固体，AR）；$CaCO_3$（固体，GR 或 AR）；ZnO 或 Zn（GR）；NaOH（10%）；氨水（$3mol \cdot L^{-1}$）；钙指示剂；二甲酚橙指示剂（0.2%）；六亚甲基四胺（20%）；HCl（$6mol \cdot L^{-1}$）；镁溶液。

四、实验步骤

1. 配制 $c(EDTA) = 0.01 mol \cdot L^{-1}$ 的溶液

称取 EDTA 二钠盐固体 1.0g 于小烧杯中,加入适量去离子水温热溶解,冷却后,转移到 250mL 容量瓶中加水至刻度,摇匀。

2. 以 $CaCO_3$ 为基准物标定 EDTA 溶液浓度

(1) $c(Ca^{2+}) = 0.01 mol \cdot L^{-1}$ 标准溶液的配制 称取无水 $CaCO_3$ 0.15~0.20g (准确至小数点后第四位,为什么?) 于 250mL 烧杯中,加少量水润湿,盖上表面皿,再从杯嘴边滴加 $6 mol \cdot L^{-1}$ HCl 溶液数毫升至 $CaCO_3$ 完全溶解,加热煮沸几分钟以除去 CO_2,冷却后,用少量去离子水冲洗表面皿,定量转移到 250mL 容量瓶中,用去离子水定容后摇匀。

(2) 标定 用移液管移取 25.00mL 标准钙溶液置于 250mL 锥形瓶中,加入 25mL 去离子水、2mL 镁溶液、10% NaOH 溶液 (应慢慢加入,使溶液 pH≥12) 3~4mL 后,再加入约 10mg 钙指示剂,摇匀,用 EDTA 溶液滴定至溶液由红色变为蓝色,即为终点。记录消耗 EDTA 溶液的体积 V(mL),计算 EDTA 标准溶液的浓度 (保留四位有效数字)。

3. 以 ZnO 或 Zn 为基准物标定 EDTA 溶液

(1) $0.01 mol \cdot L^{-1}$ 锌标准溶液的配制 准确称取 ZnO 或金属锌一定质量于小烧杯中,用少量水润湿加入 $6 mol \cdot L^{-1}$ HCl 溶液,用玻璃棒搅拌,待完全溶解后定量转移到 250mL 容量瓶中,用水定容后摇匀。

(2) 标定 移取 25.00mL 锌标准溶液于 250mL 锥形瓶中,加入 25~30mL 去离子水和 2~3 滴二甲酚橙指示剂,加入 $3 mol \cdot L^{-1}$ 氨水至溶液由黄色刚变橙色,然后加入 20% 六亚甲基四胺缓冲溶液,至溶液呈稳定的紫红色再多加 3mL,用 EDTA 标准溶液滴定,溶液由紫红色变为亮黄色,即为终点。

以上标定 EDTA 溶液要求平行实验三次。计算 EDTA 标准溶液的浓度 (保留四位有效数字)。

五、数据记录与处理

1. 计算公式

① $c(EDTA) = \dfrac{m(CaCO_3) \times 25 \times 1000}{M(CaCO_3) \times V(EDTA) \times 250}$ $(mol \cdot L^{-1})$

② 用 Zn 或 ZnO 为基准物标定 EDTA 溶液公式自拟。

2. 数据记录

标定 EDTA 标准溶液浓度记录见表 6-8。

表 6-8 标定 EDTA 标准溶液浓度记录

记录项目	平 行 实 验		
	(一)	(二)	(三)
称 $m(Ca_2CO_3)/g$			
取标准 Ca^{2+} 溶液体积/mL	25.00	25.00	25.00
消耗 V(EDTA)/mL			
$c(EDTA)$ 溶液的浓度/$mol \cdot L^{-1}$			
$\bar{c}(EDTA)/mol \cdot L^{-1}$			
相对平均偏差 (<0.2%)			

六、注意事项

1. 当 Ca^{2+}、Mg^{2+} 共存时，终点由酒红色变为纯蓝色，当 Ca^{2+} 单独存在时则由酒红色变为蓝紫色。所以测定单独存在的 Ca^{2+} 时，常常加入少量 Mg^{2+} 溶液。

2. 配制镁溶液的方法，通常采取溶解 $1g\ MgSO_4 \cdot 7H_2O$ 于水中，稀释至 $200mL$。

3. 钙指示剂配制：钙指示剂和氯化钠固体按 1∶100 混合，研磨混匀，保持干燥。

七、思考题

1. 用 HCl 溶液溶解 $CaCO_3$ 基准物时，操作中应注意些什么？

2. 以 $CaCO_3$ 为基准物标定 EDTA 溶液时，加入镁溶液的目的是什么？

3. 以 $CaCO_3$ 为基准物，以钙指示剂标定 EDTA 溶液时，应控制溶液的酸度为多少？为什么？怎样控制？

4. 用于标定 EDTA 溶液浓度的基准物为 $CaCO_3$ 和 Zn，各自的反应条件和实验操作有什么特点？

实验六　水的总硬度的测定（配位滴定法）

一、实验目的

1. 了解水的硬度测定意义和常用硬度表示方法。
2. 掌握配位滴定法测水硬度的原理和方法。
3. 掌握铬黑T和钙指示剂的应用，了解金属指示剂的特点。

二、实验原理

水的总硬度是指水中钙、镁离子的含量，通常称水中钙、镁的碳酸盐、硫酸盐、硝酸盐及氯化物的总含量为总硬度。

水的硬度对工业及生活用水影响很大，尤其是锅炉用水，饮用水中硬度过高会影响肠胃的消化功能，因此硬度是水质分析的重要指标之一。

水硬度的表示方法在国际和国内尚未统一，通常以钙镁离子总量折合成钙离子的量来表示水的硬度。表6-9列举出一些国家水硬度之间的单位换算。我国通常的表示方法是以每升水含10mg CaO称为硬度1度，这种表示方法是德国硬度单位制。我国目前使用较多的还有$mmol \cdot L^{-1}$表示方法，$1mmol \cdot L^{-1}$相当于$100mg \cdot L^{-1}$碳酸钙表示的硬度。本实验即采用$mmol \cdot L^{-1}$这种表示方法。

表6-9　一些国家水硬度单位换算表

硬度单位	$mmol \cdot L^{-1}$	德国硬度	法国硬度	英国硬度	美国硬度
$1mmol \cdot L^{-1}$	1.00000	2.8040	5.0050	3.5110	50.050
1 德国硬度	0.35663	1.0000	1.7848	1.2521	17.848
1 法国硬度	0.19982	0.5603	1.0000	0.7015	10.000
1 英国硬度	0.28483	0.7987	1.4255	1.0000	14.255
1 美国硬度	0.01998	0.0560	0.1000	0.0702	1.000

测定水的硬度一般采用EDTA配位滴定的方法。在氨性缓冲溶液中，以铬黑T（简称EBT）为指示剂，用EDTA标准溶液滴定水中钙镁总量。此方法是国际和国内规定的标准分析方法。

本实验测定水的总硬度和钙硬度。

pH＝10时，Ca^{2+}和Mg^{2+}与EDTA生成无色配合物，指示剂EBT则与Ca^{2+}和Mg^{2+}生成红色配合物，因为配合物的稳定性$CaY^{2-} > MgY^{2-} > MgIn^{-} > CaIn^{-}$，当加入少量EBT时先与$Mg^{2+}$生成酒红色的配合物$MgIn^{-}$。当EDTA滴入时，首先与$Ca^{2+}$配合，然后再与$Mg^{2+}$配合反应如下：

$$Ca^{2+} + H_2Y^{2-} \rightleftharpoons CaY^{2-} + 2H^+$$
$$Mg^{2+} + H_2Y^{2-} \rightleftharpoons MgY^{2-} + 2H^+$$

当滴定达到等量点，稍过量的EDTA将夺取$MgIn^{-}$中的Mg^{2+}，将指示剂EBT释放出来。溶液呈现指示剂的纯蓝色，反应如下：

$$MgIn^- + H_2Y^{2-} \Longrightarrow MgY^{2-} + HIn^{2-} + H^+$$
酒红色 纯蓝色

如果水中含有 Fe^{3+}、Al^{3+} 微量离子，避免对指示剂的封闭作用，可加入三乙醇胺掩蔽。

测钙硬度时，取同测总硬度水样的量，加入 NaOH 调节溶液 pH≥12，溶液中 Mg^{2+} 生成 $Mg(OH)_2$ 沉淀，此时加入钙指示剂，它只能与 Ca^{2+} 配合成酒红色。因为配合稳定性 $CaY^{2-}>CaIn^-$，当用 EDTA 标准溶液滴定到等量点时，稍过量的 EDTA 将 $CaIn^-$ 中 Ca^{2+} 夺取而把指示剂游离出来，溶液由红色变为纯蓝色，指示终点到达。

三、仪器与试剂

仪器：酸式滴定管 25mL；锥形瓶 250mL；移液管 25mL、50mL；药勺。

试剂：EDTA（s）或 EDTA 溶液（0.01mol·L^{-1}）；氨性缓冲溶液；铬黑 T（EBT）；钙指示剂；NaOH（10%）。

四、实验步骤

1. 0.01mol·L^{-1} EDTA 标准溶液的配制与标定

见实验六。

2. 自来水总硬度的测定

用移液管准确量取自来水 50.00mL 于 250mL 锥形瓶中，加入 5mL NH_3-NH_4Cl 缓冲溶液及 10mg 铬黑 T（EBT）指示剂。用 0.01mol·L^{-1} EDTA 标准溶液滴定，近终点要慢滴多摇，溶液由紫红色变为纯蓝色，即为终点。记下消耗 EDTA 的体积（mL）。

平行滴定三份，所耗 EDTA 标准溶液体积，相差应不大于 0.05mL，根据 EDTA 标准溶液的浓度及用量计算水的总硬度，以 mg·L^{-1} 和（°）表示分析结果。

3. 钙硬度的测定

用移液管移取 50.00mL 水样于 250mL 锥形瓶中，加 10% NaOH 4mL，加入 10mg 钙指示剂，摇匀。溶液呈淡红色，用 0.01mol·L^{-1} EDTA 标准溶液滴定至纯蓝色即可。

计算水中钙硬度，以 mg·L^{-1} 表示。

五、数据记录与处理

1. 计算公式

① EDTA 标准溶液浓度的计算（同实验五）。

② 水的硬度（mmol·L^{-1}）$= \dfrac{c(EDTA) \times V(EDTA) \times M(CaCO_3)}{100V(水样)} \times 1000$

2. 数据记录

① EDTA 溶液浓度的标定（参照表 6-8）。

② 自来水总硬度测定数据（自拟）。

六、注意事项

1. 铬黑 T 与 Mg^{2+} 显色的灵敏度高，与 Ca^{2+} 显色的灵敏度低，当水样中 Ca^{2+} 含量很

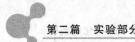

高而镁含量很低时，往往得不到敏锐的终点。可以在水样中加入少许 Mg 溶液，利用置换滴定法的原理来提高终点变色的敏锐性，或者改用酸性铬蓝 K 作指示剂。

2. 如果水样中 HCO_3^-、H_2CO_3 含量较高，终点变色不敏锐，可以经过酸化并煮沸后再测定或者采用返滴定法。

3. 水样中若含 Fe^{3+}、Al^{3+}、Cu^{2+}、Pb^{2+} 等会干扰 Ca^{2+}、Mg^{2+} 的测定，可以加入三乙醇胺、KCN、Na_2S 等进行掩蔽。

4. 铬黑 T 指示剂配制：铬黑 T 和氯化钠固体按 1:100 混合，研磨混匀，保持干燥。

七、思考题

1. 什么是水的总硬度？怎样计算水的总硬度？

2. 测定水的总硬度时，加入氨性缓冲溶液的目的何在？

3. 标定 EDTA 溶液浓度的基准物有多种，本实验应采用何种基准物为宜，为什么？

4. 如果水中含有 Ca^{2+}、Mg^{2+} 及少量 Fe^{3+}、Al^{3+} 时，在 pH=10 时，用 EDTA 滴定，以 EBT 为指示剂，测定总硬度的结果偏低还是偏高？为什么？

实验七 铅、铋混合溶液 Pb^{2+}、 Bi^{3+} 含量的连续滴定

一、实验目的

1. 掌握通过控制溶液的酸度来进行多种离子连续滴定的配位滴定原理和方法。
2. 了解控制溶液的酸度在铅、铋混合液的连续滴定中的重要性。
3. 熟悉二甲酚橙指示剂的使用和终点的测定方法。

二、实验原理

配位滴定中，混合离子的连续滴定，常通过控制酸度的方法来实现。Pb^{2+}、Bi^{3+} 均能与 EDTA 形成稳定的 1:1 的配合物：

$$Pb^{2+} + H_2Y^{2-} \Longrightarrow PbY^{2-} + 2H^+ \qquad lgK_稳 = 18.04$$

$$Bi^{3+} + H_2Y^{2-} \Longrightarrow BiY^- + 2H^+ \qquad lgK_稳 = 27.94$$

由于 Pb^{2+}、Bi^{3+} 与 EDTA（H_2Y^{2-}）形成的配合物稳定常数间相差很大（$\Delta lgK_稳 \geqslant 5$），故可利用酸效应，控制不同的酸度，在同一份试样中，连续分别滴定出各自的含量。

首先调节溶液的 $pH \approx 1$，以二甲酚橙为指示剂，此时 Bi^{3+} 与指示剂形成紫红色配合物（Pb^{2+} 在此条件下不形成紫红色配合物），然后用 EDTA 标准溶液滴定 Bi^{3+} 至溶液由紫红色变为亮黄色，即为滴定 Bi^{3+} 的终点。

在滴定 Bi^{3+} 后的溶液中，加入六亚甲基四胺溶液，调节溶液至 $pH = 5 \sim 6$，此时 Pb^{2+} 与二甲酚橙形成紫红色配合物，溶液又呈现紫红色，然后用 EDTA 标准溶液继续滴定至溶液由紫红色变为亮黄色时，即为滴定 Pb^{2+} 的终点。

三、仪器与试剂

仪器：分析天平（0.1mg）；台秤（0.1g）；酸式滴定管 25mL；锥形瓶 250mL；移液管 25mL。

试剂：EDTA（s）或 EDTA 溶液（$0.01mol \cdot L^{-1}$）；金属锌（99.99% 以上）；HNO_3（$0.1mol \cdot L^{-1}$）；氨水（$3mol \cdot L^{-1}$）；HCl（1:1）；二甲酚橙（0.2%）；六亚甲基四胺（20%）；Pb^{2+}、Bi^{3+} 混合液（含 Pb^{2+}、Bi^{3+} 各约 $0.01mol \cdot L^{-1}$）。

四、实验步骤

1. Zn^{2+} 标准溶液（$0.01mol \cdot L^{-1}$）的配制

准确称取纯金属锌 $0.1 \sim 0.12g$ 于小烧杯中，加 5mL HCl（1:1），立即盖上表面皿，微热，待锌溶解完全后，加入适量水，转移到 250mL 容量瓶中，稀释至刻度，摇匀。

2. EDTA 标准溶液（$0.01mol \cdot L^{-1}$）的配制与标定

（1）$0.01mol \cdot L^{-1}$ EDTA 标准溶液配制 同实验五。

（2）标定 准确移取锌标准溶液 25.00mL 于 250mL 锥形瓶中，加入 2 滴二甲酚橙指示剂，用 20% 六亚甲基四胺溶液调节至溶液呈现紫红色后，再过量 5mL。以 EDTA 溶液滴定至溶液由紫红色变为亮黄色，即为终点。根据滴定所用 EDTA 溶液的体积和锌标准溶液的

浓度，计算 EDTA 标准溶液的浓度（保留四位有效数字）。

要求平行实验三次，相对平均偏差小于 0.2%。

3. Pb^{2+}、Bi^{3+} 混合液的测定

用移液管移取 25.00mL Pb^{2+}、Bi^{3+} 混合液（V_0）三份，分别注入 250mL 锥形瓶中，加 5mL 0.1mol·L^{-1} HNO_3，加 1~2 滴二甲酚橙指示剂，用 EDTA 标准溶液滴定至溶液由紫红色变为亮黄色，即为 Bi^{3+} 的终点。记下体积 V_1（mL），根据消耗的 EDTA 体积（V_1），计算混合液中 Bi^{3+} 的含量（g·L^{-1}）。

在滴定 Bi^{3+} 后的溶液中，滴加 3mol·L^{-1} 氨水，至溶液由黄色刚变橙色（不能多加），滴加 20% 的六亚甲基四胺至溶液呈现稳定的紫红色后，再过量 5mL，此时，溶液的 pH=5~6，再用 EDTA 标准溶液滴定至溶液由紫红色变为亮黄色，即为 Pb^{2+} 的终点。记下消耗 EDTA 的体积 V_2（mL）。根据所消耗 EDTA 体积（V_2），计算混合液中 Pb^{2+} 的含量（g·L^{-1}）。

五、数据记录与处理

1. 计算公式

$$① \quad c(\text{EDTA}) = \frac{m(\text{Zn}) \times 25 \times 1000}{M(\text{Zn}) \times V(\text{EDTA}) \times 250}$$

$$② \quad \rho(\text{Bi}^{3+}) = \frac{c(\text{EDTA}) \times V_1(\text{EDTA}) \times 10^{-3} \times M(\text{Bi})}{V_0 \times 10^{-3}}$$

$$③ \quad \rho(\text{Pb}^{2+}) = \frac{c(\text{EDTA}) \times V_2(\text{EDTA}) \times 10^{-3} \times M(\text{Pb})}{V_0 \times 10^{-3}}$$

式中 V_0——取 Pb^{2+}、Bi^{3+} 混合液的体积，mL。

2. 数据记录

EDTA 溶液的标定参照表 6-8。铅、铋混合液中 Pb^{2+}、Bi^{3+} 含量的连续滴定见表 6-10。

表 6-10　铅、铋混合液中 Pb^{2+}、Bi^{3+} 含量的连续滴定

记录项目	平行实验		
	（一）	（二）	（三）
取 Pb^{2+}、Bi^{3+} 混合液体积 V_0/mL			
消耗 EDTA 的体积 V_1/mL			
消耗 EDTA 的体积 V_2/mL			
$\rho(Bi^{3+})$ 的含量/g·L^{-1}			
$\overline{\rho}(Bi^{3+})$ 平均含量/g·L^{-1}			
Bi^{3+} 的相对平均偏差（<0.5%）			
$\rho(Pb^{2+})$ 的含量/g·L^{-1}			
$\overline{\rho}(Pb^{2+})$ 平均含量/g·L^{-1}			
Pb^{2+} 的相对平均偏差（<0.5%）			

六、注意事项

1. 配制 Pb^{2+}、Bi^{3+} 混合液时，应称 $Pb(NO_3)_2$ 3.3g，$Bi(NO_3)_3$ 4.8g，加 25mL

1.0mol·L^{-1} HNO$_3$ 溶解，并用 0.1mol·L^{-1} HNO$_3$ 稀释至 1L，此混合溶液中含 Pb^{2+}、Bi^{3+} 各约为 0.01mol·L^{-1}。

2. 如果试样为铅铋合金时，其溶样方法为：称 0.25～0.30g 合金试样于小烧杯中，加 HNO$_3$（1∶2）4mL，盖上表面皿，微沸溶解，然后用洗瓶吹洗表面皿与杯壁，将溶液转入 100mL 容量瓶中，用 0.1mol·L^{-1} HNO$_3$ 稀释至刻度，摇匀。

七、思考题

1. 在本实验中，能否先在 pH＝5～6 的溶液中测定出 Pb^{2+} 和 Bi^{3+} 的含量，然后再调整至 pH≈1 时测定 Bi^{3+} 的含量？

2. 铅、铋试样溶解后，转移和定容时为什么用稀硝酸而不用水？

3. 实验用六亚甲基四胺调节 pH＝5～6，用 HAc 缓冲溶液代替六亚甲基四胺行吗？

实验八　高锰酸钾标准溶液的配制及
过氧化氢含量的测定

一、实验目的

1. 掌握高锰酸钾标准溶液的配制与标定方法。
2. 了解影响氧化还原反应完成的条件（浓度、温度、酸度）。
3. 掌握高锰酸钾法测定过氧化氢含量的原理和操作。

二、实验原理

$KMnO_4$ 是一种强的氧化剂，可以直接用来滴定还原性的物质，还可以间接测定一些没有氧化还原性的物质，如能与 $C_2O_4^{2-}$ 定量沉淀成草酸盐的阳离子（Ca^{2+}、Ba^{2+}、Th^{4+} 等）。

$KMnO_4$ 氧化能力和还原产物与反应介质的酸度密切相关，强酸性介质下的反应如下。

$$MnO_4^- + 8H^+ + 5e = Mn^{2+} + 4H_2O; \qquad E^{\ominus}(MnO_4^-/Mn^{2+}) = 1.51V$$

滴定时，溶液中 $[H^+]$ 通常要保持在 $1\sim2mol \cdot L^{-1}$。

市售的高锰酸钾常含有杂质（一般纯度为 $99\%\sim99.5\%$），因此 $KMnO_4$ 标准溶液只能用间接配制法。

标定 $KMnO_4$ 基准物有 As_2O_3 纯铁丝和 $Na_2C_2O_4$ 等，其中以 $Na_2C_2O_4$ 最为常用，反应方程如下。

$$2MnO_4^- + 5C_2O_4^{2-} + 16H^+ = 10CO_2 + 2Mn^{2+} + 8H_2O$$

$KMnO_4$ 和 $Na_2C_2O_4$ 的反应在开始比较慢，滴加 $KMnO_4$ 后不能立即褪色，但一经反应生成 Mn^{2+} 后，由于 Mn^{2+} 对反应的催化作用，使得反应速率加快。滴定时可将溶液加热或者加入少量 Mn^{2+} 以提高反应速率。

当溶液中 MnO_4^- 的浓度约为 $2\times10^{-6}mol \cdot L^{-1}$ 时，人眼即可观察到粉红色，因此用 $KMnO_4$ 进行滴定时，通常不需另加指示剂。当反应达到化学计量点后，微过量的 $KMnO_4$ 溶液即可指示终点。

双氧水中的主要成分为过氧化氢（H_2O_2），是医药、卫生行业上广泛使用的消毒剂。市售商品一般为 30% 或 3% 的水溶液。过氧化氢分子中因有一个过氧键—O—O—，在酸性溶液中是一种强氧化剂；但遇到更强氧化剂（如 $KMnO_4$），H_2O_2 则表现为还原性。因此可在稀硫酸溶液中，用高锰酸钾法来测定过氧化氢的含量，反应式如下。

$$5H_2O_2 + 2MnO_4^- + 6H^+ = 2Mn^{2+} + 5O_2\uparrow + 8H_2O$$

过氧化氢贮存时会发生分解，工业产品中常加入少量乙酰苯胺等有机物作稳定剂，由于此类有机物也会消耗 $KMnO_4$。在这种情况下，采用 $KMnO_4$ 法测定过氧化氢含量会存在较大误差，这时常采用碘量法或铈量法来测定。

三、仪器与试剂

仪器：分析天平（0.1mg）；台秤（0.1g）；可调电炉；锥形瓶 250mL；酸式滴定管 25mL（棕色）；砂芯漏斗；移液管 25mL；吸量管 1.00mL。

试剂：$Na_2C_2O_4$（AR）；$KMnO_4$（s）（或 $0.02mol \cdot L^{-1}$）；H_2SO_4（$3mol \cdot L^{-1}$）；H_2O_2（30%）。

四、实验步骤

1. 配制 0.020mol·L⁻¹ KMnO₄ 溶液 250mL

在台秤上称取固体 $KMnO_4$ 所需的质量（g），置于 400mL 烧杯中，加入 $100\sim150$mL 去离子水，加热煮沸使固体溶解。微沸半小时（要随时补充水保持原体积），冷却后，倒入棕色试剂瓶中（烧杯底部不要残留 $KMnO_4$ 固体）冲稀至约 250mL。在暗处存放 6～7 天（微沸 1h 可陈放 2～3 天），用砂芯漏斗过滤后待标定。

2. 标定 0.020mol·L⁻¹ KMnO₄ 溶液

准确称取 0.10～0.15g（在 120℃ 以上烘干的）$Na_2C_2O_4$ 置于 250mL 锥形瓶中，先加入新煮沸放冷后的去离子水 30mL，再加入 10～15mL $3mol \cdot L^{-1}$ H_2SO_4 溶液，溶解后加热至 70～80℃（溶液刚好冒出蒸汽），趁热用 $KMnO_4$ 溶液进行滴定。开始因反应很慢，应待第一滴 $KMnO_4$ 褪色后再滴加第二滴，而且要摇动均匀。之后反应逐渐加快，滴定速度也可适当加快，当接近终点时滴定速度又要减慢，一直到出现粉红色（半分钟不褪色）为止。记下 $KMnO_4$ 的用量。

平行实验三次，计算 $KMnO_4$ 溶液的浓度（保留四位有效数字）。相对平均偏差小于 0.2%。

3. 过氧化氢（H₂O₂）含量测定

① 用吸量管吸取 1.00mL 30% 的 H_2O_2 于 250mL 容量瓶中，加去离子水稀释至刻度，充分摇匀。作为测定的样品。

② 用移液管移取 25.00mL 稀释过的 H_2O_2 溶液，置于 250mL 锥形瓶中，加 10mL $3mol \cdot L^{-1}$ H_2SO_4。用 $KMnO_4$ 标准溶液滴定到溶液呈微红色并保持 30s 不褪色，即为终点，记录消耗 $KMnO_4$ 标准溶液的体积（mL）。

平行测定三次。计算试样中 H_2O_2 的质量浓度 ρ（$g \cdot L^{-1}$），相对平均偏差不超过 0.5%。

五、数据记录与处理

1. 计算公式

① $c(KMnO_4) = \dfrac{2m(Na_2C_2O_4) \times 1000}{5M(Na_2C_2O_4) \times V(KMnO_4)}$

② $\rho(H_2O_2) = \dfrac{\frac{5}{2}c(KMnO_4) \times V(KMnO_4) \times M(H_2O_2)}{25.00 \times 1.00} \times 250$

2. 数据记录

数据记录见表 6-11 和表 6-12。

六、注意事项

1. 过滤 $KMnO_4$ 溶液的漏斗滤板上的 MnO_2 沉淀可用还原性溶液，如亚铁性溶液，再

表 6-11 标定 KMnO₄ 标准溶液浓度记录

记录项目	平行实验		
	（一）	（二）	（三）
称 $m(Na_2C_2O_4)/g$			
消耗 $V(KMnO_4)/mL$			
$c(KMnO_4)$标准溶液浓度/mol·L⁻¹			
$\bar{c}(KMnO_4)/mol·L^{-1}$			
相对平均偏差（<0.2%）			

表 6-12 过氧化氢（H₂O₂）含量测定

记录项目	平行实验		
	（一）	（二）	（三）
$c(KMnO_4)$标准溶液浓度/mol·L⁻¹			
消耗 $V(KMnO_4)/mL$			
$\rho(H_2O_2)$含量/g·L⁻¹			
$\bar{\rho}(H_2O_2)$平均含量/g·L⁻¹			
相对平均偏差（<0.5%）			

用水冲洗。

2. 加热温度不能太高，如超过 85℃ 则有部分 $H_2C_2O_4$ 分解，反应如下。

$$H_2C_2O_4 \stackrel{}{=\!=\!=} CO_2 \uparrow + CO \uparrow + H_2O$$

滴定结束时的温度也不能低于 60℃，否则反应速率很慢。

3. KMnO₄ 溶液颜色较深，弯月面下边缘不易看出，因此读数时应以液面的最高线为准（即读液面的上边缘）。

七、思考题

1. 用 $Na_2C_2O_4$ 标定 KMnO₄ 溶液时，酸度过高或过低有无影响？溶液的温度对滴定有无影响？为什么？

2. 配制 KMnO₄ 溶液时，为什么要把 KMnO₄ 水溶液煮沸并且放置一周左右？配好的 KMnO₄ 溶液为什么要过滤后才能使用？

3. 用 KMnO₄ 法测定 H_2O_2 的含量时，能否用 HNO₃ 或 HCl 来控制酸度？为什么？

4. 用 KMnO₄ 溶液滴定 H_2O_2 时，溶液能否加热？为什么？

实验九　石灰石中钙含量的测定
（高锰酸钾法）

一、实验目的

1. 熟练掌握沉淀、过滤及洗涤等重量分析法的操作。
2. 掌握用高锰酸钾法测定石灰石中钙含量的原理和方法。

二、实验原理

石灰石的主要成分是 $CaCO_3$，还含有 SiO_2、Fe_2O_3、Al_2O_3 及 MgO 等杂质。测定钙的方法很多，本实验采用高锰酸钾法测定钙的含量。

首先将试样溶解，再将 Ca^{2+} 沉淀为 CaC_2O_4，与其共存的其他组分分离，待沉淀滤出洗净后，将其溶于稀 H_2SO_4 溶液中，再用 $KMnO_4$ 标准溶液滴定与 Ca^{2+} 相当的 $C_2O_4^{2-}$，根据 $KMnO_4$ 标准溶液的用量和浓度，计算试样中钙（或氧化钙）的含量。主要反应如下。

$$Ca^{2+} + C_2O_4^{2-} \rightleftharpoons CaC_2O_4 \downarrow$$

$$CaC_2O_4 + H_2SO_4 \rightleftharpoons CaSO_4 + H_2C_2O_4$$

$$2MnO_4^- + 5H_2C_2O_4 + 6H^+ \rightleftharpoons 10CO_2 \uparrow + 2Mn^{2+} + 8H_2O$$

按经典方法，需要用碱性溶剂溶解试样，制成溶液，分离除去 SiO_2 和 Fe^{3+}、Al^{3+}，然后测定钙含量，但是其步骤太烦琐。若试样中含酸不溶物较少，可以用酸溶样，Fe^{3+}、Al^{3+} 可用柠檬酸铵掩蔽，不必沉淀分离，这样就可以简化分析步骤。

实验中为使钙分离完全，采用均相沉淀法将 Ca^{2+} 沉淀为 CaC_2O_4。即试样用盐酸溶解，加入柠檬酸胺掩蔽 Fe^{3+}、Al^{3+}。在酸性介质中加入沉淀剂 $(NH_4)_2C_2O_4$（此时 $C_2O_4^{2-}$ 浓度很小，主要以 $HC_2O_4^-$ 的形式存在，故不会有 CaC_2O_4 沉淀生成），再滴加稀氨水中和溶液中的 H^+，使 $C_2O_4^{2-}$ 浓度缓缓增大，当达到 CaC_2O_4 的溶度积时，CaC_2O_4 沉淀在溶液中慢慢生成，从而得到纯净的、颗粒粗大的 CaC_2O_4 晶型沉淀。

由于 CaC_2O_4 沉淀的溶解度随溶液酸度的增加而增大，而在 $pH=4$ 时，其溶解损失可以忽略。所以，本实验控制溶液的 pH 值在 $3.5\sim4.5$ 之间，这样，既可使 CaC_2O_4 沉淀完全，又不致生成 $Ca(OH)_2$ 或 $(CaOH)_2C_2O_4$ 沉淀。

其他矿石中的钙也可用本法测定。

三、仪器与试剂

仪器：分析天平（0.1mg）；可调电炉；沉淀重量分析法仪器一套。

试剂：$KMnO_4$ 标准溶液（$0.02000mol \cdot L^{-1}$）；HCl（$6.0mol \cdot L^{-1}$）；H_2SO_4（$1.0mol \cdot L^{-1}$）；HNO_3（$0.1mol \cdot L^{-1}$）；$AgNO_3$（$0.1mol \cdot L^{-1}$）；氨水（$3mol \cdot L^{-1}$）；甲基橙（0.1%）；柠檬酸铵（10%）；$(NH_4)_2C_2O_4$（5%）。

四、实验步骤

1. 试样的溶解

准确称取石灰石试样 $0.15\sim0.2g$ 置于 250mL 烧杯中，滴加几滴水润湿，盖上表面皿，

从烧杯嘴缓慢滴入 8～10mL 6.0mol·L⁻¹ 的 HCl 溶液，并轻摇烧杯使试样溶解。待停止发泡后加热煮沸 2min，冷却后用水冲洗表面皿和烧杯内壁。

2. 沉淀的制备

在上述溶液中，先加入 5mL 10% 的柠檬酸胺溶液，再慢慢加入 25mL 5% 的 $(NH_4)_2C_2O_4$ 溶液，用水稀至 100mL，加入 3 滴 0.1% 的甲基橙指示剂，此时溶液显红色。

加热溶液至 70～80℃，在不断搅拌下以每秒 1～2 滴的速度滴加 3mol·L⁻¹ 氨水至溶液由红色变为黄色，将溶液置于水浴上加热 30min，同时用玻璃棒搅拌，放置冷却（陈化）。

3. 沉淀的过滤和洗涤

陈化后用中速滤纸以倾泻（析）法过滤。用 0.1% 的 $(NH_4)_2C_2O_4$ 溶液（自己稀释）洗涤沉淀 2～3 次，再用去离子水洗至滤液不含 Cl^- 为止（用 0.1mol·L⁻¹ 的 $AgNO_3$ 溶液检验）。

4. 沉淀的溶解

将带有沉淀的滤纸小心展开并贴在原贮存沉淀的烧杯内壁上（沉淀向杯内），用 50mL 1.0mol·L⁻¹ 的 H_2SO_4 溶液分多次将滤纸上的沉淀仔细冲洗到烧杯内，再用水稀释至 100mL。

5. 钙含量的滴定

将烧杯中制得的溶液加热至 70～80℃，用 0.02000mol·L⁻¹ 的 $KMnO_4$ 标准溶液滴定至溶液呈粉红色，再将滤纸浸入溶液中，轻轻搅拌，溶液褪色后再滴加 $KMnO_4$ 溶液，直至粉红色出现并经 30s 不褪，即达终点。记下消耗 $KMnO_4$ 标准溶液的体积（mL），计算试样中钙的质量分数。

五、数据记录与处理

1. 计算公式（以质量分数表示）

$$w(Ca) = \frac{5}{2} \times \frac{c(KMnO_4) \times V(KMnO_4) \times 10^{-3} \times M(Ca)}{m_{试样}} \times 100\%$$

2. 数据记录

自拟实验数据记录表格。

六、注意事项

1. 试样中含有的 Fe^{3+}、Al^{3+} 杂质，需要加入柠檬酸铵配合掩蔽 Fe^{3+}、Al^{3+}，其用量视铁和铝含量的多少而定。

2. 将沉淀在水浴上加热 30min，是为了保持温度，使沉淀在溶液中慢慢生成，从而得到纯净的、颗粒粗大的 CaC_2O_4 晶型沉淀。若沉淀完毕后，放置过夜，则不必保温。

3. 本实验用 $AgNO_3$ 试剂检验 Cl^- 和 $C_2O_4^{2-}$ 是否洗净，根据下述反应来判断：

$$Cl^- + Ag^+ = AgCl \downarrow （白色）（沉淀不溶于稀 HNO_3）$$

$$C_2O_4^{2-} + 2Ag^+ = Ag_2C_2O_4 \downarrow （白色）（沉淀溶于稀 HNO_3）$$

4. 在酸性溶液中滤纸消耗 $KMnO_4$ 溶液，接触时间越长，消耗也越多，因此只能在滴定至终点前，才能将滤纸浸入溶液中。

七、思考题

1. 用 $(NH_4)_2C_2O_4$ 沉淀 Ca^{2+} 时，为什么要在酸性溶液中加 $(NH_4)_2C_2O_4$，然后再慢慢滴加氨水，调节溶液至甲基橙变为黄色？

2. 洗涤沉淀时，为什么先用 $(NH_4)_2C_2O_4$ 溶液洗，然后再用水洗？为什么要洗到滤液不含 Cl^- 为止？怎样判断 $C_2O_4^{2-}$ 是否洗净？怎样判断 Cl^- 是否洗净？

3. 本实验制备 CaC_2O_4 沉淀的主要操作条件是什么？如何控制？

4. CaC_2O_4 沉淀生成后为什么要陈化？

5. $KMnO_4$ 法与配位滴定法测定钙的优缺点是什么？

实验十　硫代硫酸钠标准溶液的配制及胆矾中铜含量的测定（碘量法）

一、实验目的

1. 熟练掌握 $Na_2S_2O_3$ 标准溶液的配制及标定方法。
2. 熟悉间接碘量法测定铜含量的原理及实验方法。
3. 了解间接碘量法的测定条件和操作。

二、实验原理

碘量法是一种重要的氧化还原滴定方法，是利用 I_2 弱的氧化性和 I^- 中等强度的还原性所建立的滴定分析方法。

碘量法分直接碘量法和间接碘量法，本实验采用间接碘量法。

间接碘量法是利用 I^- 的还原性与氧化剂（如 Cu^{2+}、$K_2Cr_2O_7$ 等）反应，定量生成 I_2，再利用具有还原性的 $Na_2S_2O_3$、标准溶液滴定置换出的 I_2。

含铜物质（如铜矿、铜盐、铜合金等）中铜含量的测定一般都采用间接碘量法。测定的原理是在弱酸性的介质中，Cu^{2+} 可以被 I^- 还原为 CuI，同时析出等量的 I_2（在过量 I^- 存在下以 I_3^- 形式存在）：

$$2Cu^{2+} + 4I^- \Longrightarrow 2CuI\downarrow + I_2$$

反应产生的 I_2，用 $Na_2S_2O_3$ 标准溶液滴定，以淀粉为指示剂，蓝色消失为终点。

$$2S_2O_3^{2-} + I_2 \Longrightarrow S_4O_6^{2-} + 2I^-$$

为了使试样中的 Cu^{2+} 完全还原，一般都加入过量的 KI。同时，因为生成的 CuI 沉淀会强烈地吸附 I_3^-，使得测定结果偏低。根据沉淀转化的原理，在临近终点时加入 SCN^- 使 $CuI(K_{SP}=1.0\times10^{-12})$ 转化为 CuSCN 沉淀 $(K_{SP}=4.8\times10^{-15})$，把吸附的 I_3^- 释放出来，使反应更趋完全。

间接碘量法的标准溶液是具有还原性的 $Na_2S_2O_3$。

硫代硫酸钠一般含有少量杂质，而且易风化和潮解，同时 $Na_2S_2O_3$ 溶液也不稳定，如遇酸、空气中氧气和水中的微生物，都会使其分解或氧化。因此不能直接用来配制标准溶液，而采取间接法。

配制 $Na_2S_2O_3$ 时应当用新煮沸并冷却的去离子水，并加入少量的 Na_2CO_3 以抑制微生物的生长；溶液应贮于棕色瓶中并防止光照，放置 7～14 天，待溶液浓度趋于稳定后再标定。

标定 $Na_2S_2O_3$ 可采用 $K_2Cr_2O_7$、KIO_3 等基准物，采用间接法来标定。

以 $K_2Cr_2O_7$ 为例，在酸性条件下，它与过量的 KI 作用析出 I_2，然后以淀粉为指示剂，用 $Na_2S_2O_3$ 溶液滴定，其反应如下。

$$Cr_2O_7^{2-} + 6I^- + 14H^+ \Longrightarrow 2Cr^{3+} + 3I_2 + 7H_2O$$

$$I_2 + 2S_2O_3^{2-} \Longrightarrow S_4O_6^{2-} + 2I^-$$

淀粉在有 I^- 存在时能与 I_2 形成可溶性吸附化合物，使溶液呈蓝色。达到终点时，溶液

中的 I_2 全部与 $Na_2S_2O_3$ 作用,则蓝色消失。淀粉应在近终点时加入,否则碘-淀粉吸附化合物会吸留部分 I_2,致使终点提前且难以观察。这种方法也是间接碘量法。

三、仪器与试剂

仪器:分析天平(0.1mg);碘量瓶 250mL;碱式滴定管 25mL。

试剂:$Na_2S_2O_3 \cdot 5H_2O$(s);Na_2CO_3(s);$CuSO_4 \cdot 5H_2O$(s);HCl(6mol·L^{-1});H_2SO_4(1.0mol·L^{-1});淀粉溶液(0.2%);KI(10%);KSCN(10%);$K_2Cr_2O_7$(基准试剂或者优级纯,于140℃干燥2h,贮于干燥器中,一周内有效)。

四、实验步骤

1. 硫代硫酸钠标准溶液的配制(0.1mol·L^{-1})

首先用台秤称取 24.8g 的 $Na_2S_2O_3 \cdot 5H_2O$ 于 500mL 烧杯中,加入 300mL 新煮沸放冷的纯水,待溶解后加入 0.2g Na_2CO_3(s),然后移入 1000mL 棕色容量瓶中,在暗处放置 1~2 周后再标定。

2. 硫代硫酸钠标准溶液的标定

用分析天平准确称取 0.10~0.12g $K_2Cr_2O_7$ 基准物,置于 250mL 碘量瓶中,加入 30mL 去离子水溶解后,再加入 10mL 10% 的 KI 溶液及 5mL 6mol·L^{-1} HCl 溶液(此时溶液呈棕红色)。随即马上将碘量瓶加盖及封水密闭,并将碘量瓶放于暗处 5min 后,加水稀释至 100mL。

用待标定的 $Na_2S_2O_3$ 溶液滴定至黄色,加入 5mL 0.2% 的淀粉溶液(此时溶液呈浑浊的深蓝紫色),继续滴定至溶液突变为亮蓝绿色为终点,记下所消耗 $Na_2S_2O_3$ 溶液的体积 V(mL)。

按同样方法,平行滴定 2~3 次(要求一份一份地做)。

计算 $Na_2S_2O_3$ 标准溶液的浓度(保留四位有效数字),要求相对平均偏差应小于 0.2%。

3. 胆矾($CuSO_4 \cdot 5H_2O$)试样中 Cu^{2+} 含量的测定

准确称取 0.5~0.6g 胆矾试样于 250mL 碘量瓶中,加入 3mL 1.0mol·L^{-1} H_2SO_4 和 30mL 去离子水,待 $CuSO_4$ 全部溶解后,再加入 10mL 10% KI 溶液,这时溶液呈现土黄色,摇匀。

立即用 0.1000mol·L^{-1} 的 $Na_2S_2O_3$ 标准溶液滴定至浅土黄色,然后加入 5mL 0.2% 的淀粉溶液(切勿过早加入淀粉指示剂以防对碘吸附严重造成终点滞后)。

继续滴定至浅灰蓝色时,再加入 5mL 10% 的 KSCN 溶液(此时灰蓝色加深),充分摇动后,再用 $Na_2S_2O_3$ 标准溶液滴定至灰蓝色刚消失,溶液呈现米色或者浅粉色为终点。记下消耗 $Na_2S_2O_3$ 标准溶液的体积 V(mL)。

测定三份试样。计算试样中铜的质量分数。

五、数据记录与处理

1. 计算公式

① $c(Na_2S_2O_3) = \dfrac{6m(K_2Cr_2O_7) \times 1000}{M(K_2Cr_2O_7) \times V(Na_2S_2O_3)}$

② $w(Cu^{2+}) = \dfrac{c(Na_2S_2O_3) \times V(Na_2S_2O_3) \times 10^{-3} \times M(Cu)}{m_s} \times 100\%$

式中 m_s——称取试样的质量，g。

2. 数据记录

标定 $Na_2S_2O_3$ 标准溶液浓度记录见表 6-13。

表 6-13 标定 $Na_2S_2O_3$ 标准溶液浓度记录

记录项目	平行实验		
	（一）	（二）	（三）
称 $m(K_2Cr_2O_7)/g$			
消耗 $V(Na_2S_2O_3)/mL$			
$c(Na_2S_2O_3)$ 标准溶液浓度/mol·L^{-1}			
$\bar{c}(Na_2S_2O_3)/mol·L^{-1}$			
相对平均偏差（<0.2%）			

胆矾试样中 Cu^{2+} 含量的测定表格自拟。

六、注意事项

1. 碘量法中凡是生成 I_2 的反应，都应避免光照（放置暗处），而且要求平行实验一份一份地做，以减少 I_2 挥发。

2. 控制溶液的酸度，以防止 I^- 在碱性条件下的歧化反应和 $S_2O_3^{2-}$ 强酸性条件下的分解反应，造成滴定误差。

3. 淀粉溶液加入过早，则大量的 I_2 与淀粉结合，生成深蓝色物质，而这一部分 I_2 不易与 $Na_2S_2O_3$ 反应，使测定产生误差。最好能在终点前差 0.5mL 时加入。

4. 滴定中勿过分振摇，以减少 I_2 挥发，具体操作如下。

① 加入淀粉指示剂前应快滴慢摇，以防止由于碘的挥发造成的终点提前。

② 加入淀粉指示剂后应慢滴快摇，以防止反应不完全造成的终点滞后。

5. 滴定 Cu^{2+} 时，终点应为白色浑浊液，但有时略带粉色，第一次滴定时，应了解终点前及终点时的颜色，不要滴定过量。

七、思考题

1. 配制 $Na_2S_2O_3$ 标准溶液用的水为什么要煮沸？

2. 为什么不能直接用 $K_2Cr_2O_7$ 标定 $Na_2S_2O_3$ 溶液而采用间接法？为什么 $K_2Cr_2O_7$ 与 KI 反应必须加酸，且要放置 5min？滴定前为何还要加水稀释？如果冲稀过早，会有什么后果？

3. KSCN 溶液的作用是什么？为什么不能过早地加入？

4. 实验中由于 I_2 的挥发带来的误差，会使分析结果偏低还是偏高？

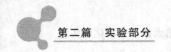

实验十一　药片中维生素 C 含量的测定（碘量法）

一、实验目的

1. 学习直接碘量法测定药片中维生素 C 含量的原理。
2. 掌握 KIO_3 标准溶液的配制方法。
3. 通过本实验进一步巩固碘量法的操作。

二、实验原理

维生素 C（V_C）又名抗坏血酸，是所有抗坏血酸生物活性化学物质的统称，分子式为 $C_6H_8O_6$，摩尔质量为 $176.12g \cdot mol^{-1}$，是一种水溶性维生素，存在于新鲜的蔬菜和某些水果中，可由葡萄糖合成。

维生素 C 的测定方法有滴定法、分光光度法和荧光法等。由于维生素 C 分子中的烯二醇基具有还原性，能被 I_2 定量地氧化成二酮基，即：

所以，可用氧化还原滴定分析中的直接碘量法，测定药片中维生素 C 的含量。

本实验中是采取 KIO_3 作为标准溶液，在酸性介质中与过量的 KI 反应生成 I_2，再与维生素 C 分子发生氧化还原反应而进行滴定的。主要反应为：

$$KIO_3 + 5KI + 6HCl = 6KCl + 3I_2 + 3H_2O$$
$$C_6H_8O_6 + I_2 = C_6H_6O_6 + 2HI$$

由以上反应计算药片中维生素 C 的含量（以质量分数和 $mg \cdot 片^{-1}$ 表示）。

三、仪器与试剂

仪器：分析天平（0.1mg）；容量瓶 100mL；酸式滴定管 25mL；锥形瓶 250mL。

试剂：KIO_3（s）；HCl（$1.0mol \cdot L^{-1}$）；KI（10%）；淀粉溶液（0.2%）。

四、实验步骤

1. $0.01mol \cdot L^{-1}$ KIO_3 标准溶液的配制

用分析天平准确称取 $0.2 \sim 0.24g$ 干燥过的纯 KIO_3 于小烧杯中，用少量去离子水溶解后，定量转移到 100mL 容量瓶中，用水稀释至刻度，摇匀。计算 KIO_3 标准溶液的浓度（$mol \cdot L^{-1}$）。

2. 药片中维生素 C 含量的测定

用分析天平准确称取维生素 C 药片，将其置于锥形瓶中，加入约 50mL 去离子水（新煮沸又冷却）、5mL $1.0mol \cdot L^{-1}$ HCl 和 10mL 10% KI。当药化开时，维生素 C 溶解，药片中除维生素 C 之外的结合剂将作为细小的固体物质留在溶液中。为加速溶解过程，可用玻璃棒小心碾碎药片。当药片完全化开后，加入 5mL 0.2% 淀粉指示剂，立即用 KIO_3

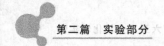

标准溶液滴定到溶液呈蓝色为终点，记录消耗 KIO_3 标准溶液的体积 $V(mL)$，计算药片中维生素 C 的含量（以质量分数表示）。

再重复测定两次。

五、数据记录与处理

1. 计算公式

$$w(\text{维生素 C}) = \frac{3c(KIO_3) \times V(KIO_3) \times 10^{-3} \times M(\text{维生素 C})}{m_{\text{试样}}} \times 100\%$$

式中　$M(\text{维生素 C})$——维生素 C 的摩尔质量，176.12g·mol^{-1}。

2. 数据记录

维生素 C 含量的测定记录见表 6-14。

表 6-14　维生素 C 含量的测定记录

$c(KIO_3) = \underline{\hspace{3cm}}$ mol·L^{-1}

测定项目	平行实验		
	（一）	（二）	（三）
维生素 C 药片质量 m/g			
消耗 $V(KIO_3)$/mL			
维生素 C 药片含量 w（质量分数）/%			
维生素 C 药片的平均含量 $\bar{w}$（质量分数）/%			
相对平均偏差（<0.5%）			
维生素 C 的平均含量/mg·片$^{-1}$			

六、注意事项

1. 去离子水中含有溶解氧，所以煮沸放冷后应及时用来溶解维生素 C 药片，减少试样在测定前被氧化。

2. 由于维生素 C 的还原性很强，它在空气中很容易氧化，在碱性介质中更容易。为减少由于抗坏血酸被空气氧化所造成的误差，必须在第一份试样做完后，再溶解第二份试样。

七、思考题

1. 说明维生素 C 含量测定的原理与其他碘量法有什么不同？

2. 本实验中淀粉指示剂在何时加入？终点颜色如何变化？

附注

以 I_2 为标准溶液滴定维生素 C 的操作：准确称取两片维生素 C 片剂，置于 250mL 锥形瓶中，加入 100mL 去离子水（新煮沸又冷却）、10mL 6mol·L^{-1} HAc，搅拌使其溶解。加入 5mL 0.2% 淀粉指示剂，立即用 0.05000mol·L^{-1} I_2 标准溶液滴定至溶液呈稳定的蓝色为终点，记录用去的 I_2 标准溶液的体积 $V(mL)$，计算药片中维生素 C 的含量。

实验十二 氯化物中氯含量的测定（莫尔法）

一、实验目的

1. 掌握莫尔法测定氯离子的方法原理。
2. 掌握铬酸钾指示剂的正确使用。

二、实验原理

某些可溶性氯化物中氯含量的测定常采用莫尔法。此法是在中性或弱碱性溶液中，以 K_2CrO_4 为指示剂，用 $AgNO_3$ 标准溶液进行滴定。由于 AgCl 的溶解度比 Ag_2CrO_4 的小，因此溶液中首先析出 AgCl 沉淀，当 AgCl 定量析出后，过量一滴 $AgNO_3$ 溶液即与 CrO_4^{2-} 生成砖红色 Ag_2CrO_4 沉淀，表示达到终点。主要反应式如下：

$$Ag^+ + Cl^- \Longrightarrow AgCl \downarrow （白色） \qquad K_{sp} = 1.8 \times 10^{-10}$$

$$2Ag^+ + CrO_4^{2-} \Longrightarrow Ag_2CrO_4 \downarrow （砖红色） \quad K_{sp} = 2.0 \times 10^{-12}$$

滴定必须在中性或弱碱性溶液中进行，最适宜 pH 范围为 6.5～10.5，如有铵盐存在，溶液的 pH 范围最好控制在 6.5～7.2 之间。

指示剂的用量对滴定有影响，一般以 5.0×10^{-3} mol·L^{-1} 为宜，凡是能与 Ag^+ 生成难溶化合物或配合物的阴离子都干扰测定。如 AsO_4^{3-}、AsO_3^{3-}、S^{2-}、CO_3^{2-}、$C_2O_4^{2-}$ 等，其中 H_2S 可加热煮沸除去，将 SO_3^{2-} 氧化成 SO_4^{2-} 后不再干扰测定。大量 Cu^{2+}、Ni^{2+}、Co^{2+} 等有色离子将影响终点的观察。凡是能与 CrO_4^{2-} 指示剂生成难溶化合物的阳离子都干扰测定，如 Ba^{2+}、Pb^{2+} 能与 CrO_4^{2-} 分别生成 $BaCrO_4$ 和 $PbCrO_4$ 沉淀。Ba^{2+} 的干扰可加入过量 Na_2SO_4 消除。

Al^{3+}、Fe^{3+}、Bi^{3+}、Sn^{4+} 等高价金属离子在中性或弱碱性溶液中易水解产生沉淀，也不应存在。

三、仪器与试剂

仪器：分析天平（0.1mg）；容量瓶 100mL；酸式滴定管 25mL；锥形瓶 250mL。

试剂：NaCl 基准试剂；$AgNO_3$（0.1mol·L^{-1}）；K_2CrO_4 溶液（50g·L^{-1}）。

四、实验步骤

1. 0.1mol·L^{-1} $AgNO_3$ 溶液的标定

准确称取 0.5～0.65g 基准物 NaCl，置于小烧杯中，用蒸馏水溶解后，转入 100mL 容量瓶中，加水稀释至刻度，摇匀。

用移液管准确移取 25.00mL NaCl 标准溶液注入 250mL 锥形瓶中，加入 25mL 水，用吸量管加入 1mL 5% K_2CrO_4 溶液，在不断摇动下，用 $AgNO_3$ 溶液滴定至呈现砖红色，即为终点。平行测定 3 份。根据所消耗 $AgNO_3$ 的体积和 NaCl 的质量，计算 $AgNO_3$ 的浓度。

2. 试样分析

准确称取 2g NaCl 试样置于烧杯中，加水溶解后，转入 250mL 容量瓶中，用水稀释至刻度，摇匀。

准确移取 25.00mL NaCl 试液注入 250mL 锥形瓶中，加入 25mL 水，用吸量管加入 1mL 5% K_2CrO_4，在不断摇动下，用 $AgNO_3$ 溶液滴定至呈现砖红色，即为终点，平行测定 3 份，计算试样中氯的含量。

实验完毕后，将装 $AgNO_3$ 溶液的滴定管先用蒸馏水冲洗 2～3 次后，再用自来水洗净，以免 AgCl 残留于管内。

五、数据记录与处理

自拟实验数据记录表格。

六、思考题

1. 莫尔法测氯时，为什么溶液的 pH 须控制在 6.5～10.5？

2. 以 $K_2Cr_2O_7$ 作指示剂时，指示剂浓度过大或过小对测定结果有何影响？

3. 用莫尔法测定"酸性光亮镀铜液"（主要成分为 $CuSO_4$ 和 H_2SO_4）中氯含量时，试液应做哪些预处理？

4. 能否用莫尔法以 NaCl 标准溶液直接滴定 Ag^+？为什么？

5. 配制好的 $AgNO_3$ 溶液要贮于棕色瓶中，并置于暗处，为什么？

实验十三 二水合氯化钡中钡含量的测定
（硫酸钡晶形沉淀重量分析法）

一、实验目的

1. 了解测定 $BaCl_2 \cdot 2H_2O$ 中钡含量的原理和方法。
2. 掌握晶形沉淀的制备、过滤、洗涤、灼烧及恒重等基本操作技术。

二、实验原理

$BaSO_4$ 重量法既可用于测定 Ba^{2+}，也可用于测定 SO_4^{2-} 的含量。

称取一定量的 $BaCl_2 \cdot 2H_2O$，用水溶解，加稀 HCl 溶液酸化，加热至微沸，在不断搅动下，慢慢地加入热的稀 H_2SO_4，Ba^{2+} 与 SO_4^{2-} 反应，形成晶形沉淀。沉淀经陈化、过滤、洗涤、烘干、炭化、灰化、灼烧后，以 $BaSO_4$ 形式称量，可求出 $BaCl_2 \cdot 2H_2O$ 中钡的含量。

Ba^{2+} 可生成一系列微溶化合物，如 $BaCO_3$、BaC_2O_4、$BaCrO_4$、$BaHPO_4$、$BaSO_4$ 等，其中以 $BaSO_4$ 溶解度最小，100mL 溶液中，100℃时溶解度为 0.4mg，25℃时仅溶解 0.25mg。当过量沉淀剂存在时，溶解度大为减小，一般可以忽略不计。

硫酸钡重量法一般在 $0.05mol \cdot L^{-1}$ 左右盐酸介质中进行沉淀，它是为了防止产生 $BaCO_3$、$BaHPO_4$、$BaHAsO_4$ 沉淀，以及防止生成 $Ba(OH)_2$ 共沉淀。同时，适当提高酸度，增加 $BaSO_4$ 在沉淀过程中的溶解度，以降低其相对过饱和度，有利于获得较好的晶形沉淀。

用 $BaSO_4$ 重量法测定 Ba^{2+} 时，一般用稀 H_2SO_4 作沉淀剂。为了使 $BaSO_4$ 沉淀完全，H_2SO_4 必须过量。由于 H_2SO_4 在高温下可挥发除去，故沉淀带下的 H_2SO_4 不至于引起误差，因此沉淀剂可过量 50%～100%。如果用 $BaSO_4$ 重量法测定 SO_4^{2-} 时，沉淀剂 $BaCl_2$ 只允许过量 20%～30%，因为 $BaCl_2$ 灼烧时不易挥发除去。

$PbSO_4$ 和 $SrSO_4$ 的溶解度均较小，Pb^{2+} 和 Sr^{2+} 对钡的测定有干扰。NO_3^-、ClO_3^-、Cl^- 等阴离子和 K^+、Na^+、Ca^{2+}、Fe^{3+} 等阳离子均可以引起共沉淀现象，故应严格掌握沉淀条件，减少沉淀现象，以获得纯净的 $BaSO_4$ 晶形沉淀。

三、仪器与试剂

仪器：分析天平（0.1mg）；慢速或中速定量滤纸；坩埚钳；瓷坩埚（2～3 个）；泥三角；铁架台；玻璃漏斗等。

试剂：H_2SO_4（$1mol \cdot L^{-1}$）；H_2SO_4（$0.1mol \cdot L^{-1}$）；HCl（$2mol \cdot L^{-1}$）；$BaCl_2 \cdot 2H_2O$（AR）$AgNO_3$（$0.1mol \cdot L^{-1}$）；HNO_3（$2mol \cdot L^{-1}$）。

四、实验步骤

1. 称样及沉淀的制备

准确称取一份 0.40～0.6g $BaCl_2 \cdot 2H_2O$ 试样，置于 400mL 烧杯中，加入约 200mL 水，5mL $2mol \cdot L^{-1}$ HCl 溶液，搅拌溶解，加热至近沸。

另取 4mL $1mol \cdot L^{-1}$ H_2SO_4 于 100mL 烧杯中，加水 30mL，加热至近沸，趁热将 H_2SO_4 溶液用小滴管逐滴地加入热的钡盐溶液中，并用玻璃棒不断搅拌，直至硫酸溶液加完为止。

待 $BaSO_4$ 沉淀下沉后，于上层清液中加入 1～2 滴 $1mol \cdot L^{-1}$ H_2SO_4，检验沉淀是否

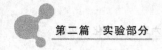

完全。

沉淀完全后，盖上表面皿，将沉淀放在水浴上，保温 40min，陈化（不要将玻璃棒拿出烧杯外），也可放置过夜陈化（一周）。

2. 沉淀的过滤和洗涤

用慢速定量滤纸倾泻法过滤，将沉淀完全转移到定量滤纸上。然后用稀硫酸洗涤沉淀 20 次左右，每次约 10mL，直至洗涤液中不含 Cl^- 为止（于表面皿上加 2mL 滤液，加 1 滴 $2mol \cdot L^{-1}$ HNO_3 酸化，加 2 滴 $0.1mol \cdot L^{-1}$ $AgNO_3$，若无白色沉淀产生，表示 Cl^- 已洗净）。

3. 空坩埚的恒重

将两个洁净的瓷坩埚放在 $(800 \pm 20)℃$ 的马弗炉中灼烧至恒重。

4. 沉淀的灼烧和恒重

将折叠好的沉淀滤纸包置于已恒重的瓷坩埚中，经烘干、炭化、灰化后，在 $800 \sim 850℃$ 的马弗炉中灼烧至恒重。计算 $BaCl_2 \cdot 2H_2O$ 中 Ba 的含量。

五、数据记录与处理

沉淀质量称量及 Ba 含量的计算见表 6-15。

表 6-15 沉淀质量称量及 Ba 含量的计算

测定项目	测定结果
$BaCl_2 \cdot 2H_2O$ 的质量/g	
（坩埚＋$BaSO_4$）的质量/g	
空坩埚的质量/g	
$BaSO_4$ 的质量/g	
Ba 的含量/%	

六、思考题

1. 为什么要在稀热 HCl 溶液中且不断搅拌下逐滴加入沉淀剂沉淀 $BaSO_4$？HCl 加入太多有何影响？

2. 为什么要在热溶液中沉淀 $BaSO_4$，但要在冷却后过滤？晶形沉淀为什么要陈化？

3. 什么叫倾泻法过滤？洗涤沉淀时，为什么用洗涤液或水都要少量多次？

4. 什么叫灼烧至恒重？

第七章 仪器分析实验

实验一 电位法滴定 HCl 和 HAc 混合液

一、实验目的

1. 熟悉电位滴定法的原理及在酸碱滴定中的应用。
2. 学会绘制电位滴定曲线并由曲线确定 HCl 和 HAc 的化学计量点的方法。

二、实验原理

进行酸碱中和反应的电位滴定时，一般以玻璃电极作指示电极，甘汞电极作参比电极，滴定过程中，随着滴定剂的加入，溶液的 pH 不断变化，在化学计量点附近，pH 大幅度变化，称为"pH 突跃"。在 pH-V 滴定曲线上出现转折点，即为滴定终点。

pH 的测定，可由玻璃电极和甘汞电极组成的电池电动势求出。25℃时：

$$E = E_{甘汞} - E_{玻璃}$$
$$= 0.2400 - （E_{玻璃} - 0.0592pH）$$
$$= K + 0.0592pH$$

这样可以从电位滴定计上直接读出溶液的 pH。

强酸和弱酸混合液的滴定要比单一组分的酸碱滴定复杂，因此常选择电位滴定法，使用 pH 计测量较为简便、准确。

在滴定过程中，当滴入 NaOH 标准溶液于 HCl 与 HAc 的混合液中，HCl 组分首先被滴定，达到第一个化学计量点时，即出现一个"pH 突跃"，此时产物为 NaCl＋HAc。继续用 NaOH 滴定，HAc 与 NaOH 溶液定量反应，达到第二个化学计量点时，形成又一个"pH 突跃"，滴定产物为 NaAc＋NaCl。

由加入 NaOH 的体积 V 和测得的 pH，绘制 pH-V 滴定曲线，由此曲线分别确定 HCl 和 HAc 的化学计量点，从而计算混合液中 HAc 和 HCl 组分的含量。

三、仪器与试剂

仪器：ZD-2 型电位滴定计（或 pHS-25 型酸度计，配电极）；电磁搅拌器（配磁子）；碱式滴定管 25mL；移液管 20mL。

试剂：NaOH 标准溶液（0.1000mol·L^{-1}）；混酸（HCl、HAc）（各约 0.025mol·L^{-1}）；酚酞指示剂（0.2%）；KCl（饱和）；标准缓冲溶液 [pH＝4.003（或 6.864）]（25℃）。

四、实验步骤

1. 仪器的安装与使用

电位滴定装置如图 7-1 所示。

使用方法如下。

① 接通电源，仪器预热 10～15min，仪器上各部分旋钮和开关恢复原位。

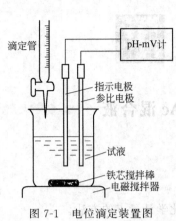

滴定管

pH-mV计

指示电极
参比电极

试液

铁芯搅拌棒
电磁搅拌器

图 7-1 电位滴定装置图

② 调节零点。校正仪器指针指示 pH 满刻度处。

③ 定位。用标准缓冲溶液 [pH＝4.003（或 6.864)] 定位。

④ ①～③操作反复 2～3 次，检查仪器正常后，再测定试液。

2. HCl 和 HAc 混合液的电位滴定

① 准确吸取混合酸试液 40.00mL 于 100mL 小烧杯中，打开电源，开动搅拌器，用 $0.1000mol \cdot L^{-1} NaOH$ 溶液滴定，开始时每隔 2.00mL 测定一次 pH，这样连续滴定几次；临近第一个化学计量点时，滴入 NaOH 溶液每隔 0.20mL 测定相应的 pH。

② 第一个化学计量点之后，加入 1～2 滴酚酞指示剂，继续用 NaOH 标准溶液滴定，加入滴定剂，每隔 2mL 测量相应的 pH。滴定溶液呈现微红色，然后再滴入少量 NaOH；第二个化学计量点后，再多测几点（NaOH 过量后），即可终止实验。

以第一次滴定数据作参考，调整滴定剂加入量，平行测定 2 次。

五、数据记录与处理

① 绘制 pH-V 滴定曲线。

以 NaOH 的体积 V（mL）为横坐标，pH 为纵坐标，作 pH-V 滴定曲线，按"三切线法"求出滴定混酸时，在第一、第二化学计量点时消耗 NaOH 的体积 V_1、V_2 值（mL），并按下式计算 HCl 和 HAc 的浓度（$mol \cdot L^{-1}$）：

$$c(\text{HCl}) = \frac{c(\text{NaOH}) \times V_1(\text{NaOH})}{40.00}$$

$$c(\text{HAc}) = \frac{c(\text{NaOH}) \times (V_2 - V_1)(\text{NaOH})}{40.00}$$

注：V_1、V_2 分别由 pH-V 滴定曲线求出。

② 记录表格自拟。

六、思考题

1. $0.025mol \cdot L^{-1}$ HAc 与 $0.025mol \cdot L^{-1}$ HCl 混合液的 pH 为多少？实验所测值为多少？

2. 如果混合试液是 HCl 与 H_3PO_4，能否用电位滴定法分别测定？应如何测定？

实验二　电导法测定水的纯度

一、实验目的

1. 了解电导率的含义。
2. 掌握电导率测定水质的意义及其测定方法。

二、实验原理

电导率是以数字表示溶液传导电流的能力。纯水的电导率很小，当水中含有无机酸、碱、盐或有机带电胶体时，电导率就增加。电导率常用于间接推测水中带电荷物质的总浓度。水溶液的电导率取决于带电荷物质的性质和浓度、溶液的温度和黏度等。

电导率的标准单位是 $S \cdot m^{-1}$（即西门子·米$^{-1}$），一般实际使用单位为 $mS \cdot m^{-1}$，常用单位 $\mu S \cdot cm^{-1}$（微西门子·厘米$^{-1}$）。

单位间的互换为：

$$1mS \cdot m^{-1} = 0.01mS \cdot cm^{-1} = 10\mu S \cdot cm^{-1}$$

新蒸馏水的电导率为 $0.05 \sim 0.2mS \cdot m^{-1}$，存放一段时间后，由于空气中的二氧化碳或氨的溶入，电导率可上升至 $0.2 \sim 0.4mS \cdot m^{-1}$；饮用水的电导率在 $5 \sim 150mS \cdot m^{-1}$ 之间；海水的电导率大约为 $3000mS \cdot m^{-1}$；清洁河水的电导率为 $10mS \cdot m^{-1}$。电导率随温度变化而变化，温度每升高 $1℃$，电导率增加约 2%，通常规定 $25℃$ 为测定电导率的标准温度。

由于电导率是电阻的倒数，因此，当两个电极（通常为铂电极或铂黑电极）插入溶液中，可以测出两电极间的电阻 R。根据欧姆定律，温度一定时，这个电阻值与电极的间距 L（cm）成正比，与电极截面积 $A(cm^2)$ 成反比，即：

$$R = \rho \frac{L}{A}$$

由于电极面积 A 与间距 L 都是固定不变的，故 L/A 是一个常数，称电导池常数（以 Q 表示）。

比例常数 ρ 叫做电阻率。其倒数 $1/\rho$ 称为电导率，以 K 表示。

$$S = \frac{1}{R} = \frac{1}{\rho Q}$$

S 表示电导率，反映导电能力的强弱。

所以：

$$K = QS \text{ 或 } K = \frac{Q}{R}$$

当已知电导池常数，并测出电阻后，即可求出电导率。

三、仪器与试剂

仪器：DDS-25 电导率仪，误差不超过 1%；温度计，能读至 $0.1℃$；恒温水浴锅，（25 ± 0.2）℃。

试剂：

① 纯水（电导率小于 0.1mS·m⁻¹）。

② 氯化钾标准溶液 $c(KCl)=0.0100mg \cdot L^{-1}$。称取 0.7456g 于 105℃干燥 2h 并冷却的氯化钾，溶于纯水中，于 25℃下定容至 1000mL，此溶液在于 25℃时的电导率为 141.3mS·m⁻¹。必要时适当稀释，不同浓度氯化钾溶液的电导率（25℃）见表 7-1。

表 7-1 不同浓度氯化钾的电导率（25℃）

浓度/mol·L⁻¹	电导率/mS·m⁻¹	电导率/μS·cm⁻¹
0.0001	1.494	14.94
0.0005	7.39	73.90
0.001	14.7	147.0
0.005	71.78	717.8

四、实验步骤

① 安装好多功能电极架及电导电极（在指导下安装）。

② 仪器的定位与测量。

a. 安上电极，打开电源开关，按［温度］键，调节显示的温度为此时待测溶液的温度，再按［确认］键。

b. 用蒸馏水清洗电极，并用滤纸吸干。

c. 用水样将电极和烧杯冲洗 6～8 次后，测量水样的电导值。

③ 实验完毕，把电极用蒸馏水冲洗干净，用滤纸吸干后小心放好。

五、数据分析

① 恒温 25℃下测定水样的电导率，仪器的读数即为水样的电导率（25℃），以 μS·cm⁻¹ 单位表示。

② 在任意水温下测定，必须记录水样温度，样品测定结果按下式计算。

$$K_{25} = \frac{K_t}{1+a(t-25)}$$

式中　K_{25}——水样在 25℃时电导率，μS·cm⁻¹；

　　　K_t——水样在温度 t 时的电导率，μS·cm⁻¹；

　　　a——各种离子电导率的平均温度系数，取值 0.022℃⁻¹；

　　　t——测定时水样品温度，℃。

六、思考题

1. 电导和电导率有什么不同？本实验所用仪器测出的是什么？

2. 电导池常数取决于什么？

3. 电导法在应用中有哪些局限性？

实验三　电重量法测定铜的纯度

一、实验目的

1. 掌握恒电流电解法的基本原理。
2. 学习电重量法的实验技术。

二、实验原理

电重量法是通过电解使金属离子在电极上还原成金属，或氧化成氧化物而析出，然后根据析出物的质量确定被测物质含量的分析方法。

精炼铜含铜量在 99.9% 以上，需要有高精度的分析方法，常用电解分析结合光度法来测定。试样溶于硝酸后，先用恒电流（0.5A）电解铜的硝酸溶液，称量在铂网电极上析出的铜量，再用光度法测定电解液中残留铜的量，从两者的加和来计算精炼铜中铜的含量。

电解时，溶液的酸度是很重要的因素。酸度过高使电解的时间延长或电解不完全；酸度不足则析出的铜易被氧化。最适宜的酸度是在 $0.5 \sim 0.8 \text{mol} \cdot \text{L}^{-1}$ 的硝酸溶液中，硝酸有去极化作用，能防止氢气在阴极上析出，有利于金属在阴极上沉积。硝酸根离子还原时的电极反应为：

$$NO_3^- + 10H^+ + 8e^- \Longrightarrow NH_4^+ + 3H_2O$$

硝酸溶液中常含有各种低价氮的氧化物，它们能影响铜的定量沉积，故常需将溶液煮沸或加尿素等以除去。

在酸性溶液中电解时，析出电位比铜离子负的金属离子一般不干扰测定，但 Fe^{2+} 因能在阴极上还原为 Fe^{2+}，而 Fe^{2+} 又能还原硝酸产生亚硝酸，故应设法掩蔽。析出电位比铜更正的离子有干扰，应设法消除。但铅不干扰测定，因为在此条件下，生成的 PbO_2 在阳极上析出。

三、仪器与试剂

仪器：44B 双联电解分析器；722 型可见分光光度计；铂网电极、螺旋形铂丝电极。

试剂：

① 1:1 硝酸溶液。

② $0.1 \text{mol} \cdot \text{L}^{-1}$ 硝酸溶液。

③ 30% 柠檬酸溶液。

④ 10% EDTA 溶液。

⑤ 0.2% 铜试剂溶液。

⑥ 0.5% 阿拉伯胶溶液。

⑦ 1:1 氨水。

⑧ 尿素。

⑨ 无水乙醇。

⑩ 铜标准溶液：称取金属铜（99.9％）0.1271g，溶解于10mL 1∶1的硝酸水溶液中，煮沸以出去氮化物，冷却，移入1000mL的容量瓶中，以水稀释至刻度，摇匀。此溶液浓度为 $2.00 \times 10^{-3} \, mol \cdot L^{-1}$。

四、实验步骤

1. 铜的电解

① 将铂网电极置于1∶1的硝酸水溶液中微热4～5min，取出后先用自来水冲洗，再用蒸馏水清洗，然后将电极浸入装有乙醇的烧杯中，浸洗两次。取出铂网电极放入烘干箱中，于105℃左右烘烤5min，移入干燥器中冷却，备用。

② 准确称取1.5～2.0g精炼铜试样，再放上已处理好的铂网电极（阴极），称取其总质量（m_1）。试样置于250mL高型烧杯中，加入1∶1硝酸水溶液25～30mL，盖好表面皿，在电热板上加热使试样分解完全（反应应慢慢地进行，以免溅失）。继续小心煮沸，赶尽氮的氧化物，取下烧杯稍冷后，用水洗表面皿和烧杯壁。加蒸馏水稀释至150mL，加尿素0.5g和 $0.1 \, mol \cdot L^{-1}$ 盐酸2滴，搅拌均匀。

③ 将铂网和铂螺旋形电极安装在电解分析仪上（铂网作阴极、螺旋形铂丝作阳极），轻轻转动阳极，此时，两电极应不能相碰。然后放上电解液烧杯，使铂电极对浸入试液中，以0.5A电流进行电解，电解30min。

④ 在不中断电流的情况下，慢慢地将电解烧杯向下移动的同时用蒸馏水冲洗电极。待网状电极全部移出液面并用蒸馏水洗涤后，中断电流，取下阴极，浸入酒精中片刻，放在玻璃表面皿上于150℃左右的烘干箱中烘5min，取出，放入干燥器中冷却至室温，然后用同一天平称量得质量 m_2。将铂网电极置于温热的1∶1硝酸溶液中，溶解去铜的镀层，取出洗净后备用。

2. 光度法测定电解液中残留铜

① 将电解析出铜后的溶液移入250mL容量瓶中，用水稀释至刻度，摇匀。然后吸取10.0mL此溶液置于50mL容量瓶中，加30％柠檬酸溶液10mL，10％EDTA溶液2mL，1∶1氨水5mL，0.5％阿拉伯树胶5mL，0.2％铜试剂5mL，用蒸馏水稀释至刻度，摇匀。15min后，在470nm波长处测定吸光度。同时做试剂空白实验。

② 标准曲线制作：取铜标准溶液（浓度为 $2.00 \times 10^{-3} \, mol \cdot L^{-1}$）0mL、0.2mL、0.4mL、0.6mL、0.8mL、1.0mL分别置于50mL容量瓶中，按前述加入试剂显色。然后，测定其吸光度，绘制工作曲线。

五、数据分析

① 按下式计算电解析出铜的质量：

$$m_{电解} = m_{精炼铜} - (m_1 - m_2)$$

② 按下述公式计算电解溶液中残留铜的质量：

$$m_{残留} = c_s V M_{Cu} \times \frac{25.0}{1000}$$

式中　c_s——铜标准溶液的浓度，$mol \cdot L^{-1}$；

　　　V——试样溶液吸光度在工作曲线上查得相应标准溶液体积，mL。

③ 精炼铜中铜的总质量分数。

六、思考题

1. 本实验中为什么要将样品和铂网电极一起称重，而不单独称量铂网电极？

2. 电解完毕后，为什么要在不中断电流的情况下取出电极？

3. 要做好本实验，应该特别注意哪些操作步骤？

实验四　单扫描极谱法同时测定铅和镉

一、实验目的

1. 掌握单扫描极谱法的基本原理和应用。
2. 掌握 XJP-821（c）新型极谱仪的使用。

二、实验原理

极谱分析法是通过测量电解过程中所得到的电流-电压（或电位-时间）曲线来确定电解液中含待测组分浓度的一种分析方法。凡是能在电极上进行氧化或还原反应的无机物和有机物，都有可能用极谱法进行测定。极谱分析法不仅被用于微量物质的测定，而且被用于研究电极过程以及与电极过程有关的化学反应（如络合反应、催化反应和质子化反应等）。

利用极谱半波电位可进行定性分析；根据被测物质与标准物质的波高关系可进行定量分析。

定性分析的基本原理：假设电极反应的速度比较快，电解电流只受电解质扩散速度所控制，可得出：

$$E = E^{\ominus} + \frac{RT}{nF} \times \ln\left(\frac{f_s D_a^{\frac{1}{2}}}{f_a D_s^{\frac{1}{2}}}\right) + \frac{RT}{nF} \times \ln\left[\frac{i_d - i}{i}\right]$$

式中　$E^{\ominus}$——氧化还原体系的标准平衡电位；

　　　f_s——氧化型的活度系数；

　　　f_a——还原型的活度系数；

　　　D_s——氧化型的扩散系数；

　　　D_a——还原型的扩散系数；

　　　i_d——平均极限扩散电流。

极谱波上相应于 $i = i_d/2$ 处的电极电位。

$$E_{1/2} = E^{\ominus} + \frac{RT}{nF} \times \ln\left(\frac{f_s D_a^{\frac{1}{2}}}{f_a D_s^{\frac{1}{2}}}\right)$$

式中　$E_{1/2}$——极谱半波电位。

当支持电解质及温度等条件一定时，$E_{1/2}$ 为常数。$E_{1/2}$ 取决于去极化剂的本性，但所有物质的氧化还原电位都集中在 3～4V 范围，且与溶液体系有关。因此，在进行定性分析时应考虑采取怎样的溶液体系和排除干扰，一些金属离子的半波电位列于附表。

定量分析的基本原理：当电极过程为可逆时，扩散电流与去极化剂浓度的关系可用 Ilkovic 方程式表示：

$$i_d = 607 N d^{\frac{1}{2}} m^{\frac{2}{3}} t^{\frac{1}{6}} C$$

当其他各项因素不变时，极限扩散电流与被测物质成正比，即 $i_d = KC$，在极谱图上表现为波高，其定量分析方法常用的有工作曲线法，即先配制一系列标准溶液，在相同的实验条件下记录图谱，分别测量其波高，绘制浓度-波长的工作曲线（通常为一直线），再测得待测试样（在同一实验条件下）的波高，从工作曲线中找出与其相对应的浓度。此方法适用于分析同一类的大批试样。

标准加入法：先记录未知溶液的极谱图，然后加入一定量的已知浓度的待测离子的标准溶液再次记录极谱图。两次实验几乎都是在同一条件下进行的，则有：

$$h = kc$$

$$H = k\frac{VC + V_d C_s}{V + V_0}$$

联立以上两式，得：

$$C = \frac{V_s h C_s}{(V + V_s)H - Vh}$$

波高的测量是影响实验结果准确性的另一个因素。测量波高的方法有三种，即平行线法、三切线法和中点法。其中三切线法比较方便，适用于不同波形等特点。其原理是：在极谱波上通过残余电流、极限电流和扩散电流分别作出三条切线，残余电流与极限电流的切线分别与扩散电流的切线相交，通过这两个切点分别作横坐标的平行线，则平行线间的距离即为波高。

三、仪器与试剂

仪器：XJP-821（c）新型极谱仪；悬汞电极；X-Y 函数记录仪。

试剂：

① 1.00×10^{-2} mol·L^{-1}铅离子标准溶液。

② 1.00×10^{-2} mol·L^{-1}镉离子标准溶液。

③ 6mol·L^{-1}盐酸溶液。

④ 0.5％明胶溶液。

⑤ 氮气。

四、实验步骤

① 用移液管吸取样品溶液 25.0mL 于 50mL 容量瓶中，加入 6mol·L^{-1}盐酸溶液 10mL，0.5％明胶溶液 1.0mL，定容，摇匀，备用。

② 打开主机电源（开关位于后面板右侧）预热 15min。

③ 取上述溶液 15.0mL 于测量池的工作电极室，再取 5.0mL 于辅助电极室，通入氮气除氧 5min，插上三电极，红色线接参比电极（甘汞电极），绿色线接工作电极（悬汞电极），剩下的一根导线接辅助电极（铂丝电极）。

④ 按下 ［电流量程切换开关］，选择 ［大电流挡］，旋转 ［电流量程选择开关］，选择 20μA 挡。按下 ［调零］键，调整 ［调零］旋钮，使数显器显示为 0.000（单位：V）。按下 ［起始］键，调节 ［起始］旋钮，使数显器显示为 −0.100（扫描起始电位 −0.100V）；按下 ［上限］键，调节 ［上限］调节旋钮，使数显器显示为 −1.000（终止电位为 −1.000V）；按下 ［下限］键，调节 ［下限］调节旋钮，使数显器显示为 0.000；将 ［扫描控制开关］拨至 ［阴］（工作电极为阴极）；将 ［循环控制开关］置于 ［单扫］。调节 ［扫描速度］调节旋钮为 6mV·s^{-1}挡。按下 ［扫描倍率开关］的 ［×10］挡（此时扫描速度为 60mV·s^{-1}）。

⑤ 打开函数记录仪电源，并选择 X 轴 ［100mV·cm^{-1}］，Y 轴 ［100mV·cm^{-1}］。

⑥ 小心调节悬汞电极，使其生长出一定大小的汞滴。

⑦ 将记录仪的 ［记录/抬笔］选择开关置于记录位置上，调整记录笔在 X、Y 轴的位

置。按下［电极接通开关］，再按下［扫描］键，此时仪器开始扫描（当要结束扫描时，按下［停扫］键）。

⑧ 待仪器扫描结束后，得一张极谱图。用注射器分别加入 Cd 和 Pb 的标准溶液，再扫描一次。

五、数据分析

1. 用三切线法分别测量出 Cd 和 Pb 加入标准溶液前后的波高。
2. 按公式分别计算样品中铅和镉的浓度。

六、思考题

1. 极谱法定性分析和定量分析的依据及特点是什么？
2. 若不用氮气进行除氧，会出现什么情况？此时有什么办法可以解决这些现象？
3. 单扫描极谱法的基本原理和特点是什么？

七、附录

某些金属离子在不同底液中的半波电位见表 7-2。

表 7-2　某些金属离子在不同底液中的半波电位（with. SCE）　　单位：V

金属离子	$1mol \cdot L^{-1}$ KCl	$1mol \cdot L^{-1}$ HCl	$1mol \cdot L^{-1}$ KOH (NaOH)	$2mol \cdot L^{-1}$ CH_3OOH^+ $2mol \cdot L^{-1}$ CH_3OONH	$1mol \cdot L^{-1}$ NH_3^+ $1mol \cdot L^{-1}$ NH_4Cl
Al^{3+}	-1.75	—	—	—	—
Fe^{3+}	>0	>0	—	>0	—
Fe^{2+}	-1.30		-1.46 (-0.9)	—	-1.49 (-0.34)
Cr^{3+}	-0.85 -1.47	-0.99 -1.26	-0.92	-1.2	-1.43 -1.71
Mn^{2+}	-1.51		-1.70		-1.66
Co^{2+}	-1.30		-1.43	-1.14	-1.29
Ni^{2+}	-1.10			-1.10	-1.10
Zn^{2+}	-1.00		-1.48	-1.10	-1.35
In^{3+}	-0.60	-0.60	-1.09	-0.71	—
Cd^{2+}	-0.64	-0.64	-0.76	-0.65	-0.81
Pb^{2+}	-0.44	-0.44	-0.76	-0.50	—
Tl^+	-0.48	-0.48	-0.46	-0.47	-0.48
Cu^{2+}	$+0.04$ -0.22	$+0.04$ -0.22	-0.41	-0.07	-0.24 -0.51
Sn^{2+}		(-0.1) -0.47	(-0.73) -1.22	(-0.16) -0.62	—
Sb^{3+}		-0.15	(-0.45) -1.15	-0.40	—
Bi^{3+}		-0.09	-0.6	-0.25	—

注：1. 括号表示为氧化波，两个数值的表示两级还原。

2. —表示在氢波后或发生水解、沉淀现象。

实验五　库仑滴定法测定微量砷

一、实验目的

1. 了解和掌握库仑滴定法的基本原理。

2. 掌握库仑滴定法的实验操作步骤。

3. 学习库仑滴定法中的终点指示法。

二、实验原理

库仑滴定法是建立在控制电流电解过程基础上的一种相当准确而灵敏的分析方法，可用于微量分析及痕量物质的测定。与待测物质起定量反应的"滴定剂"由恒电流电解在试液内部产生。库仑滴定终点借指示剂或电化学方法指示。按法拉第定律算出反应中消耗"滴定剂"的量，从而计算出砷的含量。

本实验用双铂片电极在恒定电流下进行电解，在铂阳极上 KI 中的 I^- 可以氧化成 I_2。

在阳极：

$$2I^- \longrightarrow I_2 + 2e$$

在阴极：

$$2H^+ + 2e \longrightarrow H_2 \uparrow$$

在阳极上析出的 I_2 是一种氧化剂，可以氧化溶液中的 As(Ⅲ)，此化学反应为：

$$I_2 + AsO_3^{3-} + H_2O \longrightarrow AsO_4^{3-} + 2I^- + 2H^+$$

滴定终点可以用淀粉的方法指示，即产生过量的碘时，能使有淀粉的溶液出现蓝色。也可用电流-上升的方法（死停法），即终点出现电流的突跃。

滴定中所消耗 I_2 的量，可以从电解析出 I_2 所消耗的电量来计算，电量 Q 可以由电解时恒定电流 I 和电解时间 t 来求得：

$$Q = It \, (安培 \times 秒)$$

本实验中，电量可以从 KLT-1 型通用库仑仪的数码管上直接读出。

砷的含量可由下式求得：

$$W = \frac{itM}{96500n} = \frac{Q \cdot M}{96500n}$$

式中　M——砷的原子量，74.92；

　　　n——砷的电子转移数。

I_2 与 AsO_3^{3-} 的反应是可逆的，当酸度在 $4\,mol \cdot L^{-1}$ 以上时，反应定量向左进行，即 H_2AsO_4 氧化 I^-；当 pH＞9 时，I_2 发生歧化反应，从而影响反应的计量关系。故在本实验中采用 NaH_2PO_4-NaOH 缓冲体系来维持电解液的 pH 在 7～8 之间，使反应定量地向右进行。即 I_2 定量地氧化 H_3AsO_3。水中溶解的氧也可以氧化 I^- 为 I_2，从而使结果偏低。故在标准度要求较高的滴定中，需要采取除氧措施。为了避免阴极上产生的 H_2 起还原作用，应当采用隔离装置。

三、仪器与试剂

仪器：KLT-1 型通用库仑仪；10mL 量筒；0.5mL、5mL 移液管。

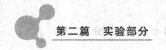

试剂：

（1）磷酸缓冲溶液　称取 7.8g $NaH_2PO_4 \cdot 2H_2O$ 和 2g NaOH，用去离子水溶解并稀释至 250mL（$0.2mol \cdot L^{-1}$ NaH_2PO_4；$0.2mol \cdot L^{-1}$ NaOH）。

（2）$0.2mol \cdot L^{-1}$ 碘化钾溶液　称取 8.3g KI，溶于 250mL 去离子水中即得。

（3）砷标准溶液　准确称取 0.6600g As_2O_3，以少量去离子水润湿，加入 NaOH 溶液搅拌溶解，稀释至 80～90mL。用少量 H_3PO_4 中和至溶液近于 pH＝7，然后转移至 100mL 容量瓶中稀释至刻度，摇匀。此溶液浓度为砷 5.00 mg $\cdot$ mL^{-1}，使用时可进一步稀至 $500\mu g \cdot mL^{-1}$。

四、实验步骤

① 调好通用库仑仪。

② 开启电源开关预热半个小时。

③ 取 10mL $0.2mol \cdot L^{-1}$ KI，10mL $0.2mol \cdot L^{-1}$ 磷酸缓冲溶液，放于电解池中，加入 20mL 蒸馏水，加入含砷水样 5.00mL，将电极全部浸没在溶液中。

④ 终点指示选择电流-上升。

⑤ 按下电解按钮，灯灭，开始电解。数码管上开始记录电量（mC）。

⑥ 电解完毕后，记下所消耗的电量（mC）。

⑦ 再在此电解液中加入 5.00mL 含砷水样，再做一次电解，得到第二个电量（mC），如此重复 4 次，得到 4 个电量（mC）。

⑧ 舍去第一次的数据，取后三个的平均值，计算水样中的 As 量。以 As mg $\cdot$ mL^{-1}，或 As_2O_3 mg $\cdot$ mL^{-1} 表示。

五、数据记录

恒电流库仑法的实验数据见表 7-3。

表 7-3　恒电流库仑法的实验数据

电解次数	样品量	电解电流	电量/mC
1			
2			
3			
4			

六、思考题

1. 0.1A 电流通过氰化亚铜溶液 2h，在阴极上析出 0.4500g 铜，试求此电解池的电流效率。

2. 库仑滴定的基本要求是什么？双铂电极为什么能指示终点？

实验六　薄层色谱法测定甲基橙纯度

一、实验目的

1. 了解薄层色谱的基本原理和应用。
2. 掌握薄层色谱的操作技术。

二、实验原理

1. 原理

薄层色谱（thin layer chromatography）常用 TLC 表示，又称薄层层析，属于固-液吸附色谱。样品在薄层板上的吸附剂（固定相）和溶剂（移动相）之间进行分离。由于各种化合物的吸附能力各不相同，在展开剂上移时，它们进行不同程度的解吸，从而达到分离的目的。

2. 薄层色谱的用途

① 化合物的定性检验（通过与已知标准物对比的方法进行未知物的鉴定）。

在条件完全一致的情况下，纯粹的化合物在薄层色谱中呈现一定的移动距离，称比移值（R_f 值），所以利用薄层色谱法可以鉴定化合物的纯度或确定两种性质相似的化合物是否为同一物质。但影响比移值的因素很多，如薄层的厚度、吸附剂颗粒的大小、酸碱性、活性等级、外界温度和展开剂纯度、组成、挥发性等。所以，要获得重现的比移值则比较困难。为此，在测定某一试样时，最好用已知样品进行对照。

$$R_f = \frac{\text{溶质最高浓度中心至原点中心的距离}}{\text{溶剂前沿至原点中心的距离}}$$

② 快速分离少量物质（几到几十微克，甚至 $0.01\mu g$）。

③ 跟踪反应进程。在进行化学反应时，常利用薄层色谱观察原料斑点的逐步消失，来判断反应是否完成。

④ 化合物纯度的检验（只出现一个斑点，且无拖尾现象，为纯物质）。

此法特别适用于挥发性较小或在较高温度易发生变化而不能用气相色谱分析的物质。

三、仪器与试剂

仪器：薄层板及展开室，如图 7-2 所示。

试剂：

① 实验样品　甲基橙粗品（自制）、甲基橙纯品。

② 溶剂　乙醇：水＝1：1。

③ 展开剂　丁醇：乙醇：水＝10：1：1。

④ 其他试剂　1%偶氮苯；1%间硝基苯胺；荧光黄（95%乙醇，$1mg \cdot mL^{-1}$）；亚甲基蓝；环己烷：乙酸＝9：1。

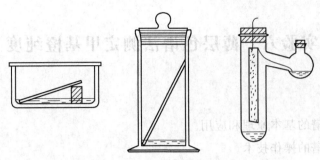

图 7-2 薄层板在不同的展开室中展开的方式

四、实验步骤

1. 吸附剂的选择

薄层色谱的吸附剂最常用的是氧化铝和硅胶。

硅胶："硅胶 H"——不含黏合剂；"硅胶 G"——含煅石膏黏合剂。

其颗粒大小一般在 260 目以上。颗粒太大，展开剂移动速度快，分离效果不好；反之，颗粒太小，展开剂移动太慢，斑点不集中，效果也不理想。

化合物的吸附能力与它们的极性成正比，具有较大极性的化合物吸附较强，因而 R_f 值较小，如下所示。

酸和碱＞醇、胺、硫醇＞酯、醛、酮＞芳香族化合物＞卤代物、醚＞烯＞饱和烃。

本实验选择的吸附剂为薄层色谱用硅胶 G。

2. 薄层板的制备（湿板的制备）

薄层板制备的好坏直接影响色谱的结果。薄层应尽量均匀且厚度要固定。否则，在展开时前沿不齐，色谱结果也不易重复。在烧杯中放入 2g 硅胶 G，加入 5～6mL 0.5% 的羧甲基纤维素钠水溶液，调成糊状。将配制好的浆料倾注到清洁干燥的载玻片上，拿在手中轻轻地左右摇晃，使其表面均匀平滑，在室温下晾干后进行活化。本实验用此法制备薄层板 4 片。

3. 薄层板的活化

将涂布好的薄层板置于室温晾干后，放在烘箱内加热活化，活化条件根据需要而定。硅胶板一般在烘箱中渐渐升温，维持 105～110℃ 活化 30min。氧化铝板在 200℃ 烘 4h 可得到活性为 II 级的薄板，在 150～160℃ 烘 4h 可得活性为 III～IV 级的薄板。活化后的薄层板放在干燥器内保存待用。

4. 点样

先用铅笔在距薄层板一端 1cm 处轻轻划一横线作为起始线，然后用毛细管吸取样品，在起始线上小心点样，斑点直径一般不超过 2mm。若因样品溶液太稀，可重复点样，但应待前次点样的溶剂挥发后方可重新点样，以防样点过大，造成拖尾、扩散等现象，而影响分离效果。若在同一板上点几个样，样点间距离应为 1cm。点样要轻，不可刺破薄层。

5. 展开

薄层色谱的展开，需要在密闭容器中进行。为使溶剂蒸气迅速达到平衡，可在展开槽内衬一张滤纸。在层析缸中加入配好的展开溶剂，使其高度不超过 1cm。将点好的薄层板小心放入层析缸中，点样一端朝下，浸入展开剂中。盖好瓶盖，观察展开剂前沿上升到一定高度时取出，尽快在板上标上展开剂前沿位置。晾干，观察斑点位置，计算 R_f 值。

6. 显色

被分离物质如果是有色组分，展开后薄层色谱板上即呈现出有色斑点。如果化合物本身无色，则可用碘蒸气熏的方法显色。还可使用腐蚀性的显色剂如浓硫酸、浓盐酸和浓磷酸等。对于含有荧光剂的薄层板在紫外光下观察，展开后的有机化合物在亮的荧光背景上呈暗色斑点。本实验样品本身具有颜色，不必在荧光灯下观察。

7. 样品测定

① 检验甲基橙的纯度（通过与已知标准物对比的方法检验物质是否纯净）。

实验样品为甲基橙粗品（可以自制）、甲基橙纯品；溶剂使用乙醇：水＝1：1；展开剂为丁醇：乙醇：水＝10：1：1（体积比）。

② 混合物的分离（通过层析扩散分离样品中的各组分，为后续定性、定量做准备）。

实验样品为圆珠笔芯油；溶剂使用95％乙醇；展开剂为丁醇：乙醇：水＝9：3：1（体积比）。

五、数据分析

略。

六、注意事项

1. 载玻片应干净且不被手污染，吸附剂在载玻片上应均匀、平整。

2. 点样不能戳破薄层板面，各样点间距1～1.5cm，样点直径应不超过2mm。

3. 展开时，不要让展开剂前沿上升至底线。否则，无法确定展开剂上升的高度，即无法求得 R_f 值和准确判断粗产物中各组分在薄层板上的相对位置。

七、思考题

1. 如何利用 R_f 值来鉴定化合物？

2. 薄层色谱法点样应注意些什么？

3. 常用的薄层色谱的显色剂是什么？

实验七　柱色谱法分离测定染色剂

一、实验目的

学习柱色谱的原理和操作方法。

二、实验原理

柱色谱（柱上层析）常用的有吸附色谱和分配色谱两类。吸附色谱常用氧化铝和硅胶作固定相；而分配色谱中以硅胶、硅藻土和纤维素作为支持剂，以吸收较大量的液体作固定相，而支持剂本身不起分离作用。

吸附柱色谱通常在玻璃管中填入表面积很大、经过活化的多孔性或粉状固体吸附剂。当待分离的混合物溶液流过吸附柱时，各种成分同时被吸附在柱的上端。当洗脱剂流下时，由于不同化合物的吸附能力不同，往下洗脱的速度也不同，于是形成了不同层次，即溶质在柱中自上而下按对吸附剂的亲和力大小分别形成若干色带，再用溶剂洗脱时，已经分开的溶质可以从柱上分别洗出收集；或将柱吸干，挤出后按色带分割开，再用溶剂将各色带中的溶质萃取出来（图7-3）。

1. 吸附剂

常用的吸附剂有氧化铝、硅胶、氧化镁、碳酸钙和活性炭等。吸附剂一般要经过纯化和活性处理，颗粒大小应当均匀。对于吸附剂而言，粒度愈小，表面积愈大，吸附能力就愈高，但颗粒愈小时，溶剂的流速就太慢，因此应根据实际分离需要而定。供柱色谱使用的氧化铝有酸性、中性、碱性三种，本实验选择中性氧化铝。

2. 溶质的结构与吸附能力的关系

化合物的吸附性与它们的极性成正比，化合物分子中含有极性较大的基团时，吸附性也较强。各种化合物对氧化铝的吸附性按以下次序递减：

酸和碱＞醇、胺、硫醇＞酯、醛、酮＞芳香族化合物＞卤代物、醚＞烯＞饱和烃。

3. 溶剂

溶剂的选择是重要的一环，通常根据被分离物中各化合物的极性、溶解度和吸附剂的活性等来考虑。

先将要分离的样品溶于一定体积的溶剂中，选用的溶剂极性要低，体积要小。如有的样品在极性低的溶剂中溶解度很小，则可加入少量极性较大的溶剂，使溶液体积不致太大。

色层的展开首先使用极性较小的溶剂，使最容易脱附的组分分离。然后加入不同比例的极性溶剂配成的洗脱剂，将极性较大的化合物自色谱柱中洗脱下来。常用洗脱剂的极性按如下次序递增：

己烷和石油醚＜环己烷＜四氯化碳＜三氯乙烯＜二硫化碳＜甲苯＜苯＜二氯甲烷＜氯仿＜乙醚＜乙酸乙酯＜丙酮＜丙醇＜乙醇＜甲醇＜水＜吡啶＜乙酸。

所用溶剂必须纯净和干燥，否则会影响吸附剂的活性和分离效果。

三、仪器与试剂

仪器：酸式滴定管；锥形瓶；铁架台。

试剂：

① 中性氧化铝吸附剂。

② 甲基橙与亚甲基蓝的混合物。

③ 95％的乙醇；水。

四、实验步骤

1. 装柱（湿法）

关闭活塞，向柱中倒入 95％的乙醇溶剂至约为柱高的 1/4 处，再将一定量 95％的乙醇和硅胶在烧杯内调成浆状，慢慢倒入管中，将管子下端活塞打开，使溶剂流出，控制流出速度为 $1\sim2$ 滴·s^{-1}，硅胶渐渐下沉，进行均匀填料。用橡胶塞轻轻敲打色谱柱下部，使填装紧密，当装柱至 3/4 时，再在上面加一片小圆滤纸。操作时一直保持上述流速，注意不能使液面低于氧化铝的上层。

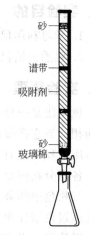

图 7-3　柱色谱装置与分离示意

2. 加样品

当溶剂液面刚好流至石英砂面时，立即沿柱壁加入 2mL 95％的乙醇溶液（内含 1mg 甲基橙和 5mg 亚甲基蓝），当此溶液流至接近石英砂面时，加入 95％的乙醇洗脱。

3. 洗脱

用 95％的乙醇溶液洗脱，控制流出速度如前。整个过程都应有洗脱剂覆盖吸附剂。

亚甲基蓝因极性小，首先向下移动，极性较大的甲基橙则留在柱的上端，形成不同的色带。当最先下行的色带快流出时，更换另一个接收瓶，继续洗脱，至滴出液近无色为止。换水作为洗脱剂，这时甲基橙向柱子下部移动，用另一个接收瓶收集。

五、数据分析

略。

六、注意事项

① 装柱要紧密，要求无断层、无缝隙、无气泡。

② 在装柱、洗脱过程中，始终保持有溶剂覆盖吸附剂。一个色带与另一个色带的洗脱液的接收不要交叉。

③ 吸附剂色谱的分离效果不仅依赖于吸附剂和洗脱剂的选择，而且与制成的色谱柱有关：

a. 柱中的吸附剂用量为被分离样品量的 30～40 倍，若需要可增至 100 倍；

b. 柱高和直径之比一般是 （10∶1）～（20∶1）；

c. 装柱有湿法和干法两种，本实验采用湿法装柱，无论采用哪种方法装柱，都不能使吸附剂有裂缝或气泡。

七、思考题

1. 为什么极性大的组分要用极性较大的溶剂洗脱？

2. 柱子中若有气泡或装填不均匀，将给分离造成什么样的结果？如何避免？

实验八 气相色谱定性分析——纯物质对照法

一、实验目的

1. 学习利用保留值和相对保留值进行色谱对照的定性方法。
2. 熟悉色谱仪器操作。

二、实验原理

色谱法是一种分离分析技术，气相色谱法（gas chromatography，GC）是以气体作为流动相，当它携带欲分离的混合物流经固定相时，由于混合物中各组分的性质不同，与固定相作用的程度也有所不同，因而组分在两相间具有不同的分配系数，经过相当多次的分配之后，各组分在固定相中的滞留时间有长有短，从而使各组分依次流出色谱柱而得到分离。

气相色谱的载体有氮气、氢气等，这类气体自身不与被测组分发生反应，当试样组分随载气通过色谱柱而得到分离后，根据流出组分的物理或物理化学性质，可选用合适的检测仪器予以检测，得到电信号随时间变化的色谱流出曲线，也称色谱图。根据色谱组分峰的出峰时间（保留值），可进行色谱定性分析，而峰面积或峰的高度则与组分含量有关，可用以进行色谱定量分析。

气相色谱分析法是一种高效能、高速度、高灵敏度、操作简便以及应用范围广泛的分离分析方法。只要在色谱温度适用范围内，具有 20～1300Pa 的蒸气压，或沸点在 500℃ 以下和分子量在 400 以下的化学稳定物质，原则上均可采用气相色谱法进行分析。

各种物质在一定的色谱条件下（一定的固定相与操作条件等）有各自确定的保留值，因此保留值可作为一种定性指标。对于较简单的多组分混合物，若其中所有待测组分均可已知，它们的色谱峰均能分开，则可将各个色谱峰的保留值与各相应的标准样品在同一条件下所得的保留值进行对照比较，就能确定各色谱峰所代表的物质，这就是纯物质对照法定性的原理。该法是气相色谱分析中最常用的一种定性方法。以保留值作为定性指标，虽然简便，但由于保留值的测定受色谱操作条件的影响较大，而相对保留值仅与所用的固定相和温度有关，不受其他色谱操作条件的影响，因而更适合用于色谱定性分析。相对保留值 $r_{i/s}$ 定义为：

$$r_{i/s} = \frac{t'_{Ri}}{t'_{Rs}} = \frac{t_{Ri} - t_M}{t_{Rs} - t_M}$$

式中 t_M——死时间；

t'_{Ri}——被测组分 i 的调整保留时间；

t'_{Rs}——标准物质 s 的调整保留时间。

还应注意，有些物质在相同色谱条件下，往往具有相近的甚至相同的保留值，因此在进行具有相近保留值物质的色谱定性分析时，要求使用高效性的色谱柱，以提高分离效率，并且采用双柱法（即分别在两根具有不同极性的色谱柱上测定保留值）。在没有已知标准样品可作对照的情况下，可借助于保留指数文献值进行定性分析。对于组分复杂的混合物，采用更为有效的方法，即与其他鉴定能力强的仪器联用，如气相色谱/质谱、气相色谱/红外吸收光谱联用等手段进行定性分析。

本实验以甲苯作为标准物质，利用保留值和相对保留值进行苯、乙苯和1,2,3-三甲苯的定性分析。

三、仪器与试剂

仪器：气相色谱仪（任一型号）；氮气或氢气钢瓶；色谱柱（中等极性毛细管柱）；微量进样器$10\mu L$、$100\mu L$和$1\mu L$（医用注射器）。

试剂：苯、甲苯、乙苯、邻二甲苯、1,2,3-三甲苯均为分析纯。

四、实验步骤

① 仪器开机及设置步骤参考对应型号仪器说明书。

② 在四个10mL容量瓶中，按1∶100（体积比）比例分别配置苯∶邻二甲苯，甲苯∶邻二甲苯，乙苯∶邻二甲苯，乙苯∶邻二甲苯，1,2,3-三甲苯∶邻二甲苯溶液，摇匀备用。

③ 根据实验条件，将色谱仪按仪器操作步骤调节至可进样状态，待仪器上的电路和气路系统达到平衡，记录仪上基线平直时，即可进样。

④ 分别吸取以上各种混合液$3\mu L$，依次进样，重复进样两次。

⑤ 吸取$3\mu L$已加入甲苯的未知试样［按1∶100（体积比）比例配比］进样，记录色谱图。重复进样2次。

五、数据分析

① 记录实验条件。

② 测量各色谱图中各组分的保留时间t_R、空气保留时间（死时间）t_M，计算各组分的调整保留时间及相对保留时间，并把数据列于表中。

③ 测量未知试样中各组分的保留时间t_R，并计算t'_R和$r_{i/s}$值，然后与上表数据进行对照比较，确定未知试样中的各个组分。

六、思考题

1. 气相色谱FID的检测原理是什么？

2. 适于气相色谱分析的试样应必须具备什么基本特征？

3. 在本实验中，进样量是否需要非常准确？为什么？

实验九 气相色谱定量分析——保留值与归一化法

一、实验目的

1. 了解气相色谱仪的结构、性能及使用方法。
2. 掌握气相色谱保留值定性分析和归一化法定量分析的方法。
3. 熟悉气相色谱仪的使用。

二、实验原理

本实验用氢气作载气，邻苯二甲酸二壬酯作固定液，用热导池检测器，检查未知试样中的指定组分，并对苯、甲苯、二甲苯混合试样中各种组分进行定量测定。

在一定色谱条件（固定相和操作条件）下，各物质均有其确定不变的保留值，因此，可利用保留值的大小进行定性分析。对于较简单的多组分混合物，若其色谱峰均能分开，则可将各个峰的保留值，与各相应的标准样品在同一条件所测的保留值一一进行对照，确定各色谱峰所代表的物质。这种方法是最常用、最可靠的定性分析方法，应用简便。但有些物质在相同的色谱条件下往往具有近似甚至完全相同的保留值，因此，其应用常限制于当未知物已被确定可能为某几个化合物或属于某种类型时作最后的确证。倘若得不到标准物质，就无法与未知物的保留值进行对照，这时，可利用文献保留值及经验规律进行定性分析。对于组分复杂的混合物，则要与化学反应及其他仪器分析法结合起来进行定性分析。

在气相色谱法中，定量测定是建立在检测信号（色谱峰的面积）的大小与进入检测器组分的量（可以是质量、体积、物质的量等）成正比的基础上。实际应用时，由于各组分在检测器上的响应值（灵敏度）不同，即等含量的各组分得到的峰面积不同，故引入了校正因子，可选用某一标准组分 s（一般以苯为标准物质）的校正因子 f'_s 为相对标准，为此，引入相对校正因子 f_i（即一般所说的校正因子），则被测物 i 的相对校正因子表达为：

$$f_i = \frac{f'_i}{f'_s} = \frac{m_i A_s}{m_s A_i} = \frac{V_i A_s}{V_s A_i} \times \frac{\rho_i}{\rho_s}$$

$$m = V\rho$$

式中 V——溶液的体积；

ρ——物质的密度。

本实验中要测定的苯、甲苯、二甲苯系同系物，可近似认为其密度 ρ 相等。故有：

$$f_i = V_i A_s / V_s A_i$$

得到各组分的 f_i 后，即可由测量的峰面积，用归一化法计算出混合物中各组分的含量。其计算公式为：

$$C_i = \frac{A_i f_i}{A_{苯} + A_{甲苯} f_{甲苯} + A_{二甲苯} f_{二甲苯}}$$

使用归一化法进行定量，优点是简便，定量结果与进样量无关，操作条件变化对结果影响较小。但样品的全部组分必须流出，并可测出其信号，对某些不需要测定的组分，也必须测出其信号及校正因子，这是本方法的缺点。

三、仪器与试剂

仪器：GC-112A 型气相色谱仪（使用热导池检测器，内径 3mm、长 2m 的螺旋状色谱柱，"上试" 102 白色担体 60-80 目，涂渍邻苯二甲酸壬酯为固定液，液担比为 15：100，H_2 为载气）；微量注射器（1mL 1 支、100mL 1 支）；滴管及磨口塞试管若干；氢气钢瓶或高纯氢气发生器。

试剂：苯、甲苯、对二甲苯。

四、实验步骤

1. 色谱仪的调节

仪器开机及设置步骤参考对应型号仪器说明书。使氢气流速为 $20\sim30mL \cdot min^{-1}$，柱温为 90℃，汽化室温度为 150℃左右，热导池温度为 120℃左右，热导电流为 120mA。

2. 色谱图的测绘

① 用微量注射器取苯 $0.5\mu L$、甲苯 $0.5\mu L$、对二甲苯 $1.0\mu L$ 分别进样，作色谱图。

② 用微量注射器取苯、甲苯、对二甲苯的等量混合液 $1.0\mu L$ 进样，重复三次，作色谱图。

③ 用微量注射器取苯、甲苯、对二甲苯未知混合液 $1.0\mu L$ 进样，重复三次，作色谱图。

五、数据分析

① 记录色谱操作条件，包括：检测器类型、桥电流、衰减、固定液、色谱柱长及内径、恒温室温度、气化室温度、载气、流速、柱前压、进样量、记录纸速等。

② 测量各标准样品的保留时间，由未知试样中各组分的保留时间确定各色谱峰所代表的组分。

③ 求出各组分的定量校正因子。

④ 用归一化法求出苯、甲苯、对二甲苯混合液未知试样中各组分的体积分数。

六、思考题

1. 如果实验中各组分不是等体积混合，其响应值如何计算？

2. 如果实验要求测定未知试样各组分的质量分数，应如何来设计实验？其各组分的响应值是否与本实验求得的值相同？为什么？

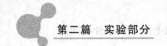

实验十　高效液相色谱法测定有机化合物的含量

一、实验目的

1. 了解仪器各部分的构造及功能。
2. 掌握样品、流动相的处理及仪器维护等基本知识。
3. 学会简单样品的分析操作过程。

二、实验原理

高效液相色谱仪液体作为流动相，并采用颗粒极细的高效固定相的主色谱分离技术，在基本理论方面与气相色谱没有显著不同，它们之间的重大差别在于作为流动相的液体与气体之间的性质差别。与气相色谱相比，高效液相色谱对样品的适用性强，不受分析对象挥发性和热稳定性的限制，可以弥补气相色谱法的不足。

液相色谱根据固定向的性质可分为吸附色谱、键合相色谱、离子交换色谱和大小排阻色谱。其中反相键合相色谱应用最广，键合相色谱法是将类似于气相色谱中固定液的液体通过化学反应键合到硅胶表面，从而形成固定相。若采用极性键合相、非极性流动相，则称为正相色谱；采用非极性键合相、极性流动相，则称为反相色谱。这种分离的保留值大小，主要取决于组分分子与键合固定液分子间作用力的大小。

反相键合相色谱采用醇-水或腈-水体系作为流动相，纯水廉价易得，紫外吸收小，在纯水中添加各种物质可改变流动相选择性。使用最广泛的反相键合相是十八烷基键合相，即让十八烷基（—$C_{18}H_{37}$）键合到硅胶表面，这也就是人们通常所说的碳十八柱。

三、仪器与试剂

仪器：高效液相色谱仪（包括贮液器、高压泵、自动进样器、色谱柱、柱温箱、检测器、工作站）、过滤装置。

试剂：待测样品（浓度约100mg·L^{-1}）、甲醇、二次水。

四、实验步骤

1. 仪器使用前的准备工作

（1）样品与流动相的处理　配好的溶液需要用$0.45\mu m$的一次性过滤膜过滤。纯有机相或含一定比例有机相的就要用有机系的滤膜，水相或缓冲盐的就要用水系滤膜。

水、甲醇等过滤后即可使用，水放置一天以上需重新过滤或换新鲜的水。含稳定剂的流动相需经过特殊处理，或使用色谱纯的流动相。

（2）更换泵头内清洗瓶中的清洗液　流动相不同，清洗液也不同，如果流动相为甲醇-水体系，可以用50%的甲醇；如果流动相含有电解质，通常用95%的去离子水甚至高纯水。

如果仪器经常使用，建议每周更换两次；如果仪器很少使用，则每次使用前必须更换。

（3）更换托盘内洗针瓶中的洗液　洗液一般为50%的甲醇。

2. 排除泵内气泡

开关排气阀时泵一定要关闭，具体操作如下。

① 在泵关闭的情况下，打开排气阀。

② 选择要排气泡的通道，打开泵。

③ 按下泵前面板右下方的"purge"键，仪器将以 $6.0mL \cdot min^{-1}$ 的速度自动快速清洗泵内残留的气泡，5min 将自动停止。若想手动停止，则再按"purge"键，将停止清洗。

④ 换其他通道，排气泡。

注意：使用快速清洗阀时，只能一个一个通道地排气泡，不得将几个通道同时按比例排气泡，比例阀的快速切换易导致损坏。

⑤ 流路中没有气泡后，将泵关闭，再关排气阀。

注意：排气阀不能拧得过紧，也不能拧得过松，拧得过松，流动相容易从清洗阀部位流进泵头中引起报警。

3. 设置柱温箱的温度

按住柱温箱上的"＋"或"－"键，直到数字开始闪烁时设定温度。

4. 系统的准备

① 分析样品前先用甲醇或乙腈冲洗流路约 20min，平衡活化色谱柱，并赶走管路中的杂质和水分。

② 若流动相为有机相与水相的混合物，则第①步完成后，按照分析样品的需要，调节比例阀的比例后冲洗流路约 20min，待基线走平后即可进样。

③ 若流动相中含有缓冲盐溶液、有机/无机酸或其他电解质，则第①步完成后用 95％的去离子水冲洗流路约 20min，再按照分析样品的需要调节比例阀的比例后冲洗流路约 20min，待基线走平后即可进样。

5. 洗针

做样之前，按自动进样器面板上的"wash"键，洗针并排掉针中残留的气泡。若针中气泡仍未清除，则再次按"wash"键直至气泡清除为止。

6. 进样

① 程序文件的建立。

泵的流速、各通道的比例；自动进样器的进样体积；柱温箱的温度；检测器的波长、测每个样品需要的时间等，都应在程序文件里指定。

② 方法文件的建立。

进样后，软件会自动采集到色谱图，需要选择一个方法文件对这些谱图进行处理，如积分、定性、定量等。

③ 样品序列的建立。

标样有多少个、样品有多少个、分别要进多少体积等，都应在序列文件里指定。

④ 进样。

五、数据分析

略。

六、注意事项

1. 泵

① 放置了一天或以上的水相或含水相的流动相如需再用，需用微孔滤膜重新过滤。

② 流动相禁止使用氯仿、三氯（代）苯、亚甲基氯、四氢呋喃、甲苯等；慎重使用四氯化碳、乙醚、异丙醚、酮、甲基环己胺等，以免造成对柱塞密封圈的腐蚀。

2. 柱温箱

柱温箱一旦发生报警，一定要及时找到原因。若实验室湿度太高，则需采取相应的除湿措施。若柱温箱中发生漏液现象，则需及时拧紧色谱柱并擦干漏液，长时间的漏液极易损坏柱温箱中的传感器。

3. 检测器

① 检测器的紫外或可见灯在长期打开的情况下，一定要保证有溶液流经检测池。若不需要做样，可设置一个较低的流速（如 $0.05mL \cdot min^{-1}$）或关闭灯的电源。

② 检测器的灯一般是在流通池有溶液连续流动几分钟后才开的。如果流通池中有气泡，则会提示漂移过大，无法通过自检和校正。

③ 检测器的氘灯或钨灯不要经常开关，每开关一次灯的寿命约损失 30h。若仪器经常使用，可几天开关灯一次。

4. 整个系统

① 缓冲溶液的浓度不能高于 $0.5mol \cdot L^{-1}$，pH 范围为 2～12，Cl^{-} 的浓度要小于 $0.1mol \cdot L^{-1}$（防止腐蚀流路）。

② 仪器长时间不用时，每个泵通道和整个流路一定要用甲醇冲洗后保存，以免结晶或造成污染。

③ 待测样品或标样在流动相中一定要易溶，否则进样后会结晶造成定量不准确或堵塞色谱柱。

5. 软件

采集紫外信号时，若分析物质的最大波长已知，则尽量减少采集的通道个数，以免占用电脑的空间，特别是 PDA-100 检测器。

七、思考题

1. 液相色谱仪由哪几部分组成？各起什么作用？

2. 流动相的选择有哪些依据？

3. 柱压不稳定的原因是什么？

实验十一 体积排阻色谱（SEC）法测定高聚物分子量及分布

一、实验目的

1. 了解 SEC 法测定高聚物分子量及分子量分布的原理。
2. 掌握 Waters-510 型仪器的操作技术。
3. 掌握 SEC 数据处理方法。

二、实验原理

分子量的多分散性是高聚物的基本特征之一。聚合物的性能与其分子量和分子量分布密切相关。体积排除色谱（size exclusion chromatography，SEC）是液相色谱的一个分支，已成为测定聚合物分子量分布和结构的最有效手段。其还可测定聚合物的支化度，共聚物及共混物的组成。采用制备型的色谱仪，可将聚合物按分子量的大小分级，制备窄分布试样，供进一步分析和测定其结构。该方法的优点是：快捷、简便、重视性好、进样量少、自动化程度高。

体积排除色谱在一段时期内常称为凝胶渗透色谱（gel permeation chromatography，GPC）、凝胶过滤色谱（gel filtration chromatography，GFC）、凝胶色谱。从分离机理看，使用体积排除色谱较为确切。

体积排除色谱（SEC）分离机理认为在多孔载体（其孔径大小有一定的分布，并与待分离的聚合物分子尺寸可比拟的凝胶或多孔微球）充填的色谱柱里引入聚合物溶液，用溶剂淋洗，体系处于扩散平衡的状态。聚合物分子在柱内的流动过程中，不同大小的分子向载体孔洞渗透的程度不同，大分子能渗透进去的孔洞数目比小分子少，有些孔洞即使大小分子都能渗透进去，但大分子能渗透的深度浅。溶质分子的体积越小，渗透进去的概率越大，随着溶剂流动，它在柱中保留的时间越长。如果分子的尺寸超过载体孔的尺寸，则完全不能渗透进孔里，只能随着溶剂从载体的粒间空隙中流过，最先淋出。当具有一定分子量分布的高聚物溶液从柱中通过时，较小的分子在柱中保留的时间比大分子保留的时间要长，于是整个样品即按分子尺寸由大到小的顺序依次流出。

色谱柱总体积为 V_t，载体骨架体积为 V_g，载体中孔洞总体积为 V_i，载体粒间体积为 V_0，则：

$$V_t = V_g + V_0 + V_i \tag{1}$$

V_0 和 V_i 之和构成柱内的空间。溶剂分子体积远小于孔的尺寸，在柱内的整个空间（$V_0 + V_i$）活动；高分子的体积若比孔的尺寸大，载体中任何孔均不能进入，只能在载体粒间流过，其淋出体积是 V_0；高分子的体积若足够小，如同溶剂分子尺寸，所有的载体孔均可以进出，其淋出体积为（$V_0 + V_i$）；高分子的体积是中等大小的尺寸，它只能在载体孔 V_i 的一部分孔中进出，其淋出体积 V_e 为：

$$V_e = V_0 + KV_i \tag{2}$$

式中，K 为分配系数，其数值为 $0 \leqslant K \leqslant l$，与聚合物分子尺寸大小和在填料孔内、外的浓度比有关。当聚合物分子完全排除时，$K = 0$；完全渗透时，$K = 1$（图 7-4）。当 $K = 0$

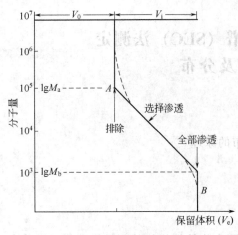

图 7-4　SEC 的分离范围

时，$V_e = V_0$，此处所对应的聚合物分子量是该色谱柱的渗透极限（PL），商品 SEC 仪器的 PL 常用聚苯乙烯的分子量表示。聚合物分子量超过 PL 值时，只能在 V_0 以前被淋洗出来，没有分离效果。

V_0 和 V_g 对分离作用没有贡献，应设法减小；V_i 是分离的基础，其值越大，柱子分离效果越好。制备孔容大、能承受压力、粒度小、分布均匀、外形规则（球形）的多孔载体，让其尽可能紧密装填，以提高分离能力。柱效的高低，常采用理论塔板数 N 和分离度 R 来作定性的描述。测定 N 的方法可以用小分子物质作出色谱图，从图上求得流出体积 V_e 和峰宽 W，以下式计算 N 值：$N = (4V_e/W)^2$，N 值越大，意味着柱子的效率越高。"1"、"2" 代表分子量不同的两种标准样品，$V_{e,1}$、$V_{e,2}$、W_1、W_2 为其淋出体积和峰宽，分离度 R 的计算为 $R = \dfrac{2(V_{e,2} - V_{e,1})}{W_1 + W_2}$，若 $R \geqslant 1$，则完全分离。

上面阐述的 SEC 分离机理只有在流速很低、溶剂黏度很小、没有吸附、扩散处于平衡的特殊条件下成立，否则会得出不合理的结果。

实验测定聚合物 SEC 谱图，所得各个级分的分子量测定，有直接法和间接法。直接法是指 SEC 仪和黏度计或光散射仪联用；而最常用的间接法则用一系列分子量已知的单分散的（分子量比较均一）标准样品，求得其各自的淋出体积 V_e，作出 $\lg M$ 对 V_e 校正曲线（图 7-4）。

$$\lg M = A - BV_e \tag{3}$$

当 $\lg M > \lg M_a$ 时，曲线与纵轴平行，表明此时的流出体积（V_0）和样品的分子量无关，V_0 即为柱中填料的粒间体积，M_a 就是这种填料的渗透极限。当 $\lg M < \lg M_a$ 时，V_e 对 M 的依赖变得非常迟钝，没有实用价值。在 $\lg M_a$ 和 $\lg M_b$ 点之间为一条直线，即上式表达的校正曲线。式中 A、B 为常数，与仪器参数、填料和实验温度、流速、溶剂等操作条件有关，B 是曲线斜率，是柱子性能的重要参数，B 数值越小，柱子的分辨率越高。

上述测定的校准曲线只能用于与标准物质化学结构相同的高聚物，若待分析样品的结构不同于标准物质，需用普适校准线。SEC 法是按分子尺寸大小分离的，即淋出体积与分子线团体积有关，Flory 的黏度公式如下。

$$[\eta] = \phi' \frac{R^3}{M} \qquad [\eta]M = \phi'R^3 \tag{4}$$

式中　R——分子线团等效球体半径；

$[\eta]M$——体积量纲，称为流体力学体积。

众多的实验中得出 $[\eta]M$ 的对数与 V_e 有线性关系。这种关系对绝大多数的高聚物具有普适性。普适校准曲线为：

$$\lg[\eta]M = A' - B'V_e \tag{5}$$

因为在相同的淋洗体积时，有：

$$[\eta]_1 M_1 = [\eta]_2 M_2 \qquad (6)$$

式中，下标 1 和 2 分别代表标样和试样。它们的 Mark-Houwink 方程分别为：

$$[\eta]_1 = K_1 M_1^{\alpha_1}$$

$$[\eta]_2 = K_2 M_2^{\alpha_2}$$

因此可得：

$$M_2 = \left(\frac{K_1}{K_2}\right)^{\frac{1}{\alpha_2+1}} M_1^{\frac{\alpha_1+1}{\alpha_2+1}} \qquad (7)$$

或

$$\lg M_2 = \frac{1}{\alpha_2+1}\lg\frac{K_1}{K_2} + \frac{\alpha_1+1}{\alpha_2+1}\lg M_1 \qquad (8)$$

将（7）式代入，即得待测试样的标准曲线方程：

$$\lg M_2 = \frac{1}{\alpha_1+1}\lg\frac{K_1}{K_2} + \frac{\alpha_1+1}{\alpha_2+1}A - \frac{\alpha_1+1}{\alpha_2+1}BV_e = A' - B'V_e \qquad (9)$$

K_1、K_2、α_1、α_2 可以从手册中查到，从而由第一种聚合物的 M-V_e 校正曲线，换算成第二种聚合物的 M-V_e 曲线，即从聚苯乙烯标样作出的 M-V_e 校正曲线，可以换算成各种聚合物的校正曲线。

三、仪器与试剂

仪器：Waters-510 液相色谱仪。

试剂：聚苯乙烯样品、四氢呋喃溶剂。

四、实验步骤

① 流动相的准备：重蒸四氢呋喃，经 5$^\#$ 砂芯漏斗过滤后备用。

② 溶液配制：分别配制 5mL 的聚苯乙烯标样及待测样品的溶液（浓度为 0.05%～0.3%），溶解后，经 5$^\#$ 砂芯漏斗过滤备用。

③ Waters-500 型液相色谱仪的启动。

a. 将经过脱气的四氢呋喃倒入色谱仪的溶剂瓶，色谱仪出口接上回收瓶。

b. 打开泵（Waters-510），从小到大调节流量，最后流速稳定在 1.0mL·min⁻¹。

c. 打开示差折射检测器（Waters-410），同时按下示差检测器面板上的"2nd func"和"purge"键，使淋洗液回流通过参比池；进样前再按下"clear"键，使流路切换回原位。

d. 打开计算机，联机记录。

④ 进样：待记录的基线稳定后，将进样器把手扳到"load"位（动作要迅速），用进样注射器吸取样品 50μL，并注入进样器（注意排除气泡）。这时将进样器把手扳到"inject"位（动作要迅速），即进样完成，同时应做进样记录。一个样品测试完成（不再出峰时），可按前面步骤再进其他样品。

⑤ 试验结束，应清洗进样器，再依次关机。

五、数据分析

1. GPC 谱图的归一化处理

如果仪器和测试条件不变，那么实验得到的谱图可作为试样之间分子量分布的一种直观比较。一般情况下，应将原始谱图进行"归一化"后再比较。所谓"归一化"，就是把原始谱图的纵坐标转换为质量分数，以便于比较不同的实验结果和简化计算。具体作法：确定色谱图的基线后，把色谱峰下的淋出体积等分为 20 个计算点。记下这些计算点处的总坐标高度 H_i（它正比于被测试样的质量浓度）。把所有的 H_i 加和后得到 $\sum H_i$（它正比于被测试样的总浓度）。那么，$H_i / \sum H_i$ 就等于各计算点处的组分点总试样的质量分数，以 $H_i / \sum H$ 对 V_e（或 $\lg M$）作图就得归一化的 GPC 图。

2. 计算 $\overline{M}_w$、$\overline{M}_n$、$\overline{M}_\eta$ 及分散度 d

令
$$W_i = \frac{H_i}{\sum H_i} \tag{10}$$

按定义有：
$$\overline{M}_w = \sum M_i W_i \quad \overline{M}_n = \left(\sum \frac{W_i}{M_i} \right)^{-1} \tag{11}$$

$$\overline{M}_\eta = \left(\sum W_i M_i^2 \right)^{\frac{1}{\alpha}} \quad d = \frac{\overline{M}_w}{\overline{M}_n} \tag{12}$$

计算所需的 M_i 值可由校正曲线上查得。

六、思考题

1. 色谱柱是如何将高聚物分级的？影响柱效的因素有哪些？
2. 本实验中校准曲线的线性关系，在色谱柱重装或换了柱时能否再使用？
3. SEC 法的溶剂选择有什么要求？
4. 同样分子量样品支化的和线性的分子哪个先流出色谱柱？

实验十二　折射法测定乙醇溶液的含量

一、实验目的

1. 了解阿贝折射仪测定液体折射率的测量原理。
2. 熟悉阿贝折射仪的使用方法。
3. 研究乙醇的折射率与其浓度的关系。

二、实验原理

阿贝折射仪就是专门用于测量透明或半透明液体的折射率的仪器。折射率是透明材料的重要物理常数之一，与物质的结构有关。在一定条件下，纯物质具有恒定的折射率，常被用来鉴定未知物或鉴定物质的纯度。测定值越接近文献值，表明样品的纯度越高。

光线从一种介质进入另一种不同介质时，由于光传播速度的不同，造成其传播方向发生改变的现象称为折射现象。通常把光在空气中的传播速度与其在待测物中的传播速度之比称为折射率。由折射定律可知，波长一定的单色光，在一定温度下，由介质 A 进入另一介质 B 时（图7-5），入射角 i 与折射角 r 的正弦之比与这两个介质的折射率 N（介质 A）与 n（介质 B）有以下关系。

$$\frac{\min i}{\sin r}=\frac{n}{N}$$

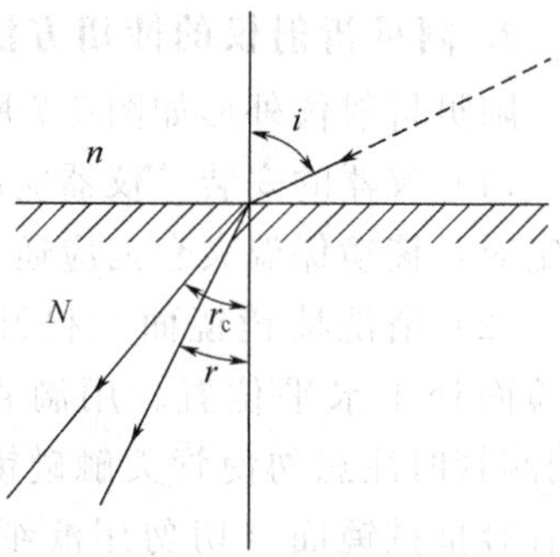

图 7-5　光的折射现象

若介质 A 是真空，则 $N=1$，入射角的正弦与折射角的正弦之比，称为该介质的绝对折射率，简称折射率，用 n 表示。

$$n=\frac{\min i}{\sin r}$$

通常测定的折射率都是以空气作为比较标准的。任何均匀物质的折射率都与该物质的化学性质、温度以及光的波长有关，同一物质在相同温度下对同一波长单色光的折射率为一个常数。通常在折射率符号 n 右方注明测量时的介质温度（℃）和所用单色光的波长，例如：n_D^{20} 表示 20℃时该介质对钠光 D 线的折射率。

溶液折射率的大小也依赖于溶液的浓度，因此，可用折射法测溶液的浓度。本实验利用阿贝折射仪测定一系列已知准确浓度的乙醇溶液的折射率，用折射率对浓度作图，可求待测乙醇溶液的浓度。

三、仪器与试剂

仪器：阿贝折射仪。

试剂：已知浓度的乙醇溶液，未知浓度的乙醇溶液。

四、实验技术

1. 阿贝折射仪的测定原理

如图 7-6 所示，当光线从光密介质进入光疏介质，则入射角小于折射角，改变入射角

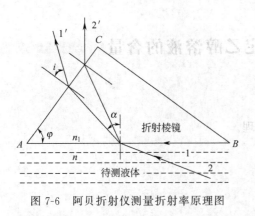

图 7-6 阿贝折射仪测量折射率原理图

可使折射角为 90°，此时入射角称为全反射临界角。沿 BA 射的光线经 AB 面折射后以全反射临界角 α 进入折射棱镜，然后以 i 角从 AC 进入空气中。所有入射角小于 90° 的入射光线经 AB 面折射后的折射角均小于临界角，在 AC 边出射时光线均在光线 $1'$ 上方。因此，用阿贝折射仪观察时能够看到明暗分界的现象，分界线即对应着光线 $1'$，就是临界角的位置。不同折射率有不同的临界角，故一定的 i 角对应于一定的折射率值。根据光路原理图，可以得出以下关系。

$$\ln C = -kt + \ln C_0$$

若已知 φ 角和棱镜的折射率 n_1，测出 i 角就可以计算出被测物质的 n 值。

2. 阿贝折射仪的使用方法

阿贝折射仪外形如图 7-7 所示，使用方法如下。

（1）仪器的安装　仪器应放在光线充足的实验台上，或用普通白炽灯作为光源。在精密测定时，棱镜保温夹套内应通入恒温水，恒温水可由超级恒温槽供给。

（2）清洗棱镜镜面　松开锁钮，开启辅助棱镜，使镜面处于水平位置。用滴管滴加少量丙酮洗镜面（用滴管时注意勿使管尖触碰镜面）。必要时可用擦镜纸轻轻揩拭镜面（切勿用滤纸）。待镜面干燥或用擦镜纸吸干后即可使用。

（3）加样　滴加数滴试样于辅助棱镜的毛玻璃面上，闭合棱镜，旋紧锁钮。

（4）对光　转动棱镜转动旋钮，使刻度盘标尺上的示值为最小。调节底部反光镜，同时从测量望远镜中观察，使视野最亮。调节目镜，使视野十字线最清晰。

（5）测定　转动棱镜转动旋钮，使刻度标尺上的示值逐渐增大，当视野出现明暗分界线和彩色光带（白光的色散现象）时，转动消色散（阿米西棱镜）旋钮，使视野的明暗界线达到最清晰。再精细调节棱镜位置，使明暗界线正好位于十字线的交叉点上，如此时出现微色散，重调消色散旋钮使界线清晰 [图7-8(a)]。

（6）读数　读数时先打开刻度盘罩壳上方的读数小窗，使光线射入，从读数望远镜中，读出标尺上相应的示值 [图 7-8(b)]。为了减小误差，应转动棱镜，

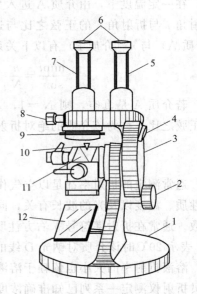

图 7-7　阿贝折射仪外形示意图
1—底架；2—棱镜转动手轮；3—圆盘组（内有刻度板）；4—小反光镜；5—读数镜筒；6—目镜；7—望远镜筒；8—阿西米棱镜手轮；9—色散值刻度圈；10—棱镜锁紧扳手；11—棱镜组；12—反光镜

重复测定 3 次（每次读数相差不宜大于 0.0002），记录读数，取 3 次读数的平均值处理数据。测定完毕，用丙酮洗净镜面，再用擦镜纸吸干。

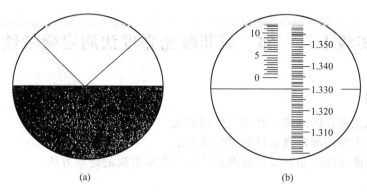

(a)   (b)

图 7-8　阿贝折射仪目镜视场图

五、实验步骤

按实验技术所述阿贝折射仪的使用方法，依次测定蒸馏水和 10%、20%、30%、40%、50%乙醇水溶液的折射率。读数至小数点后第 4 位（最后 1 位是估计数），每次读数后转动棱镜重新读数，读取 3 次读数。再测未知乙醇溶液的折射率。测量完毕，用丙酮洗净镜面，再用擦镜纸吸干。

六、数据记录与分析

将所测得实验数据记录于表 7-4 中。

表 7-4　阿贝折射仪测定乙醇溶液的含量

室温：＿＿＿＿＿　　大气压：＿＿＿＿＿　　仪器编号：＿＿＿＿＿

样品		已知浓度乙醇水溶液						待测乙醇溶液
浓度/%		0	10	20	30	40	50	
折射率	1							
	2							
	3							
	平均值							

以溶液中乙醇的浓度为横坐标，折射率为纵坐标作图，并求出未知乙醇溶液的浓度。要求写出计算过程，得出结果。

七、思考题

1. 折射率的定义是什么？它与哪些因素有关？

2. 在阿贝折射仪两棱镜间没有液体或液体已挥发，是否能观察到临界折射现象？为什么？

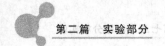

实验十三　邻二氮菲吸光光度法测定微量铁

一、实验目的

1. 了解分光光度计的结构、性能及使用方法。
2. 学习分光光度法测定微量铁的原理及方法。
3. 掌握吸收曲线的绘制和采用标准曲线处理实验数据的定量方法。

二、实验原理

试样中的微量铁常采用分光光度法测定，通常有硫氰酸钾法、磺基水杨酸法和邻二氮菲法。邻二氮菲法由于灵敏度高、干扰少、生成的有色配合物稳定、重现性好，因而成为广泛应用的方法。

采用邻二氮菲法测定水中微量铁时，先用酸将以水合氢氧化物形态存在的铁溶解，并用还原剂（盐酸羟胺）把 Fe^{3+} 还原成 Fe^{2+}，Fe^{2+} 与邻二氮菲在 $pH=2\sim9$ 的溶液中（加入 NaAc 溶液调节）生成非常稳定的水溶性橙红色配合物 $[(C_{12}H_8N_2)_3Fe]^{2+}$，其 $\lg K_稳=21.3(20℃)$，其最大吸收波长在 510nm，摩尔吸收系数 $\varepsilon_{510}=1.1\times10^4 L\cdot mol^{-1}\cdot cm^{-1}$，反应如下。

$$2Fe^{3+}+2NH_2OH =\!=\!= 2Fe^{2+}+N_2\uparrow+2H_2O+2H^+$$

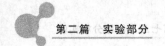

实验中为了确定 Fe^{2+} 和邻二氮菲生成配合物的最大吸收波长 λ_{max}，必须先绘制一定浓度下不同波长 $\lambda(460\sim560nm)$ 对吸光度（A）的吸收曲线，确定最大吸收波长；再用 λ_{max} 作为入射光波长，将一系列不同浓度标准溶液显色后，测定其相应的吸光度（A）；绘制浓度-吸光度（A）曲线即（标准曲线）。

最后，将被测试样在相同条件下显色，测得吸光度（A），从标准曲线上求得被测组分的含量。此法最低检出浓度为 $0.05mg\cdot L^{-1}$。

分光光度法测定铁的其他实验条件，如溶液酸度、显色剂用量、显色时间等都是通过实验来确定的。

三、仪器与试剂

仪器：721（722）型分光光度计；容量瓶 50mL 8 个；吸量管 1mL、2mL；量筒 10mL。

试剂：标准铁溶液（$100\mu g\cdot mL^{-1}$）；NaAc（$1mol\cdot L^{-1}$）；未知铁样（约含 $10^{-3}mol\cdot L^{-1}$标准铁）；邻二氮菲（0.15%）；盐酸羟胺（10%）。

四、实验步骤

1. 吸收曲线的绘制

取洁净的 50mL 容量瓶 2 个，用 1mL 移液管分别移取 0.00mL（试剂空白）、1.00mL

$100\mu g \cdot mL^{-1}$ 标准铁溶液于容量瓶中，并各加入 1.0mL 10％盐酸羟胺溶液，摇匀后放置 1min。再分别加入 2.0mL 0.15％邻二氮菲溶液，5mL 1mol·L⁻¹ NaAc 溶液。用去离子水稀释至刻度，摇匀。放置 10min 后将上述溶液分别装入两个 1cm 比色皿中，以试剂空白为参比，用 721（722）型分光度计，调节波长在 460～560nm 之间，测量吸光度（A）。

测定时从 460～500nm、520～560nm 每隔 10nm 测一个数据（A）；在最大吸收峰附近，即从 500～520nm 每隔 5nm 测一个数据。

以波长（λ）为横坐标，吸光度（A）为纵坐标，绘制吸收曲线，并从曲线上找出最大吸收波长（λ_{max}），用以对铁进行测定。

2. 标准曲线的绘制

取 6 个洁净的 50mL 容量瓶（编号），用 1mL 吸量管分别移取 0.00mL（试剂空白）、0.20mL、0.40mL、0.60mL、0.80mL、1.00mL $100\mu g \cdot mL^{-1}$ 标准铁溶液于容量瓶中，各加入 1.0mL 10％盐酸羟胺溶液，摇匀后放置 1min，再分别加入 2.0mL 0.15％邻二氮菲溶液，5mL 1mol·L⁻¹ NaAc 溶液。用去离子水稀释至刻度，摇匀。放置 10min 后，在选定的波长（λ_{max}）下，用 1cm 比色皿，以试剂空白为参比液，测定各溶液的吸光度（A）。

以标准铁含量为横坐标，对应的吸光度（A）为纵坐标，绘制邻二氮菲-Fe 的标准曲线。

3. 试样中铁含量的测定

用移液管移取未知铁试样 1mL，置于 50mL 容量瓶中，加入 1.0mL 10％盐酸羟胺溶液，摇匀后放置 1min。再加入 2.0mL 0.15％邻二氮菲溶液，5mL 1mol·L⁻¹ NaAc 溶液。用去离子水稀至刻度，摇匀后放置 10min。同样以空白液为参比，用 1cm 的比色皿，在所选择的最大吸收波长（λ_{max}）下测定未知溶液的吸光度值。

从标准曲线上查出未知试样中铁的含量（$g \cdot L^{-1}$）。

五、数据记录与分析

最大吸收波长的确定见表 7-5。

表 7-5 最大吸收波长的确定

项目	序号												
	1	2	3	4	5	6	7	8	9	10	11	12	13
波长(λ)/nm													
吸光度(A)													

以波长（λ）为横坐标，吸光度（A）为纵坐标，绘制吸收曲线，确定最大吸收波长（λ_{max}）。

邻二氮菲-Fe 标准曲线绘制见表 7-6。

表 7-6 邻二氮菲-Fe 标准曲线的绘制

项目	序号					
	0	1	2	3	4	5
标准铁含量 V/mL						
Fe^{2+}含量/$g \cdot L^{-1}$						
吸光度(A)						

以标准铁含量为横坐标，对应的吸光度（A）为纵坐标，绘制邻二氮菲-Fe 的标准曲线。

未知铁样：吸光度（A）=＿＿＿＿＿＿；在标准曲线上查出铁的含量＝＿＿＿g·L^{-1}。

六、思考题

1. 邻二氮菲分光光度法测定微量铁有什么特点？

2. 如何求得 λ_{max}？如果从吸收曲线求得的 λ_{max} 不是 510nm，说明仪器有什么问题？

3. 盐酸羟胺、邻二氮菲和 NaAc 溶液的作用各是什么？加入次序是否可以改变？

4. 如果试液测得的吸光度不在标准曲线范围内怎么办？

附录　722 型分光光度计的使用

722 型分光光度计是在 72 型基础上改进而成的。它的外形及光学系统如图 7-9 和图 7-10 所示，主要技术指标如下。

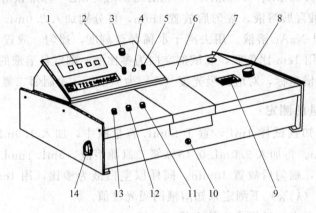

图 7-9　722 型分光光度计外形图

1—数字显示器；2—吸光度调零旋钮；3—选择开关；4—吸光
度调斜率电位器；5—浓度旋钮；6—光源室；7—电源开关；
8—波长手轮；9—波长刻度窗；10—试样架拉手；11—100%T
旋钮；12—0%T 旋钮；13—灵敏度调节旋钮；14—干燥器

波长范围：330～800nm；波长精度±2nm。

电源电压：220V±10V，49.5～50Hz。

浓度值读数范围：0～2000。

吸光度测量范围：0～1.9990。

透光率测量范围：0～100%。

光谱带宽 6nm。

色散元件：衍射光栅。

光源：卤钨灯 12V，30W。

如图 7-10 所示，722 型分光光度计的光源钨灯发出的连续辐射经滤光片选择，聚光镜聚光后从进狭缝投向单色器，进狭缝正好处在聚光镜及单色器内准直镜的焦平面上，因此进入单色器的复合光通过平面反射镜反射及准直镜准直变成平行光射向色散元件光栅，光栅将入射的复合光通过衍射作用按照一定顺序均匀排列成连续单色光谱。此单色光谱重新回到准直镜上，由于仪器出射狭缝设置在准直镜的焦平面上，这样，从光栅色散出来的光谱经准直镜后利用聚光原理成像在出射狭缝上，出射狭缝选出指定带宽的单色光通过聚光镜落在试样

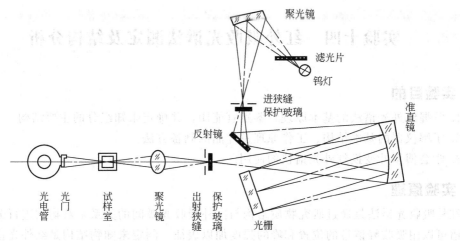

图 7-10 722 型分光光度计光学系统图

室被测样品中心，样品吸收后透射的光经光门射向光电管阴极面，由光电管产生的光电流经微电流放大器、对数放大器放大后，在数字显示器上直接显示出样品溶液的透光率、吸光度或浓度数值。

使用方法及注意事项如下。

① 将灵敏度旋钮调至 "1" 挡（放大倍率最小）。

② 开启电源，指示灯亮，仪器预热 20min，选择开关置于 "T"。

③ 打开试样室（光门自动关闭），调节透光率零点旋钮，使数字显示为 "0.000"。

④ 将装有溶液的比色皿置于比色架中。

⑤ 旋动仪器波长手轮，把测试所需的波长调节至刻度线处。

⑥ 盖上样品室盖，将参比溶液比色皿置于光路，调节透光率 "100" 旋钮，使数字显示 T 为 100.0（若显示不到 100.0，则可适当增加灵敏度的挡数，同时应重复③，调整仪器的 "0.000"）。

⑦ 将被测溶液置于光路中，从数字表上直接读出被测溶液的透光率（T）值。

⑧ 吸光度（A）的测量，参照③、⑥，调整仪器的 "0.000" 和 "100.0"，将选择开关置于 A，旋动吸光度调零旋钮，使得数字显示为 "0.000"，然后移入被测溶液，显示值即为试样的吸光度（A）值。

⑨ 浓度（c）的测量，选择开关由 A 旋至 C，将已标定浓度的溶液移入光路，调节浓度旋钮，使得数字显示为标定值，将被测溶液移入光路，即可读出相应的浓度值。

⑩ 仪器使用时，应常参照本操作方法中③、⑥进行调 "0.000" 和 "100.0" 的工作。

⑪ 本仪器数字显示后背部带有外接插座，可输出模拟信号。插座 1 脚为正，2 脚为负接地线。

⑫ 若大幅度改变测试波长，需等数分钟后才能正常工作（因波长由长波向短波或反之移动时，光能量变化急剧，光电管受光后响应迟缓，需一段光响应平衡时间）。

⑬ 比色皿用完后应及时用蒸馏水洗净，用细软的纸或布擦干，存于比色皿盒内。

实验十四　红外吸收光谱法测定及结构分析

一、实验目的

1. 掌握红外光谱法的基本原理，鉴别官能团，并确定未知组分的主要结构。
2. 了解仪器的基本结构、工作原理及样品的制备方法。
3. 学会傅里叶变换红外光谱仪的使用。

二、实验原理

红外吸收光谱法是通过研究物质结构与红外吸收光谱间的关系来对物质进行分析的，红外光谱可以用吸收峰谱带的位置和峰的强度加以表征。测定未知物结构是红外光谱定性分析的一个重要用途。根据实验所测绘的红外光谱图的吸收峰位置、强度和形状，利用基团振动频率与分子结构的关系，来确定吸收带的归属，确认分子中所含的基团或键，并推断分子的结构，鉴定的步骤如下。

① 对样品做初步了解，如样品的纯度、外观、来源、元素分析结果及物理性质（分子量、沸点、熔点）。

② 确定未知物不饱和度，以推测化合物可能的结构。

③ 图谱解析：

a. 首先在官能团区（4000～1300cm^{-1}）搜寻官能团的特征伸缩振动；

b. 再根据"指纹区"（1300～400cm^{-1}）的吸收情况，进一步确认该基团的存在以及与其他基团的结合方式。

三、仪器与试剂

仪器：Nicolet 510P FT-IR Spectrometer（美国 Nicolet 公司）、FW-4 型压片机（包括压模等）（天津市光学仪器厂）、真空泵、玛瑙研钵、红外灯、镊子、可拆式液体池、盐片（NaCl、KBr、BaF$_2$ 等）。

试剂：KBr 粉末（光谱纯）；无水乙醇（AR）；滑石粉；丙酮；脱脂棉；对硝基苯甲酸；苯乙酮等。

四、实验步骤

红外光谱仪的基本结构和工作原理如图 7-11 所示。

1. 红外光谱仪的准备

打开红外光谱仪电源开关，待仪器稳定 30min 以上，方可测定。

① 打开电脑，打开 OMNIC ESP 软件，在 Collect 菜单下的 Experiment Set-up 中设置实验参数。

② 实验参数设置：分辨率为 4cm^{-1}，扫描次数为 32，扫描范围为 4000～400cm^{-1}，纵坐标为 Transmittance。

2. 红外光谱图的测试

（1）液体样品的制备及测试　将可拆式液体样品池的盐片从干燥器中取出，在红外灯下

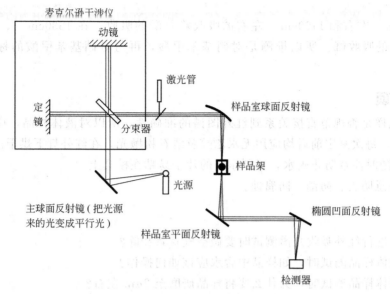

图 7-11 红外光谱仪基本结构和工作原理

用少许滑石粉混入几滴无水乙醇磨光其表面。再用几滴无水乙醇清洗盐片后，置于红外灯下烘干备用。将盐片放在可拆液池的孔中央，将另一盐片平压在上面，拧紧螺丝，组装好液池，置于光度计样品托架上，进行背景扫谱。然后拆开液池，在盐片上滴一滴液体（苯乙酮）试样，将另一盐片平压在上面（不能有气泡），组装好液池。同前进行样品扫描，获得样品的红外光谱图。

扫谱结束后，将液体吸收池拆开，及时用丙酮洗去样品，并将盐片保存在干燥器中。

（2）固体样品的制备及测试　在红外灯下，采用压片法，将研成 $2\mu m$ 左右的粉末样品 $1\sim2mg$ 与 $100\sim200mg$ 光谱纯 KBr 粉末混匀再研磨后，放入压模内，在压片机上边抽真空边加压，压力约为 10MPa，制成厚约 1mm、直径约 10mm 的透明薄片。采集背景后，将此片装于样品架上，进行扫描，看透光率是否超过 40%，若达到，测试结果正常；若未达到 40%，需根据情况增减样品量后，重新压片。

扫谱结束后，取下样品架，取出薄片，按要求将模具、样品架等清理干净，妥善保管。

五、数据分析

1. 根据苯乙酮的光谱进行图谱解析

在 $3000cm^{-1}$ 附近有四个弱吸收峰，这是苯环及 CH_3 的 C—H 伸缩振动；在 $1600\sim1500cm^{-1}$ 处有 $2\sim3$ 个峰，是苯环的骨架振动，所以可判定该化合物有苯环存在；在指纹区 $760cm^{-1}$、$692cm^{-1}$ 处有 2 个峰，说明是单取代苯环；在 $1687cm^{-1}$ 处强吸收峰为 C＝O 的伸缩振动，在 $1265cm^{-1}$ 出现强吸收峰，这是芳香酮的吸收；在 $1363cm^{-1}$ 及 $1430cm^{-1}$ 处的吸收峰分别为 CH_3 的 C—H 对称及反对称变形振动，所以根据上述图谱分析此物质的结构与苯乙酮标准红外光谱比较，完全一致。

2. 根据对硝基苯甲酸的图谱进行解析

在 $3020cm^{-1}$ 的吸收峰是苯环上的＝C—H 伸缩振动引起的。在 $1605cm^{-1}$、$1511cm^{-1}$ 的吸收峰是苯环骨架 C＝C 伸缩振动引起的。在 $817cm^{-1}$ 的吸收峰说明苯环上发生了对位取代。

在 $3000cm^{-1}$ 左右和 $1400cm^{-1}$ 左右的吸收峰是酸的吸收,在 $1530cm^{-1}$、$1300cm^{-1}$ 处是基团—NO_2 的吸收峰。所以推测是对硝基苯甲酸,再与对硝基苯甲酸的标准红外图谱比较。

六、注意事项

① 制备试样是否规范直接关系到红外图谱的准确性,所以对液体样品,应注意使盐片保持干燥透明,每次测定前后均应用无水乙醇及滑石粉抛光,在红外灯下烘干。对固体样品经研磨后也应随时注意防止吸水,否则压出的片子易粘在模具上。

② 仪器注意防震、防潮、防腐蚀。

七、思考题

1. 为什么进行红外吸收光谱测试时要做空气背景扣除?

2. 进行液体样品测试时,如样品中含水应该如何操作?

3. 进行固体样品测试时,为什么要将样品研磨至 $2\mu m$ 左右?

4. 影响基团振动频率的因素有哪些?这对于由红外光谱推断分子的结构有什么作用?

实验十五　同步荧光法同时测定色氨酸、酪氨酸和苯丙氨酸

一、实验目的

1. 了解等波长差同步扫描技术。
2. 学习用不同荧光法测定多组分混合物的方法。

二、实验原理

色氨酸（Try）、酪氨酸（Tyr）和苯丙氨酸（Phe）是天然氨基酸中仅有的能发射荧光的组分，可以用荧光法测定。但由于三者的激发光谱和发射光谱互相重叠，常规荧光法不能实现混合物中这三种组分的分别测定。同步扫描荧光光谱技术具有简化、窄化光谱、提高选择性等优点。等波长差（$\Delta\lambda = \lambda_{em} - \lambda_{ex}$）同步扫描技术可以通过 $\Delta\lambda$ 的选择，实现多组分混合物的选择性测定。研究表明，当仅有酪氨酸和色氨酸共存时，分别利用酪氨酸（$\Delta\lambda <$ 15nm）和色氨酸（$\Delta\lambda > 60$nm）特征的同步扫描光谱可以实现这两种组分的分别测定。当同时含有这三种氨基酸时，可以在 pH＝7.4 的缓冲介质中，以 $\Delta\lambda = 55$nm 进行同步扫描，利用苯丙氨酸 217nm、酪氨酸 232nm 和色氨酸 284nm 的同步荧光峰进行分别测定。测定范围是苯丙氨酸 $0.07 \sim 5$mg $\cdot$ mL^{-1}，酪氨酸 $0.02 \sim 1$mg $\cdot$ mL^{-1}，色氨酸 $0.001 \sim 0.5$mg $\cdot$ mL^{-1}。酪氨酸在 268nm 处的同步荧光峰对色氨酸的测定有一定干扰，但可以校正。

三、仪器与试剂

仪器：F-4500 型荧光光度计、25mL 带玻璃塞的比色管、吸量管。

试剂：

① 色氨酸、酪氨酸和苯丙氨酸标准溶液：先配制 0.5mg $\cdot$ mL^{-1}标准溶液，再逐级稀释配制含色氨酸 1μg $\cdot$ mL^{-1}、含酪氨酸 2μg $\cdot$ mL^{-1}和含苯丙氨酸 10μg $\cdot$ mL^{-1}的工作溶液。

② pH＝7.4 的 KH_2PO_4-NaOH 缓冲液：0.5mol $\cdot$ L^{-1} NaOH 溶液与 0.5mol $\cdot$ L^{-1} KH_2PO_4 按 4：5 体积混合而成。

四、实验步骤

1. 荧光激发、发射光谱及同步光谱的测定

分别移取苯丙氨酸（4.0mL）、酪氨酸（8mL）和色氨酸（4.0mL）标准溶液于三支 25mL 比色管中，各加入 2mL pH＝7.4 的 KH_2PO_4-NaOH 缓冲液，用水稀释至刻度摇匀，测定其荧光激发、发射和同步（$\Delta\lambda = 55$nm）光谱。确定其峰值波长和强度。

2. 混合溶液荧光激发、发射光谱及同步光谱的测定

移取 4.0mL 苯丙氨酸、8mL 酪氨酸和 4.0mL 色氨酸标准溶液于一个 25mL 比色管中，加入 2mL pH＝7.4 的 KH_2PO_4-NaOH 缓冲液，用水稀释至刻度摇匀，测定其荧光激发、发射和同步（$\Delta\lambda = 55$nm）光谱。确定其峰值波长和强度，并与步骤 1 中图谱加以比较。

3. 波长差 $\Delta\lambda$ 的确定

移取 4.0mL 苯丙氨酸、8mL 酪氨酸和 4.0mL 色氨酸标准溶液于一个 25mL 比色管中，

加入 2mL pH＝7.4 的 KH_2PO_4-NaOH 缓冲液，用水稀释至刻度摇匀，测定其同步（$\Delta\lambda=$ 40nm、50nm、60nm、70nm，$\lambda_{ex}=210nm$）光谱，并记录扫描结果。其中苯丙氨酸、酪氨酸、色氨酸分别对应 217nm、232nm 和 284nm 的同步荧光峰强度。

五、数据分析

① 从激发和发射光谱中找出最大激发波长和最大发射波长值，以及它们相对应的峰高。

② 在它们的同步荧光光谱中也确定最大波长和对应的峰高。

六、注意事项

$\Delta\lambda$ 的选择直接影同步荧光峰的峰形、峰位和强度，实验中应保持一致。

七、思考题

1. 同步扫描荧光技术有哪些优点？

2. 观察激发波长的整数倍处荧光发射光谱有何特点？该波长是否适合于进行定量分析？

3. 比较紫外分光光度法和荧光分析法的区别，各有哪些优缺点？

<h1 style="text-align:center">实验十六　火焰原子吸收光谱法测定
水样中锌的含量</h1>

一、实验目的

1. 掌握原子吸收光谱的基本原理。
2. 了解原子吸收分光光度计的主要结构，并学习其操作和分析方法。
3. 学习并掌握原子吸收工作站的使用方法。
4. 掌握以回收率来评价分析方案和测量结果的方法。

二、实验原理

溶液中的锌离子在火焰温度下变成锌原子蒸气，由光源空心阴极灯辐射出锌的锐线光源，在波长为 213.9nm 的锌特征共振线被锌原子蒸气强烈吸收，其吸收的强度与锌原子蒸气浓度的关系是符合比尔定律的，即：

$$A = \lg \frac{1}{T} = KNL$$

式中　A——吸光度；

　　　T——透光度；

　　　K——吸光系数；

　　　N——单位体积锌原子蒸气中吸收辐射共振线的锌原子数；

　　　L——锌原子蒸气的厚度。

锌原子蒸气浓度 N 与溶液中锌离子浓度 c 成正比，当测定条件固定时：

$$A = Kc$$

利用 A 与 c 的关系，用已知不同浓度的锌离子标准溶液测出不同的吸光度，绘制标准曲线，再测试液的吸光度，从标准曲线可求出试液中锌的含量。

三、仪器与试剂

仪器：3510 型原子吸收分光光度计，一台；空气压缩机，一台；乙炔空气设备，一套。

试剂：

（1）锌标准溶液　溶解 1.000g 纯金属镁于少量 1∶1 HCl 中，待完全溶解后，将溶液转移至 1000mL 容量瓶中，并用蒸馏水稀释至刻度，摇匀，备用。1.00mL≈1.00mg 镁。

（2）2% $SrCl_2$ 溶液　称 2g $SrCl_2$ 溶于水，再用蒸馏水稀释至 100mL。

四、实验步骤

首先检查电路和气路是否已妥善连接，检查水封管（在仪器的下面）内是否已被水封，若未封，应加水封闭，以免发生乙炔气体泄漏或回火爆炸等意外事故的发生。

检查仪器各主要操作环节是否正常，并处于应有的位置。

打开主机电源，微机自动初始化，主显示出现"AA3510"，稍等片刻，显"PASS 1"，然后显示"PASS 2"，再显示波长为"190.0"，能量显示"00"后，主显示窗显示吸光度可进行以下操作。

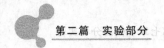

打开计算机，进入 3512 工作站。

选择元素并根据待测元素的特性，选择所需要的仪器条件，如 WL（波长），Lamp（灯电流），Hvolt（负高压）。等待 10～20s，仪器走波长，使有能量显示后，再进行以下工作。

进入仪器条件对话框，选择模式 ABS，信号方式 AA，信号处理 CONT。在进行完波长、负高压、灯电流设置后，按"找峰"钮，主机将自动找出分析线波长的中心位置。

仪器点火，打开空心压缩机，调整压力，开乙炔气钢瓶。按下"析查"键，调整乙炔气流量，按"点火"键数秒点火，调整乙炔气流量至合适的燃烧状态。在点燃火焰后即应用去离子水喷雾。

调节增益，使能量落在绿色区内，并同时对吸光度值进行调零。各种操作条件均已确定后，可依次完成标准样及样品测定。

五、数据记录与分析

1. 实验条件（表 7-7）

表 7-7　实验条件

共振吸收波长/nm		灯电流/mA	
负高压/V		光谱通带/nm	
乙炔流量/L·min^{-1}		空气流量/L·min^{-1}	

2. 标准曲线的绘制

于 5 个 50mL 容量瓶中分别加入 0.00mL、1.00mL、2.00mL、3.50mL、5.00mL 锌标液，稀释至刻度，摇匀。再按实验条件，以试剂空白，依次测定各瓶溶液的吸光度，记录各瓶溶液的锌含量和吸光度，并以吸光度为纵坐标，以锌的含量为横坐标绘出标准曲线。

3. 未知水样的测定

准确吸取 2mL 未知水样于 50mL 容量瓶中，稀释至刻度，摇匀。在实验条件下，用试剂空白，测其吸光度，再从标准曲线上查出未知水样中锌的浓度。

六、思考题

1. 本实验如何做到安全操作？
2. 能否用钨灯或氘灯来代替测金属元素的空心阴极灯，为什么？

实验十七 石墨炉原子吸收光谱法测定 水样中铜含量

一、实验目的

1. 掌握原子吸收光谱的基本原理。
2. 了解原子吸收分光光度计的主要结构，并学习其操作和分析方法。
3. 学习并掌握原子吸收工作站的使用方法。
4. 掌握以回收率来评价分析方案和测量结果的方法。

二、实验原理

溶液中的铜离子在火焰温度下变成铜原子蒸气，由光源空心阴极灯辐射出铜的锐线光源，在波长为213.9nm的铜特征共振线被铜原子蒸气强烈吸收，其吸收的强度与铜原子蒸气浓度的关系是符合比尔定律的，即：

$$A = \lg \frac{1}{T} = KNL$$

式中　A——吸光度；

　　　T——透光度；

　　　K——吸光系数；

　　　N——单位体积铜原子蒸气中吸收辐射共振线的铜原子数；

　　　L——铜原子蒸气的厚度。

铜原子蒸气浓度 N 与溶液中铜离子浓度 c 成正比，当测定条件固定时：

$$A = Kc$$

利用 A 与 c 的关系，用已知不同浓度的铜离子标准溶液测出不同的吸光度，绘制标准曲线，再测试液的吸光度，从标准曲线可求出试液中铜的含量。

三、仪器与试剂

仪器：3510型原子吸收分光光度计，一台；3511G石墨炉系统，一套；水源；氩气源。

试剂：

① 铜贮备液 $1g \cdot L^{-1}$。

② 铜标准贮备液 $0.01g \cdot L^{-1}$。

四、实验步骤

① 进入仪器条件对话框，选择模式 ABS，信号方式 AA-BG，信号处理，峰高，在进行完波长、负高压、灯电流设置完成后，按"找峰"钮，主机将自动找出分析线波长的中心位置，"单倍"调节空心阴极灯与氘灯能量。

② 调节增益，使能量读数落在绿色区内，并同时对吸光度值进行调零。

③ 打开氩气钢瓶阀门，将输出压力调节至0.4MPa，打开自来水龙头或循环水泵，使冷却水从石墨炉炉体的冷却水入口进，冷却水出口出。

④ 打开石墨炉电源控制器，显示会出现3511字样，数秒后，恢复到第一阶段计数，然

后输入各阶段参数，即可进行测试。

⑤ 各种操作条件均已稳定后，可依次完成标准样及样品的测定。

五、数据记录与分析

1. 石墨炉条件（表 7-8）

表 7-8　石墨炉条件

阶段	温度	升温时间	保持时间	内气	外气
1					
2					
3					
4					

2. 标准曲线的绘制

于 5 个 50mL 容量瓶中分别加入 0.00mL、1.00mL、2.00mL、3.50mL、5.00mL 铜标准贮备液，稀至刻度，摇匀。再按实验条件，以试剂空白，依次测定各瓶溶液的吸光度，记录各瓶溶液的锌含量和吸光度，并以吸光度为纵坐标，以锌的含量为横坐标绘出标准曲线。

3. 未知样品的测定

准确吸取 2mL 未知水样于 50mL 容量瓶中，稀释至刻度，摇匀。在实验条件下，用试剂空白，测其吸光度，再从标准曲线上查出未知水样中锌的浓度。

六、思考题

1. 石墨炉升温各个阶段的作用分别是什么？
2. 石墨炉工作过程中冷却水流量是否是越大越好，为什么？

实验十八 核磁共振波谱（氢谱）法测定乙基苯

一、实验目的

1. 了解核磁共振的基本概念和实现核磁共振的基本条件。
2. 熟悉核磁共振氢谱的实验方法，核磁共振氢谱的主要参数。
3. 学会简单核磁共振氢谱的分析方法。

二、实验原理

1. 核磁共振的概念

具有磁性的原子核，处在某个外加静磁场中，受到特定频率的电磁波的作用，在它的磁能级之间发生的共振跃迁现象，叫核磁共振现象。

2. 核磁共振的共振条件

① 具有磁性的原子核（γ 表示某种核的磁旋比）。

② 处于外加静磁场（H_0）中。

③ 一定频率（ν）的射频脉冲。

④ 公式：

$$\nu = \frac{\gamma}{2\pi} H_0$$

3. 化学位移的概念及产生

由核磁共振的概念可知：同一种类型的原子核的共振频率是相同的，这里是指裸露的原子核，没有考虑原子核所处的化学环境，实际上当原子核处在不同的基团中时（既不同化学环境），其所感受到的磁场是不相同的。

核磁共振的条件为：

$$h\nu = \frac{h}{2\pi} \gamma H_0$$

由于不同基团的核外电子云的存在，对原子核产生了一定的屏蔽作用。

核外电子云在外加静磁场中产生的感应磁场为：

$$H' = -\sigma H_0$$

式中 σ——磁屏蔽常数。

原子核实际感受到的磁场是外加静磁场和电子云产生的磁场的叠加。

$$H = H_0 - H' = H_0 - \sigma H_0 = (1-\sigma)H_0$$

所以，原子核的实际共振频率为：

$$\nu = \frac{\gamma}{2\pi}(1-\sigma)H_0$$

对于同一种元素的原子核，如果处于不同的基团中（即化学环境不同），原子核周围的电子云密度是不相同的，因而共振频率 ν 也不同，因此产生了化学位移。

化学位移（δ）定义为：

$$\delta = \frac{\nu_{样品} - \nu_{参考物}}{\nu_{参考物}} \times 10^6$$

4. 核磁共振谱仪的工作方式

（1）连续波工作方式　分为两种工作方式：固定磁场、改变频率的变频操作；固定频率、改变磁场的扫场方式。

（2）脉冲波的工作方式　由电子学知识可知：一个脉冲波展开在频率域内是覆盖一定频率范围的一个频带，也就是说，一个脉冲相当于在一个极短的时间内发出所有的频率，让这个频率范围内的所有原子核同时共振。然后同时检测各个化学环境不同的原子核从高能态返回到低能态时放出的能量。

三、仪器与试剂

仪器：

① AV-500 型核磁共振波谱仪。

② 样品管：核磁共振的样品管是专用样品管。直径 5mm，长度大于 150mm。

试剂：

① $CDCl_3$，CIL 公司（进口）。

② 乙基苯。

③ 乙酰乙酸乙酯。

四、实验步骤

1. 样品管的要求

核磁共振的样品管是专用样品管，由质量好的耐温玻璃做成，也有采用石英或聚四氟乙烯（PTFE）材料制成的。要求样品管无磁性、管壁平直、厚度均匀。样品管形状是圆筒形的，样品管的直径取决于谱仪探头的类型，外径可小到 1mm，大到 25mm。常见的样品管直径有 5mm、10mm、2.5mm 三种。长度要求大于 150mm。本仪器使用的样品管直径为 5mm。

2. 配制样品及要求

由于核磁共振是一种定性分析的方法，所以样品的取样量没有严格的要求，取样原则是：在能达到分析要求的情况下，样品量少一些为好，样品浓度太大，谱图的旋转边带或卫星峰太大，而且，谱图分辨率变差，不利于谱图的分析。

固体样品取 5mg 左右，液体样品取 0.05mL 左右。

将样品小心地放入样品管中，用注射器取 0.5mL $CDCl_3$（氘代氯仿）注入样品管，使样品充分溶解。要求样品与试剂充分混合，溶液澄清、透明、无悬浮物或其他杂质。

3. 开机

① 打开计算机电源，输入相应开机密码。

② 运行 CCU 监控程序。

③ 开机柜电源，总电源→BSMS/2 电源→BLAX300/1 电源→BLAX300/2 电源→AQS 电源。

④ 进入 NMR 程序：双击桌面 TOPSPIN3.1。

⑤ 初始化：键入 CF ⤶。

仪器进行自检和初始状态设置。

4. 标准样品放入磁场

① 将标准样品放入磁铁中（参考步骤 6 中①～④步）。

② 调入以前做过的谱图，键入 ii ⤶。初始化采样参数。

5. 仪器状态调整

（1）打开采样向导　点击菜单 Spectrometer/DATA Acquisition Guide，出现图 7-12。

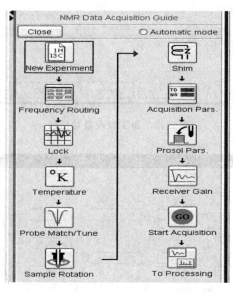

图 7-12　NMR 数据采集向导图

（2）新实验设置　点击 New Experiment （或键入指令 NEW ⤶），设计新实验，出现图 7-13。

（3）通道设置　点击 Frequency Routing （或键入指令 ⤶），观察采样通道和氘锁通道，出现图 7-14。

（4）锁场　点击 Lock （或键入指令 LOCK ⤶），锁定磁场，出现图 7-15。

选取 $CDCl_3$（氘代氯仿），点击 OK 。仪谱进行自动匀场。

（5）探头调谐　点击 Probe Match/Tune （或键入指令 atma ⤶），在当前样品状态下对探头进行调谐。

（6）梯度匀场　按小键盘上的 SPIN ON/OF ，让样品旋转，此时 SPIN ON/OF 上的指示灯闪烁，等待直到指示灯稳定。然后点击 Shim （或键入指令 shim ⤶），进入梯度匀场对话框，出现图 7-16。

点击 Start Gradient Shimming ，仪器进行自动梯度匀场，大约需要 3min 时间，可看到锁信号线上下跳动。匀场完毕，锁信号线重新锁上，并出现匀场结果（result）对话框，点

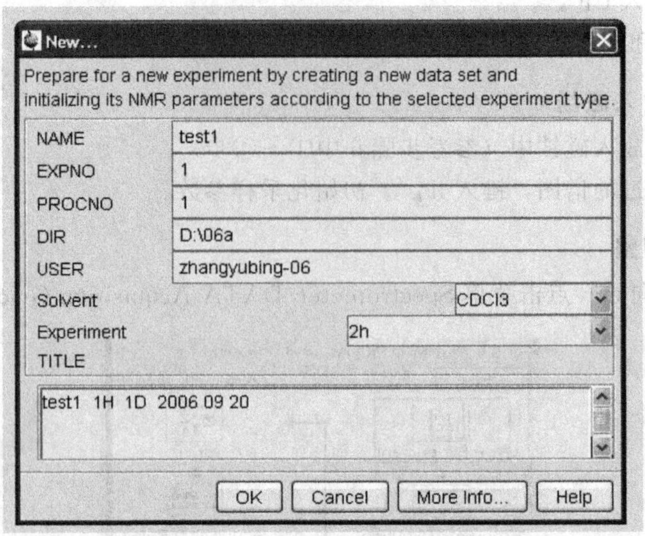

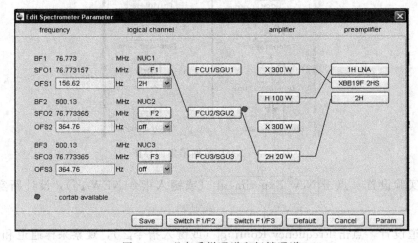

图 7-13 新实验设置对话框

图 7-14 观察采样通道和氘锁通道

击 OK ，完成梯度匀场。此时观察锁信号线，应比梯度匀场前细。

（7）采样参数设置 点击 Acquisition Pars ，调入采样参数表，如图 7-17 所示。

可根据要求进行参数修改，如 NS 为采样次数，可根据样品浓度情况设置 NS＝4、8、32 次等。

其他主要参数介绍如下。

TD：采样数据点。DS：空扫描次数。SWH：氢谱的宽度。AQ：一次采样所花的时间。RG：信号的接收增益（相当于放大倍数）。D1：谱图累加时，两次采样之间的时间间隔。

点击 Prosol Pars ，自动设置 90°脉冲。

（8）接收增益调整 点击 Receiver Gain （或键入指令 rga↙），可手动/自动设置采样的接收增益。

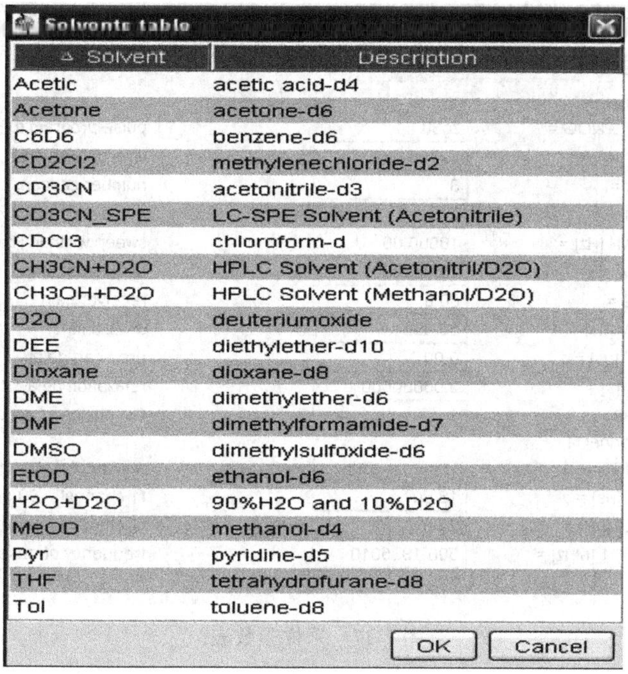

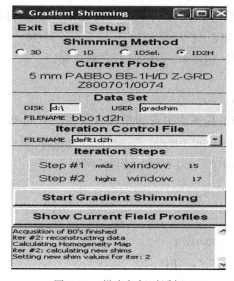

图 7-15 溶剂选取对话框

图 7-16 梯度匀场对话框

（9）标准样品采样　点击 $\boxed{\text{Start Acquisition}}$（或键入指令 GO ↙），开始标准样品的采样。

（10）评价采样结果　如认为达到分析要求，说明仪器一正常，可进行下一步未知样品的实验。

6. 未知（欲分析）样品的采集

① 将未知样品放入样品管，用注射器加入 0.5mL 氘代氯仿（$CDCl_3$），使样品充分

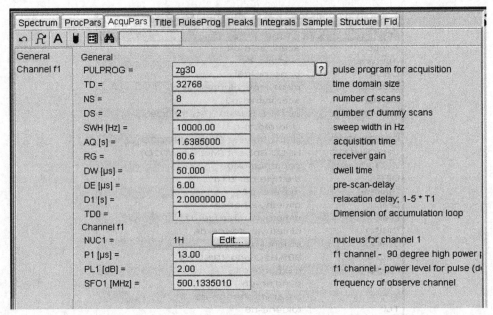

图 7-17　采样参数表

溶解。

② 将样品管套上旋转器，用量规量取高度，高度在 120mm 左右。

③ 按小键盘上 LEFT 键，弹出磁铁中原来的标准样品。将本样品放入磁铁中，再按 LEFT 键，使样品进入磁铁中。

④ 观察小键盘上 DOWN 指示灯（绿灯），直到等亮。

⑤ 开始新实验。

步骤参考 5 中（2）～（9）。

采样开始后，在右下脚工具条中可看到采样基本信息，包括：当前扫描次数/实验设定次数（Scan），剩余时间（residual time），实验数（experiments）。

采样结束后，左下角显示："acquisition finished"。

五、数据分析

1. 数据采集

① 设置窗函数，键入：LB＝0.3。

② 傅里叶变换，键入：EFP or FP ✓。

③ 相位自动校正，键入：APK ✓。

④ 基线自动校正，键入：ABS ✓。

⑤ 标记峰的化学位移，键入：PP ✓。

⑥ 标记积分面积，键入：INT ✓。

⑦ 谱图调整满意后，可进行谱图绘制。

2. NMR 谱图的输出

键入：PLOT ✓，进入绘图模式，在此模式中可完成谱图的伸缩、放大，线条的粗细、数字的大小，谱图颜色，坐标轴设计，标题设计等功能调整，最后，按个人的喜好，要求画出满意的谱图。

3. 乙基苯的¹H NMR 谱（图 7-18）

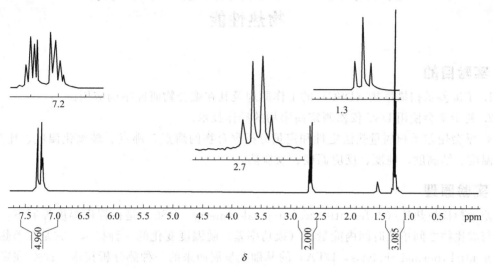

图 7-18　乙基苯的¹H NMR 谱

4. 自行绘制乙酰乙酸乙酯的¹H NMR 谱

六、思考题

1. 乙基苯的¹H NMR 谱中化学位移 $2.65×10^{-6}$ 处的峰为什么分裂成四重峰？化学位移 $1.25×10^{-6}$ 处的峰为什么分裂成三重峰？其峰分裂的宽度有什么特点？

2. 利用¹H NMR 谱图计算，可否计算两种不同物质的含量？为什么？

七、附录

核磁共振频率表见表 7-9。

表 7-9　核磁共振频率表（常用元素）

元素	场强(T)对于 NMR 频率/MHz					
¹H	80.000	100.000	200.000	300.000	400.000	500.000
²H	12.280	15.351	30.701	46.051	61.402	76.753
³H	85.331	106.663	213.327	319.990	426.654	533.317
³He	60.942	76.178	152.355	228.533	304.710	380.888
¹⁰B	8.5972	10.746	21.493	32.239	42.986	53.732
¹¹B	25.667	32.084	64.167	96.251	128.335	160.419
¹³C	20.115	25.144	50.288	75.432	100.577	125.721
¹⁴N	5.779	7.224	14.447	21.671	28.894	36.118
¹⁵N	8.1063	10.133	20.265	30.398	40.531	50.664
¹⁷O	10.845	13.557	27.113	40.670	54.227	67.784
¹⁹F	75.261	94.007	188.154	282.231	376.308	470.385
²³Na	21.161	26.451	52.902	79.358	105.805	132.259
³¹P	32.385	40.481	80.961	121.442	161.923	202.404
³³S	6.136	7.670	15.339	23.009	30.678	38.348
³⁵Cl	7.839	9.798	19.596	29.395	39.193	48.991
³⁷Cl	6.525	8.156	16.311	24.467	32.623	40.779

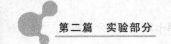

实验十九　差示扫描量热法测定高聚物热性能

一、实验目的

1. 了解差示扫描量热（DSC）的工作原理及其在聚合物研究中的应用。

2. 初步学会使用 DSC 仪器测定高聚物的操作技术。

3. 学会用差示扫描量热法定性和定量分析聚合物的熔点、沸点、玻璃化温度、比热容、结晶温度、结晶度、纯度、反应温度、反应热。

二、实验原理

差示扫描量热法（differential scanning calorimetry，DSC）是在程序温度控制下，测量试样与参比物之间单位时间内能量差（或功率差）随温度变化的一种技术。它是在差热分析（differential thermal analysis，DTA）的基础上发展而来的一种热分析技术，DSC 在定量分析方面比 DTA 要好，能直接从 DSC 曲线上峰形面积得到试样的放热量和吸热量。

差示扫描量热仪可分为功率补偿型和热流型两种，两者的最大差别在于结构设计原理上的不同。一般试验条件下，选用的都是功率补偿型差示扫描量热仪。仪器有两个相对独立的测量池，其加热炉中分别装有测试样品和参比物，这两个加热炉具有相同的热容及导热参数，并按相同的温度程序扫描。参比物在所选定的扫描温度范围内不具有任何热效应。因此在测试的过程中记录下的热效应就是由样品的变化引起的。当样品发生放热或吸热变化时，系统将自动调整两个加热炉的加热功率，以补偿样品所发生的热量改变，使样品和参比物的温度始终保持相同，使系统始终处于"热零位"状态，这就是功率补偿 DSC 仪的工作原理，即"热零位平衡"原理。如图 7-19 所示为功率补偿式 DSC 示意图。

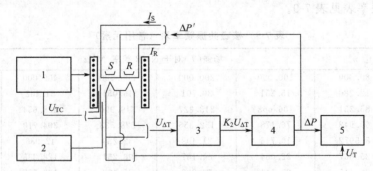

图 7-19　功率补偿式 DSC 示意图

1—温度程序控制器；2—气氛控制；3—差热放大器；

4—功率补偿放大器；5—记录仪

随着高分子科学的迅速发展，高分子已成为 DSC 最主要的应用领域之一，当物质发生物理状态的变化（结晶、溶解等）或起化学反应（固化、聚合等），同时会有热学性能（热焓、比热容等）的变化，采用 DSC 测定热学性能的变化，就可以研究物质的物理或化学变化过程。在聚合物研究领域，DSC 技术应用非常广泛，主要有：①研究相转变过程，测定

结晶温度 T_c、熔点 T_m、结晶度 X_c、等温、非等温结晶动力学参数；②测定玻璃化温度 T_g；③研究固化、交联、氧化、分解、聚合等过程，测定相对应的温度热效应、动力学参数。例如研究玻璃化转变过程、结晶过程（包括等温结晶和非等温结晶过程）、熔融过程、共混体系的相容性、固化反应过程等。对于高分子材料的熔融与玻璃化测试，在以相同的升降温速率进行了第一次升温与冷却实验后，再以相同的升温速率进行第二次测试，往往有助于消除历史效应（冷却历史、应力历史、形态历史）对曲线的干扰，并有助于不同样品间的比较（使其拥有相同的热机械历史）。

三、仪器与试剂

仪器

① DSC Q100 差示扫描量热仪。

② 电子天平（精度：0.001g）。

试剂：α-Al_2O_3 及环氧树脂和铟。

四、实验步骤

① 开启电脑，预热 10min，打开氮气阀门，调节氮气流量。

② 仪器校正。

③ 设定实验参数。

④ 将试片称重，放在铝坩埚中，加盖压成碟形。

⑤ 另外取一个装 α-Al_2O_3 压成碟形的空样品盘，作为标准物。

⑥ 将待测物和标准物放入 DSC 中，盖上盖子和玻璃罩，开始加热，并用计算机绘制图形。

⑦ 在结束加热后，打开玻璃罩与盖子，将冷却附件盖上去，待其大约冷却至室温后，再移开冷却附件，进行下一组实验。

⑧ 不使用仪器时正常关机顺序依次为：关闭软件、退出操作系统、关电脑主机、显示器、仪器控制器、测量单元、机械冷却单元。

⑨ 关闭使用氮气瓶的高压总阀，低压阀可不必关。

⑩ 如发现传感器表面或炉内侧脏时，可先在室温下用洗耳球吹扫，然后用棉花蘸酒精清洗，不可用硬物触及。

五、数据分析

TA 仪器的通用分析程序（universal analysis program），可分析各式各样不同的热分析数据资料。在程序中有很多种选择性，可依客户制定图表，也可限制数据范围来作分析。

选择 Universal Analysis 软件，按 File/Open 中选择欲分析的档案。选好后，便会出现 Data File Information 窗口。在窗口右上角的 Signals 按钮上按一下。可在窗口内选择 Y 与 X 轴信号与种类，进入 Units 选择 Y 轴与 X 轴的单位，当所有信号都选择完毕，按 OK 键。选择 Analyze 底下各种分析功能，在选定范围后分析图谱，选择 Rescale 与 Graph 底下的功能去调整图形刻度与设定。分析完毕，可以由 File/Save Session 存取分析好的图档。

六、注意事项

① 准确控制试样量大小。试样量小，峰小而尖锐，峰的分辨率好，因此在仪器灵敏度

许可的情况下，试样应尽可能的少。在测 T_g 时，热容变化小，试样的量要适当多一些。试样的装填方式也很重要，因为这影响到试样的传热情况，装填得是否紧密又与粒度有关。

② 对于聚合物的玻璃化转变和相转变测定，气氛影响不大，但一般都采用氮气，流量在 $30mL \cdot min^{-1}$ 左右。

③ 升温速率对 T_g 的测定影响较大，因为玻璃化转变是一个松弛过程，升温速率太慢，转变不明显，甚至观察不到；升温快，转变明显，但 T_g 移向高温。升温速率对 T_m 的影响不大，但有些聚合物在升温过程中会发生重组、晶体完善化，使 T_m 和结晶度都提高。升温速率对峰的形状也有影响，升温速率慢，峰尖锐，因而分辨率也好；升温速率快，基线漂移大。一般采用 $10℃ \cdot min^{-1}$。

④ 在进行实验时，应尽可能地做到实验条件的一致，才能得到较重复的结果。

七、思考题

1. 对于高分子材料的玻璃化测试，为什么要进行第二次升温？
2. 实验中产生误差可能的原因有哪些？

实验二十 元素分析法测定样品中的 C、H、N、S 含量

一、实验目的

1. 了解元素分析仪的基本结构，熟悉样品分析流程。
2. 掌握元素分析法 CHNS 模式测定的基本原理和测试方法。

二、实验原理

元素分析仪的 CHNS 模式工作原理是使样品在纯氧环境下相应的试剂中燃烧，以测定有机物中的碳、氢、氮、硫的含量。具体则是利用垂直式燃烧管，将待测物质用锡/银舟包裹，置于自动样品供给器上，利用重力原理，定期加入 1000℃ 左右燃烧管，注入氧气，利用氧化铜等氧化催化剂存在和锡的助燃使样品燃烧温度高达 1800℃，促使样品完全燃烧，经过铜还原处理后，生成的 CO_2、H_2O、N_2 和 SO_2 混合气体在载气氦气的传送下，经过特殊分离管利用气相色谱原理分离后，再利用热导检测器（TCD）分别测定其含量，再经资料处理机运算，即可自动列记碳、氢、氮、硫的质量分数。其样品分析流程如图 7-20 所示。

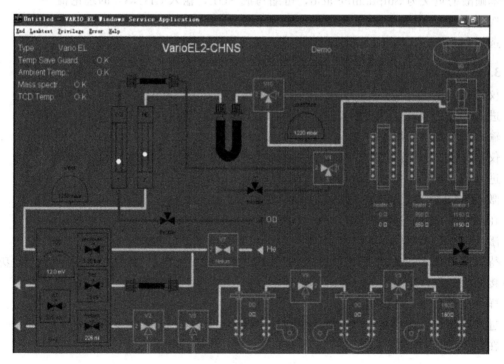

图 7-20 元素分析仪工作流程图

三、仪器与试剂

仪器：

① EA3000 型有机元素分析仪。

② 精密电子天平（精度：0.001mg）。

试剂：

① L-半胱氨酸基准物质。

② 待测样品苯磺酸。

③ 高纯氧气。

④ 高纯氦气。

四、实验步骤

1. 开机程序

开启计算机，进入 WINDOWS 状态，拔掉主机尾气的两个堵头。

将主机的进样盘移到一边，开启主机电源，待进样盘底座自检完毕即自转一周，将进样放回原处。

打开氦气和氧气，将气体的压力减压阀调至 He 为 0.2MPa，O 为 0.25MPa。

启动 WINVAR 操作软件。

2. 操作程序

选择标样 STANDARD。

进入标样的对话窗口，输入标样的名称。

苯磺酸的英文为 Sulphanilic acid，可缩写成 SUL，输入 CHNS% 的理论值。

选择 FACTOR SAMPLE，用于校正因子计算。

选择 CALIBRATION SAMPLE，用于校正曲线计算。

3. 常规分析

仪器升温 A。

进入 OPTIONS 选项功能，进入 PARAMETERS 功能。

输入操作温度：炉 1 为 1150℃；炉 2 为 850℃；炉 3 为 0℃。

仪器升温 B（节省氦气方式）。

进入 SLEEP/WAKE UP 功能。

激活 ACTIVE REDUCE GASFLOW 功能。

在 ACTIVE REDUCE GAS FLOW 栏中输入 10。

激活 SLEEP NOW 功能。

待温度升至指定温度后，再次进入 SLEEP/WAKE UP 功能，激活 WAKE UP 功能；或直接激活 AUTO 功能。

样品重量和名称的输入。

进入 EDIT 编辑功能，然后进入 INPUT 功能。

在 NAME 一栏输入样品名称，在 WEIGHT 一栏输入样品重量。

4. 建议样品测定顺序（CHNS 模式）

1 个 Blank。

3 个 By-pass（不称重样品，2～3mg）。

3 个 SUL 标样（称重样品，2～3mg）。

20 个标样（根据样品性质称重）。

20 个样品（根据样品性质称重）。

5. 标样的校正

检查标样数据是否平行，若平行，进入 MATH 功能，激活 FACTOR 功能。

若 3 个标样数据有一个不平行，先进入 EDIT 功能，然后进入 INPUT，在两个标样上激活 TAGGED 功能，再进入 MATH 功能后，进入 FACTOR SETUP，激活 COMPUT FACTORS FROM TAGGED STANDARDS（注上♯号），最后激活 MATH 功能中的 FACTOR 功能，当天标样均需注♯号。

若第二次分析样品时，若 3 个标样数据平行，恢复 FACTOR SETUP 功能，即在此功能中激活 COMPUTE FACTOES SEQUENTIALL。

分析周期启动。

进入 SLEEP/WAK UP 功能，激活 ACTIVE SLEEP TEMPREATURES 功能。

激活 OK，使样品分析结束后，自动进入睡眠状态。

启动 AUTO，进行样品分析。

6. 关机程序

分析结束后，主机自动进入睡眠状态，待降温至 750℃以下。

退出 WINVAR 操作软件（system-offline-exit），关闭计算机。

关闭主机，开启主机的燃烧单元的门，散去余热。

关闭氦气和氧气开关，将主机尾气的两个出口堵住。

五、数据记录

CNHS 模式的实验数据见表 7-10。

表 7-10　CNHS 模式的实验数据

样品	质量/mg	N		C		H		S	
		A	$X/\%$	A	$X/\%$	A	$X/\%$	A	$X/\%$
SUL1									
SUL2									
SUL3									
Std1									
Std2									
Std3									
Std4									
Std5									
Std6									
Std7									
Smp1									
Smp2									
Smp3									
Smp4									
Smp5									

六、注意事项

① 为了测量的准确性，用锡舟包裹样品时，应注意挤尽空气。

② 在分析过程中不能随意打开燃烧单元的门，以免石英燃烧管突然遇冷，缩短寿命。

③ 含氟化合物的燃烧产物会严重腐蚀气路管壁，缩短仪器使用寿命，因此不适合做元素分析。

七、思考题

1. 为什么需要控制进氧量？如何控制？

2. 样品需要量小是优点也是缺点，为什么？

第八章 综合实验（无机、分析化工实验）

实验一　过氧化钙的制备及含量分析

一、实验目的

1. 掌握制备过氧化钙的原理及方法。
2. 掌握过氧化钙含量的分析方法。
3. 巩固无机制备及化学分析的基本操作。

二、实验原理

1. 过氧化钙的制备原理

$CaCl_2$ 在碱性条件下与 H_2O_2 反应〔或 $Ca(OH)_2$、NH_4Cl 溶液与 H_2O_2 反应〕得到 $CaO_2 \cdot 8H_2O$ 沉淀，反应方程式如下。

$$CaCl_2 + H_2O_2 + 2NH_3 \cdot H_2O + 6H_2O = CaO_2 \cdot 8H_2O \downarrow + 2NH_4Cl$$

2. 过氧化钙含量的测定原理

利用在酸性条件下，过氧化钙与酸反应生产过氧化氢，再用 $KMnO_4$ 标准溶液滴定，而测得其含量，反应方程式如下。

$$5CaO_2 + 2MnO_4^- + 16H^+ = 5Ca^{2+} + 2Mn^{2+} + 5O_2 \uparrow + 8H_2O$$

三、仪器与试剂

仪器：多功能电动搅拌器；冰水浴；抽滤装置；恒温箱；干燥器。

试剂：$CaCl_2 \cdot 2H_2O$（AR）；H_2O_2（30%，工业级）；氨水（25%，工业级）；$KMnO_4$（$0.02mol \cdot L^{-1}$）；$MnSO_4$（$0.05mol \cdot L^{-1}$）；HCl（$2mol \cdot L^{-1}$）。

四、实验步骤

1. 过氧化钙的制备

称取 7.5g $CaCl_2 \cdot 2H_2O$，用 5mL 水溶解，加入 25mL 30% 的 H_2O_2，边搅拌边滴加由 5mL 浓 $NH_3 \cdot H_2O$ 和 20mL 冷水配成的溶液，然后置冰水中冷却半小时。抽滤后用少量冷水洗涤晶体 2～3 次，然后抽干置于恒温箱，在 150℃ 下烘 0.5～1h，转入干燥器中冷却后称重，计算产率。

2. 过氧化钙含量的测定

准确称取 0.2g 样品于 250mL 锥形瓶中，加入 50mL 水和 15mL $2mol \cdot L^{-1}$ 的 HCl，振

荡使其溶解，再加入 1mL 0.05mol·L^{-1} 的 $MnSO_4$，立即用 0.02mol·L^{-1} 的 $KMnO_4$ 标准溶液滴定至溶液呈微红色并且在半分钟内不褪色为止。平行测定三次，计算 CaO_2 的含量（%）。

五、数据记录与处理

① 产率（%）。

② CaO_2 的含量（%）。

六、注意事项

① 反应温度以 0～8℃ 为宜，低于 0℃，液体易冻结，使反应困难。

② 抽滤出的晶体是八水合物，先在 60℃ 下烘 0.5h 形成二水合物，再在 140℃ 下烘 0.5h，得无水 CaO_2。

七、思考题

1. 所得产物中的主要杂质是什么？如何提高产品的产率与纯度？

2. CaO_2 产品有哪些用途？

3. $KMnO_4$ 滴定常用 H_2SO_4 调节酸度，而测定 CaO_2 产品时为什么要用 HCl？对测定结果会有影响吗？如何证实？

4. 测定时加入 $MnSO_4$ 的作用是什么？不加可以吗？

实验二　葡萄糖酸锌的制备与质量分析

一、实验目的

1. 了解锌的生物意义和葡萄糖酸锌的制备方法。

2. 熟练掌握蒸发、浓缩、过滤、重结晶、滴定等操作。

3. 了解葡萄糖酸锌的质量分析方法。

二、实验原理

锌存在于众多的酶系中，如碳酸酐酶、呼吸酶、乳酸脱氢酸、超氧化物歧化酶、碱性磷酸酶、DNA 和 RNA 聚合酶等，为核酸、蛋白质、碳水化合物的合成和维生素 A 的利用所必需。锌具有促进生长发育和改善味觉的作用。锌缺乏时出现味觉、嗅觉差，厌食，生长与智力发育低于正常等现象。

葡萄糖酸锌为补锌药，具有见效快、吸收率高、副作用小等优点。主要用于儿童、老年及妊娠妇女因缺锌引起的生长发育迟缓、营养不良、厌食症、复发性口腔溃疡、皮肤痤疮等症状。

葡萄糖酸锌由葡萄糖酸直接与锌的氧化物或盐制得。本实验采用葡萄糖酸钙与硫酸锌直接反应：

$$[CH_2OH(CHOH)_4COO]_2Ca + ZnSO_4 \Longrightarrow$$
$$[CH_2OH(CHOH)_4COO]_2Zn + CaSO_4 \downarrow$$

过滤除去 $CaSO_4$ 沉淀，溶液经浓缩可得无色或白色葡萄糖酸锌结晶。无味，易溶于水，极难溶于乙醇。

葡萄糖酸锌在制作药物前，要经过多个项目的检测。本实验只是对产品质量进行初步分析，分别用 EDTA 配位滴定和比浊法检测所制产物的锌和硫酸根含量。《中华人民共和国药典》（2005 年版）规定葡萄糖酸锌含量应在97.0%～102%。

三、仪器与试剂

仪器：减压抽滤装置；酸式滴定管；移液管；比色管（25mL）；分析天平。

试剂：硫酸锌（AR）；葡萄糖酸钙（AR）；活性炭；无水乙醇；盐酸（3mol·L^{-1}）；标准硫酸钾溶液（硫酸根含量 100mg·L^{-1}）；$BaCl_2$（质量分数为 25%）；NH$_3$-NH$_4$Cl（pH=10.0）；铬黑 T；EDTA 标准溶液（0.05mol·L^{-1}）。

四、实验步骤

1. 萄糖酸锌的制备

量取 40mL 蒸馏水置烧杯中，加热至 80～90℃，加入 6.7g ZnSO$_4$·7H$_2$O 使其完全溶解，将烧杯放在 90℃的恒温水浴中，再逐渐加入葡萄糖酸钙 10g，并不断搅拌。在 90℃ 水浴上保温 20min 后趁热抽滤（滤渣为 CaSO$_4$，弃去），滤液移至蒸发皿中并在沸水浴上浓缩至黏稠状（体积约为 20mL，如浓缩液有沉淀，需过滤掉）。滤液冷却至室温，加 95% 乙醇 20mL 并不断搅拌，此时有大量的胶状葡萄糖酸锌析出。充分搅拌后，用倾析法去除乙醇液。再在沉淀上加95％乙醇20mL，充分搅拌后，沉淀慢慢转变成晶体状，抽滤至干，即得粗品（母液回收）。再将粗品加水20mL，加热至溶解，趁热抽滤，滤液冷却至室温，加95％乙醇20mL充分搅拌，结晶析出后，抽滤至干，即得精品，在50℃烘干，称重并计算产率。

2. 硫酸盐的检查

取本品0.5g，加水溶解使其成为约20mL的溶液（溶液如显碱性，可滴加盐酸使其呈中性）；溶液如不澄清，应滤过；置25mL比色管中，加稀盐酸2mL，摇匀，即得待测溶液。另取标准硫酸钾溶液2.5mL，置25mL比色管中，加水使其约为20mL，加稀盐酸2mL，摇匀，即得对照溶液。于待测溶液与对照溶液中，分别加入25％氯化钡溶液2mL，用水稀释至25mL，充分摇匀，放置10min，同置黑色背景上，从比色管上方向下观察、比较，如发生浑浊，与标准硫酸钾溶液制成的对照液比较，不得更浓（0.05％）。

3. 锌含量的测定

准确称取本品约0.7g，加水100mL，微热使其溶解，加氨-氯化铵缓冲液（pH＝10.0）5mL与铬黑T指示剂少许，用EDTA标准溶液（0.05mol·L^{-1}）滴定至溶液自紫红色转变为纯蓝色，平行测定三份，计算锌的含量。

五、数据记录与处理

葡萄糖酸锌的含量测定见表8-1。

表8-1 葡萄糖酸锌的含量测定

测 定 项 目	测 定 次 数		
	1	2	3
m（称量瓶＋葡萄糖酸锌）/g			
m（称量瓶＋剩余葡萄糖酸锌）/g			
m（葡萄糖酸锌）/g			
V（EDTA）/mL			
w（葡萄糖酸锌）/％			
$\overline{w}$（葡萄糖酸锌）/％			
SD			
RSD			

六、注意事项

① 葡萄糖酸钙与硫酸锌反应时间不可过短，保证其充分生成硫酸钙沉淀。

② 抽滤除去硫酸钙后的滤液如果无色，可以不用脱色处理。如果脱色处理，一定要趁热过滤，防止产物过早冷却而析出。

③ 在硫酸根检查试验中，要注意比色管对照管和样品管的配对；两管的操作要平行进行，受光照的程度要一致，光线应从正面照入，置白色背景（黑色浑浊）或黑色背景（白色浑浊）上，自上而下地观察。

七、思考题

1. 如果选用葡萄糖酸为原料，以下四种含锌化合物应选择哪种？为什么？

a. ZnO　　　　　　b. ZnCl$_2$　　　　　c. ZnCO$_3$　　　　　d. Zn(CH$_3$COO)$_2$

2. 葡萄糖酸锌含量测定结果若不符合规定，可能由哪些原因引起？

实验三 三草酸合铁（Ⅲ）酸钾的合成及组成分析

一、实验目的

1. 掌握三草酸合铁（Ⅲ）酸钾的合成方法。
2. 掌握确定化合物化学式的基本原理和方法。
3. 综合训练无机合成、滴定分析和重量分析的基本操作。

二、实验原理

三草酸合铁（Ⅲ）酸钾 $K_3[Fe(C_2O_4)_3] \cdot 3H_2O$ 为亮绿色单斜晶体，易溶于水而难溶于乙醇、丙酮等有机溶剂，受热时，在 110℃ 下可失去结晶水，到 230℃ 即分解。该配合物为光敏物质，光照下易分解。它是一些有机反应很好的催化剂，也是制备负载型活性铁催化剂的主要原料，因而具有工业生产价值。

目前制备三草酸合铁（Ⅲ）酸钾的工艺路线有多种。本实验首先利用 $(NH_4)_2Fe(SO_4)_2$ 与 $H_2C_2O_4$ 反应制取 FeC_2O_4，反应方程式为：

$$(NH_4)_2Fe(SO_4)_2 + H_2C_2O_4 \xrightarrow{\quad\quad} FeC_2O_4(s) + (NH_4)_2SO_4 + H_2SO_4$$

在过量的 $K_2C_2O_4$ 存在下，用 H_2O_2 氧化 FeC_2O_4，即可制得产物：

$$6FeC_2O_4 + 3H_2O_2 + 6K_2C_2O_4 \xrightarrow{\quad\quad} 4K_3[Fe(C_2O_4)_3] + 2Fe(OH)_3(s)$$

反应中产生的 $Fe(OH)_3$ 可加入适量的 $H_2C_2O_4$，也将其转化为产物：

$$2Fe(OH)_3 + 3H_2C_2O_4 + 3K_2C_2O_4 \xrightarrow{\quad\quad} 2K_3[Fe(C_2O_4)_3] + 6H_2O$$

该配合物的组成可通过重量分析法和滴定方法确定。

1. 用重量分析法测定结晶水含量

将一定量产物在 110℃ 下干燥，根据失重的情况便可计算出结晶水的含量。

2. 用高锰酸钾法测定草酸根含量

$C_2O_4^{2-}$ 在酸性介质中可被 MnO_4^- 定量氧化，反应式为：

$$5C_2O_4^{2-} + 2MnO_4^- + 16H^+ \xrightarrow{\quad\quad} 2Mn^{2+} + 10CO_2 + 8H_2O$$

用已知浓度的 $KMnO_4$ 标准溶液滴定 $C_2O_4^{2-}$，由消耗 $KMnO_4$ 的量，便可计算出 $C_2O_4^{2-}$ 的含量。

3. 用高锰酸钾法测定铁含量

先用过量的 Zn 粉将 Fe^{3+} 还原为 Fe^{2+}，然后用 $KMnO_4$ 标准溶液滴定 Fe^{2+}。

$$Zn + 2Fe^{3+} \xrightarrow{\quad\quad} 2Fe^{2+} + Zn^{2+}$$

$$5Fe^{2+} + MnO_4^- + 8H^+ \xrightarrow{\quad\quad} 5Fe^{3+} + Mn^{2+} + 4H_2O$$

由消耗 $KMnO_4$ 的量，便可计算出 Fe^{3+} 的含量。

4. 确定钾含量

根据配合物中结晶水、$C_2O_4^{2-}$、Fe^{3+} 的含量便可计算出 K^+ 含量。

三、实验仪器与试剂

仪器：分析天平；烘箱等。

试剂：H_2SO_4（$6mol \cdot L^{-1}$）；$H_2C_2O_4$（饱和）；$K_2C_2O_4$（饱和）；H_2O_2（质量分数为 5%）；C_2H_5OH（质量分数为 95% 和 50%）；$KMnO_4$ 标准溶液（$0.02mol \cdot L^{-1}$）；$(NH_4)_2Fe(SO_4)_2 \cdot 6H_2O(s)$；Zn 粉。

四、实验步骤

1. 三草酸合铁（Ⅲ）酸钾的合成

① 将 5g $(NH_4)_2Fe(SO_4)_2 \cdot 6H_2O(s)$ 溶于 20mL 去离子水中，加入 5 滴 $6mol \cdot L^{-1}$ H_2SO_4 酸化，加热使其溶解。

② 再加入 25mL 饱和 $H_2C_2O_4$ 溶液，然后将其加热至沸，静置。待黄色的 FeC_2O_4 沉淀完全沉降后，用倾析法弃去上层清液，洗涤沉淀 2～3 次，每次用水约 15mL。

③ 在上述沉淀中加入 10mL 饱和 $K_2C_2O_4$ 溶液，在水浴上加热至 40℃，用滴管缓慢地滴加 12mL 质量分数为 5% 的 H_2O_2 溶液，边加边搅拌并维持温度在 40℃ 左右，此时溶液中有棕色的 $Fe(OH)_3$ 沉淀产生。

④ 加完 H_2O_2 后将溶液加热至沸，分两批共加入 8mL 饱和 $H_2C_2O_4$ 溶液（先加入 5mL，然后慢慢滴加 3mL），这时体系应该变成亮绿色透明溶液（体积控制在 30mL 左右）。如果体系浑浊，可趁热过滤。在滤液中加入 10mL 质量分数为 95% 的乙醇，这时溶液如果浑浊，微热使其变清。

⑤ 将所得溶液放置暗处、冷却、结晶、抽滤，用质量分数为 50% 的乙醇溶液洗涤晶体，抽干，在空气中干燥。称量，计算产率。产物应避光保存。

2. 组成分析

（1）结晶水含量的测定　称量 0.3g $K_3[Fe(C_2O_4)_3] \cdot 3H_2O$ 样品于烧杯中，放在烘箱内在 110℃ 条件下烘 1h 后，冷却称量 m_0（g），计算结晶水含量。

（2）草酸根含量的测定　将合成的三草酸合铁（Ⅲ）酸钾粉末用分析天平称取 0.2g 样品，放入 250mL 锥形瓶中，加入 50mL 水和 5mL 浓度为 $6mol \cdot L^{-1}$ 的 H_2SO_4 调节溶液酸度为 0.5～$1mol \cdot L^{-1}$，从滴定管放出约 10mL 已标定的高锰酸钾溶液到锥形瓶中，加热至 70～85℃（不高于 85℃），直到紫红色消失，再用高锰酸钾溶液滴定热溶液，直到微红色在 30s 内不消失，记下消耗的高锰酸钾溶液体积，计算配合物中所含草酸根的 m_1 值。滴定完的溶液保留待用。

（3）铁含量测定　在上述实验所保留的溶液中加入还原剂锌粉，直到黄色消失，加热溶液 2min 以上，使 Fe^{3+} 还原为 Fe^{2+}，过滤去多余的锌粉，滤液放入另一个干净的锥形瓶中，洗涤锌粉，使 Fe^{2+} 定量转移到滤液中，再用高锰酸钾标准溶液滴定至微红色，计算所含铁的 m_2 值。保持足够的酸度是为了抑制 Fe^{2+} 的水解。

（4）钾含量确定　由测得 H_2O、$C_2O_4^{2-}$、Fe^{3+} 的含量 m_0、m_1、m_2 可计算出 K^+ 的含量 m_3，确定配合物的化学式。

3. 三草酸合铁（Ⅲ）酸钾的性质（物质性质检验方法的学习）

（1）光化学反应　将少量三草酸合铁（Ⅲ）酸钾放在表面皿上，在日光下观察晶体颜色

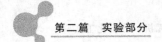

变化，并与放在暗处的晶体比较。该配合物极易感光，室温下光照变色，发生下列光化学反应，即：

$$2[Fe(C_2O_4)_3]^{3-} \longrightarrow 2FeC_2O_4 + 3C_2O_4^{2-} + 2CO_2\uparrow$$

（2）制感光纸　按三草酸合铁（Ⅲ）酸钾 0.3g、铁氰化钾 0.4g、加水 5mL 的比例配成溶液，涂在纸上即成感光纸。附上图案，在日光下（或红外灯光下）照射数秒钟，曝光部分呈蓝色。被遮盖部分就显影映出图案来。

它在日光照射或强光下分解生成的草酸亚铁，遇到六氰合铁（Ⅲ）酸钾生成滕氏蓝，反应方程式为：

$$FeC_2O_4 + K_3[Fe(C_2O_4)_3] \Longrightarrow KFe[Fe(CN)_6]\downarrow + K_2C_2O_4$$

（3）制感光液　取 0.3～0.5g 三草酸合铁（Ⅲ）酸钾，加 5mL 水配成溶液。用滤纸条做成感光纸。同（2）中操作。曝光后去掉图案。用质量分数约为 3.5% 的六氰合铁（Ⅲ）酸钾溶液润湿或漂洗即显影映出图案来。

（4）配合物的性质　称取 1g 产品溶于 20mL 水中，溶液供下面的实验用。

① 确定配合物的内外界

a. 检定 K^+ 时取少量 $1mol\cdot L^{-1}$ $K_2C_2O_4$ 及产品溶液，分别与饱和酒石酸氢钠（$NaHC_4H_4O_6$）溶液作用。充分摇匀。观察现象是否相同。如果现象不明显，可用玻璃棒摩擦试管内壁。

b. 检定 $C_2O_4^{2-}$。在少量 $1mol\cdot L^{-1}$ $K_2C_2O_4$ 及产品溶液中，分别加入 2 滴 $0.5mol\cdot L^{-1}$ $CaCl_2$ 溶液，观察现象有何不同。

c. 检定 Fe^{3+}。在少量 $0.2mol\cdot L^{-1}$ $FeCl_3$ 及产品溶液中，分别加入 1 滴 $1mol\cdot L^{-1}$ KSCN 溶液，观察现象有何不同。

综合以上实验现象，确定所制得的配合物中哪种离子在内界，哪种离子在外界。

② 酸度对配位平衡的影响

a. 在两支盛有少量产品溶液的试管中，各加 1 滴 $1mol\cdot L^{-1}$ KSCN 溶液，然后分别滴加 $6mol\cdot L^{-1}$ HAc 和 $3mol\cdot L^{-1}$ H_2SO_4，观察溶液颜色有何变化。

b. 在少量产品溶液中滴加 $2mol\cdot L^{-1}$ 氨水，观察有何变化。

试用影响配位平衡的酸效应及水解效应解释观察到的现象。

③ 沉淀反应对配位平衡的影响　在少量产品溶液中，加 1 滴 $0.5mol\cdot L^{-1}$ Na_2S 溶液，观察现象。写出反应方程式，并加以解释。

④ 配合物相互转变及稳定性比较

a. 往少量 $0.2mol\cdot L^{-1}$ $FeCl_3$ 溶液中加 1 滴 $1mol\cdot L^{-1}$ KSCN。溶液立即变为血红色，再往溶液中滴加 $1mol\cdot L^{-1}$ NH_4F 至血红色刚好褪去。

将所得溶液分成 2 份。往 1 份溶液中加入 $1mol\cdot L^{-1}$ KSCN，观察血红色是否容易重现？从实验现象比较 $FeSCN^{2+}$ 到 FeF^{2+} 相互转变的难易。

往另 1 份 FeF^{2+} 溶液中滴入 $1mol\cdot L^{-1}$ $K_2C_2O_4$，至溶液刚好转为黄绿色，记下 $K_2C_2O_4$ 的用量，再往此溶液中滴入 $1mol\cdot L^{-1}$ NH_4F，至黄绿色刚好褪去。比较 $K_2C_2O_4$ 和 NH_4F 的用量。判断 FeF^{2+} 和 $[Fe(C_2O_4)_3]^{3-}$ 相互转变的难易。

b. 在 $0.5mol\cdot L^{-1}$ $K_3[Fe(CN)_6]$ 和产品溶液中，分别滴加 $2mol\cdot L^{-1}$ NaOH，对比现象有何不同？$Fe(CN)_6^{3-}$ 与 $Fe(C_2O_4)_3^{3-}$ 比较，哪个较稳定？

综合以上实验现象，定性判断配体 SCN^-、F^-、$C_2O_4^{2-}$、CN^- 与 Fe^{3+} 配位能力的

强弱。

五、注意事项

① 三草酸合铁（Ⅲ）酸钾见光易分解，应避光保存。

② 严格控制实验的温度。

六、思考题

1. 合成过程中，滴完 H_2O_2 后为什么还要煮沸溶液？

2. 合成产物的最后一步，加入质量分数为 95% 的乙醇，其作用是什么？能否用蒸干溶液的方法提高产率？为什么？

3. $K_3[Fe(C_2O_4)_3]\cdot 3H_2O$ 可用加热脱水法测定其结晶水含量，含结晶水的物质能否都可用这种方法进行测定？为什么？

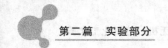

实验四　植物中某些元素的分离与鉴定

一、实验目的

1. 了解从周围植物中分离和鉴定化学元素的方法。
2. 了解并掌握从茶叶中分离和定性鉴定 Ca、Mg、Al、Fe 和 P 元素的原理及方法。

二、实验原理

植物是有机体，主要由 C、H、O、N 等元素组成，此外，还含有 P、I 和某些金属元素如 Ca、Mg、Al、Fe 等。把植物烧成灰烬，然后用酸浸溶，即可从中分离和鉴定某些元素。本实验只要求分离和检出植物中 Ca、Mg、Al、Fe 四种金属元素和 P、I 两种非金属元素。

茶叶是主要由 C、H、N 和 O 等元素组成的植物有机体，此外还含有 P 和某些金属元素。茶叶需先进行"干灰化"处理，即将试样在空气中置于敞口的蒸发皿或坩埚中加热，有机物经氧化分解而烧成灰烬。这种方法特别适用于生物和食品的预处理。灰化后，经酸溶解，即可逐级进行分析。本实验从茶叶中定性检出 Ca、Mg、Al、Fe 和 P 五种元素，并对 Ca 和 Mg 进行定量分析测定。四种金属离子的氢氧化物完全沉淀的 pH 范围见表 8-2。

表 8-2　四种金属离子的氢氧化物完全沉淀的 pH 范围

氢氧化物	$Ca(OH)_2$	$Mg(OH)_2$	$Fe(OH)_3$	$Al(OH)_3$
pH	>13	>11	≥4.1	≥5.2

当 pH>9 时，两性物质 $Al(OH)_3$ 又开始溶解。

铁铝混合溶液中 Fe^{3+} 对 Al^{3+} 的鉴定有干扰。利用 Al^{3+} 的两性，加入过量的碱，使 Al^{3+} 转化为 AlO_2^- 留在溶液中，Fe^{3+} 则生成 $Fe(OH)_3$ 沉淀，经分离除去后，消除了干扰。钙镁混合溶液中，钙离子和镁离子的鉴定互不干扰，可直接鉴定，不必分离。铁、铝、钙、镁各自的特征反应式如下。

$$Fe^{3+} + nKSCN(饱和) \rightleftharpoons Fe(SCN)_n^{3-n}(血红色) + nK^+$$

$$Al^{3+} + 铝试剂 + OH^- \rightleftharpoons 红色絮状沉淀$$

$$Mg^{2+} + 镁试剂 + OH^- \rightleftharpoons 天蓝色沉淀$$

$$Ca^{2+} + 钙试剂 + OH^- \rightleftharpoons 砖红色$$

根据上述特征反应的实验现象，可分别鉴定出 Ca、Mg、Al、Fe 元素。另取茶叶灰，用浓 HNO_3 溶解后，从滤液中可检出 P 元素。

三、实验仪器及试剂

仪器：煤气灯；研钵；蒸发皿；托盘天平；烧杯（100mL）。

试剂：烘干茶叶；HCl（$6mol \cdot L^{-1}$）；NaOH（$6mol \cdot L^{-1}$）；浓 $NH_3 \cdot H_2O$；$NH_3 \cdot H_2O$（$2mol \cdot L^{-1}$）；铝试剂；镁试剂；钙试剂；饱和 KSCN 溶液；钼酸铵试剂（$0.1mol \cdot L^{-1}$）；HAc（$2mol \cdot L^{-1}$）；浓 HNO_3。

四、实验步骤

1. 茶叶的灰化与试液的准备

称取 10g 烘干的茶叶，放入蒸发皿中，在通风橱中加热充分灰化，冷却后，移入研钵磨细（取出少量茶叶灰做鉴定 P 元素时使用），加入 10mL 6mol·L^{-1} HCl 于蒸发皿中，搅拌溶解（可能有少量不溶物），将溶液转移至 150mL 烧杯中，加水 20mL，再加 6mol·L^{-1} NH$_3$·H$_2$O 适量控制溶液的 pH＝6～7，使其产生沉淀。并置于沸水浴上加热 30min，过滤，然后洗涤烧杯和滤纸。将滤液收集到一大干净的小烧杯中，并加水稀释，搅拌均匀，标明为 Ca^{2+}、Mg^{2+} 试液。

用 6mol·L^{-1} HCl 10mL 重新溶解滤纸上的沉淀，并少量多次地洗涤滤纸，将滤液收集到一大干净的小烧杯中，并加水稀释，标明为 Fe^{3+} 试液。

2. 茶叶中 Ca、Mg、Al、Fe 元素的鉴定

取 Ca^{2+}、Mg^{2+} 试液 1mL 加入一个洁净的试管中，然后从试管中取试液 2 滴于点滴板上，加镁试剂 1 滴，再加 6mol·L^{-1} NaOH 溶液碱化，观察现象，做出判断。

从上述试管中再取出试液 2～3 滴于另一个试管中，加入 1～2 滴 2mol·L^{-1} NaOH 溶液，再加少量钙试剂，观察实验现象，做出判断。

倒出 Fe^{3+} 试液 1mL 于一个洁净试管中，然后从试管中取试液 2 滴于点滴板上，加饱和 KSCN 溶液 1 滴，根据实验现象，做出判断。

在上述试管剩余的试液中，加 6mol·L^{-1} NaOH 溶液，调节 pH＝5～6，产生白色沉淀，离心分离后将上层清液弃去，并用去离子水洗涤沉淀 2～3 次。然后加入少量 2mol·L^{-1} HAc 使沉淀溶解，并将溶液转移到另一个试管中，加入少量稀释过的 NH$_3$·H$_2$O，调节 pH＝6～7，加铝试剂 3～4 滴，放置片刻后，在水浴中加热，观察实验现象，做出判断。

3. 茶叶中 P 元素的鉴定

取一药匙茶叶灰放于 100mL 烧杯中，用 2mL 浓 HNO$_3$ 溶解，再加入 30mL 去离子水，过滤后得透明溶液。在小试管中加入 1mL 该溶液，加入 5 滴钼酸铵试剂，并在水浴中加热试管，观察现象，判断 PO$_4^{3-}$ 是否存在，并写出相应的离子反应方程式。

五、注意事项

① 茶叶尽量捣碎，利于灰化。

② 茶叶灰化后，酸溶解速率较慢时可小火略加热。

六、思考题

1. 鉴定 Ca^{2+} 时，Mg^{2+} 为什么不干扰？

2. 为什么 pH＝6～7 时能将 Fe^{3+}、Al^{3+} 与 Ca^{2+}、Mg^{2+} 分离完全？

3. 如何分别检测 Ca^{2+} 与 Mg^{2+} 的含量？

附注　其他植物中某些元素的分离与鉴定

1. 实验用品

试剂：HCl（2mol·L^{-1}）；HNO$_3$（浓）；HAc（1mol·L^{-1}）；NaOH（2mol·L^{-1}）；广泛 pH 试纸及鉴定 Ca^{2+}、Mg^{2+}、Al^{3+}、Fe^{3+}、PO$_4^{3-}$、I$^-$ 所用的试剂。

材料：松枝；柏枝；茶叶；海带。

2. 实验步骤

① 从松枝、柏枝、茶叶等植物中任选一种鉴定 Ca^{2+}、Mg^{2+}、Al^{3+} 和 Fe^{3+}。

取约 5g 已洗净且干燥的植物枝叶（青叶用量适当增加），放在蒸发皿中，在通风橱内用煤气灯加热灰化，然后用研钵将植物灰研细。取一勺灰粉（约 0.5g）于 10mL 2mol·L^{-1} HCl 中，加热并搅拌促使其溶解、过滤。

自拟方案鉴定滤液中 Ca^{2+}、Mg^{2+}、Al^{3+} 和 Fe^{3+}。

② 从松枝、柏枝、茶叶等植物中任选一种鉴定磷。

用同上的方法制得植物灰粉，取一勺溶于 2mL 浓 HNO_3 中，温热并搅拌促使其溶解，然后加水 30mL 稀释，过滤。

自拟方案鉴定滤液中的 PO_4^{3-}。

③ 海带中碘的鉴定。

将海带用上述的方法灰化，取一勺溶于 10mL 1mol·L^{-1} HAc 中，温热并搅拌促使溶解、过滤。

自拟方案鉴定滤液中的 I^-。

3. 注意事项

① 注意鉴定的条件及干扰离子。

② 由于植物中以上欲鉴定元素的含量一般都不高，所得滤液中这些离子浓度往往较低，鉴定时取量不宜太少，一般可取 1mL 左右进行鉴定。

③ Fe^{3+} 对 Mg^{2+}、Al^{3+} 鉴定均有干扰，鉴定前应加以分离。可采用控制 pH 方法先将 Ca^{2+}、Mg^{2+} 与 Al^{3+}、Fe^{3+} 分离，然后再将 Al^{3+} 与 Fe^{3+} 分离。

4. 思考题

① 植物中还可能含有哪些元素？如何鉴定？

② 为了鉴定 Mg^{2+}，某学生进行如下实验：植物灰用较浓的 HCl 浸溶后，过滤。滤液用 $NH_3·H_2O$ 中和至 pH＝7，过滤。在所得的滤液中加几滴 NaOH 溶液和镁试剂，发现得不到蓝色沉淀。试解释实验失败的原因。

实验五　磷酸盐在钢铁防腐中的应用

一、实验目的

1. 了解磷酸盐的配制方法。
2. 了解磷酸盐对钢铁防腐的原理。

二、实验原理

钢铁的磷化处理是防锈的一种有效措施，以下简单介绍钢铁的磷化工艺。

钢铁制件在一定条件下，经磷酸盐水溶液处理后，表面上能形成一层磷酸盐保护膜，简称磷化膜。此膜疏松、多孔，具有附着力强、耐蚀性和绝缘性好等特点，可以作为良好的涂漆底层和润滑层。所以磷化处理被广泛地应用于汽车、家用电器和钢丝拉拔等工业部门。按磷化液主成分的不同，有磷酸锰盐、磷酸铁盐和磷酸锌盐等类型的磷化液；按磷化方式不同，有浸渍、喷射和涂刷等磷化方式。为了获得性能良好的磷化膜和改进磷化工艺，目前，国内外仍将磷化作为重要课题加以研究。

磷酸锌盐磷化液的基本原料是工业磷酸、硝酸和氧化锌。可以按一定比例直接配成磷化液，也可以先制成磷酸二氢锌和硝酸锌浓溶液，再按一定比例加水配成磷化液。磷化处理的一般过程是：（钢件）除油-水洗-酸洗-水洗-磷化-水洗-涂漆。除油可采用金属清洗剂在常温下进行，水洗时如表面不挂水珠，则表示除油彻底。酸洗浓度可用 20% 的 H_2SO_4，洗到铁锈除净为止，酸洗温度过高或时间过长，会产生过腐蚀现象，应当避免。各水洗过程都用自来水，最好采用淋洗。

磷化过程包含着复杂的化学反应，涉及离解、水解、氧化还原、沉淀和配位反应等。

1. 磷化前磷化液中存在如下化学反应

离解：
$$Zn(H_2PO_4)_2 \rightleftharpoons Zn^{2+} + 2H_2PO_4^-$$
$$H_2PO_4^- \rightleftharpoons HPO_4^{2-} + H^+$$
$$HPO_4^{2-} \rightleftharpoons PO_4^{3-} + H^+$$

2. 磷化时，在钢铁表面上同时发生两类化学反应

氧化还原：
$$Fe + 2H^+ \rightleftharpoons Fe^{2+} + H_2(g)$$
$$3Fe + 2NO_3^- + 8H^+ \rightleftharpoons 3Fe^{2+} + 2NO(g) + 4H_2O$$

沉淀反应：
$$Fe^{2+} + HPO_4^{2-} \rightleftharpoons FeHPO_4(s)$$
$$3Zn^{2+} + 2PO_4^{3-} \rightleftharpoons Zn_3(PO_4)_2(s)$$

3. 磷化继续进行时，磷化液中还会发生下列反应

$$3Fe^{2+} + NO_3^- + 4H^+ \rightleftharpoons 3Fe^{3+} + NO(g) + 2H_2O$$
$$Fe^{3+} + PO_4^{3-} \rightleftharpoons FePO_4(s)（白色）$$

因此可以看到磷化液由无色透明渐渐变成浅棕色，继而溶液浑浊并产生白色沉淀。

三、实验仪器、试剂及材料

仪器：恒温水槽。

试剂：ZnO；HNO_3（45%）；H_3PO_4（85%）；$CuSO_4$（1.0mol·L^{-1}）；NaCl（0.1mol·L^{-1}）；HCl（10%）。

材料：普通碳素钢片。经除油、酸洗和水洗后放在清水中备用（不宜时间过长，以免生锈），操作时用镊子夹取试片；广泛 pH 试纸。

四、实验步骤

1. 试片的预处理

取经除油、酸洗和水洗后的普通碳素钢片，试片为 85×25×0.80（mm）。

2. 磷化液的配制

称量 4.0g ZnO（99.5%）放入 100mL 烧杯中，加 10mL 自来水润透，用玻璃棒搅成糊状。将烧杯放在石棉网上，加 5.6mL HNO_3（45%）、2.00mL H_3PO_4（85%）和 NaF 0.1g，边加边搅拌，使固体基本溶解。将溶液倒入 100mL 量筒中，加水稀释至 100mL，配成磷化液。

3. 试片的磷化

把磷化液倒入烧杯中，搅拌均匀，用 pH 试纸测酸度（pH≈3）。将烧杯放在恒温槽中加热至（60±1）℃，取一试片浸在磷化液中，并计时，15min 时取出，用水冲掉表面上的磷化液，将试片放在支架上自然干燥（15min 左右）。若磷化膜外观呈银灰色，连续、均匀、无锈迹，说明磷化效果较好（可重复磷化 3～5 片）。

4. 磷化膜耐蚀性的检验

选择已干燥的磷化好的试片，滴一滴硫酸铜试液于磷化膜上，记录该处出现红棕色的时间，若接近或超过 1min 为合格。

硫酸铜点滴试液的组成：40mL $CuSO_4$ 溶液（1.0mol·L^{-1}）加 0.8mL NaCl 溶液（0.1mol·L^{-1}）和 20mL HCl 溶液（10%）。

五、思考题

磷化过程中要保证防腐质量都需要注意哪些问题？

实验六 废干电池的综合利用

一、实验目的

1. 测定锌皮中锌的含量。

2. 回收测定电池黑色粉体（干重）中氯化铵（NH_4Cl）、二氧化锰（MnO_2）、氯化锌（$ZnCl_2$）的含量，分析锌片的纯度。

3. 利用锌皮制备七水硫酸锌，并测定其含量。

4. 分析氯化铵、二氧化锰、七水硫酸锌的产率及纯度。

二、实验原理

日常生活中用的干电池为锌锰电池。其负极为电池壳体的锌电极，正极是被二氧化锰（为增强导电性，填充有炭粉）包围的石墨电极，电解质是氯化锌及氯化铵的糊状物。其结构如图 8-1 所示。在使用过程中，锌皮消耗最多，二氧化锰只起氧化作用，糊状氯化铵作为电解质不会消耗，炭粉是填料。为了防止锌皮因快速消耗而渗漏电解质，通常在锌皮中掺入汞，形成汞齐。

电池反应为：

$$Zn+2NH_4Cl+2MnO_2 \Longrightarrow$$
$$Zn(NH_3)_2Cl_2+2MnOOH$$

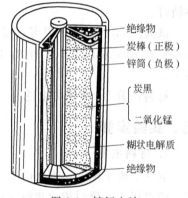

图 8-1 锌锰电池

锌锰电池包括：正极炭棒、二氧化锰、乙炔黑、石墨、炭粉，负极主要是含有少量铅、镉、汞的锌，加入少量铅、镉、汞的目的是降低锌电极的腐蚀速率。中性锌锰电池的电解质溶液为氯化铵和氯化锌（碱性锌锰电池的电解液为氢氧化钾）。此外，电池还有封口材料铁、塑料、沥青等和外壳铁、塑料、纸等组成材料。总体分析流程如下：

1. 锌分析

样品经过酸分解后，用氨水和氯化铵、硫酸铵、高硫酸铵使锌和其他元素分离，在 pH＝5.8～6.0 的条件下，用硫代硫酸钠掩蔽铜，用氟化物掩蔽铝，以 $NH_3 \cdot H_2O\text{-}NH_4Cl$ 为缓冲液、铬黑 T 作指示剂，用 EDTA 进行锌的滴定，至溶液由酒红色变为纯蓝色即为终点。

2. 氯化铵含量测定

NH_4Cl 含量可以由酸碱滴定法测定，NH_4Cl 先与甲醛反应生成六亚甲基四胺和盐酸，后者可以用 NaOH 标准溶液滴定，有关反应如下：

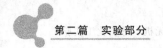

$$4NH_4Cl + 6HCHO === (CH_2)_6N_4 + 4HCl + 6H_2O$$

3. 二氧化锰含量的测定

应用草酸容量法滴定四价锰的含量。草酸容量法是基于在硫酸介质中，用过量的草酸将四价的锰还原成二价后再用高锰酸钾溶液滴定过量的草酸，从而计算二氧化锰的含量。主要反应式如下：

$$H_2C_2O_4 + 2H_2SO_4 + MnO_2 === MnSO_4 + H_2SO_4 + 2CO_2\uparrow + 2H_2O$$
$$5H_2C_2O_4 + 2KMnO_4 + 3H_2SO_4 === 2MnSO_4 + K_2SO_4 + 10CO_2\uparrow + 8H_2O$$

酸度和光照对本方法影响较大。

4. 七水硫酸锌的制备

用硫酸溶解锌片，通过过滤除去锌中的其他难溶物。用结晶方法沉淀制备七水硫酸锌。

三、实验仪器、试剂及材料

仪器：离心机；分析天平；普通天平；滴定管；吸量管；容量瓶（100mL 和 250mL）；酒精灯。

试剂：Na_2S 溶液；甲醛；酚酞；NaOH（$0.0515mol \cdot L^{-1}$）；盐酸（$0.1035mol \cdot L^{-1}$）；EDTA（$0.0100mol \cdot L^{-1}$）；铬黑 T；硫酸溶液；草酸溶液；$KMnO_4$（$0.025mol \cdot L^{-1}$）；蒸馏水。

材料：剪刀；1 个废电池。

四、实验步骤

1. 材料准备

取一个废干电池，剥去电池外层包装纸，用螺丝刀撬去盖顶，用小刀挖去盖下面的沥青层，即可用钳子慢慢拔出炭棒（连同铜冒）。用剪刀把废电池外壳剥开，即可取出黑色物质，它为 MnO_2、氯化铵、$ZnCl_2$、炭粉等的混合物质。从废电池表面剥下的锌壳，可能粘有氯化锌、氯化铵及二氧化锰等杂质，应先用水刷洗除去。电池的锌壳用以测定 Zn 的含量及制备 $ZnSO_4 \cdot 7H_2O$。

准确称取 10.0g 黑色固体粉末。用 50mL 蒸馏水溶解，充分搅拌。待固体全部溶解，减压过滤，用蒸馏水充分洗涤。分别获得滤液和滤渣（留备用）。

2. 废电池的成分分析

（1）锌片中锌的纯度分析　准确称取 1.6g 锌片，用足量的硫酸溶解，用 100mL 容量瓶定容，取 5.00mL 于锥形瓶中，逐滴加入 1:1 $NH_3 \cdot H_2O$ 同时不断摇动直至开始出现白色沉淀，再加 5mL $NH_3 \cdot H_2O$-NH_4Cl 缓冲溶液、50mL 水和 3 滴铬黑 T。用 $0.1035mol \cdot L^{-1}$ EDTA 进行锌的滴定，至溶液由酒红色变为纯蓝色即为终点。平行滴定三次。

（2）MnO_2 的制备及纯度分析

① 制备　取步骤 1 中所得滤渣置于蒸发皿中，先用小火烘干，再在搅拌下用强火灼烧，以除去其中所含碳及有机物。直至出现的火星消失且蒸发皿中的物质变褐色为止，冷却，备用。

② 纯度分析　分别取 3 份 MnO_2 0.10g，各加入 0.20g 草酸，并加入 $0.60mol \cdot L^{-1}$ 的 H_2SO_4，微热，充分反应后用 $0.025mol \cdot L^{-1}$ 的 $KMnO_4$ 滴定剩余草酸，溶液由浅黄色变

为粉红色即可。平行滴定三次。

（3）NH_4Cl 的制备及纯度分析

① 制备　取步骤 1 中所得滤液进行离心分离，将分离后的溶液移到蒸发皿中进行加热蒸发，浓缩至表面有晶膜为止，切断热源让其冷却结晶。

② 纯度分析　精确称取 0.20g NH_4Cl 于 100mL 烧杯中水溶后移入 250mL 容量瓶定容，摇匀。然后取 25.00mL 溶液于锥形瓶中并加入过量的甲醛，充分反应后以酚酞为指示剂，用 0.0515 mol·L^{-1} NaOH 进行滴定。平行滴定三次。

3. 制备七水硫酸锌

将处理过的锌片剪碎，锌皮上还可能粘有石蜡、沥青等有机物，用水难以清洗，但它们不溶于酸，可将锌皮溶于硫酸后过滤除去，取滤液进行下面的步骤。

将洁净的碎锌片 1.2g（越碎越好溶解）以约 30mL 的硫酸（2mol·L^{-1}）溶解。微加热，待反应完全，澄清后过滤。向滤液中加入 3% 的双氧水，把 Fe^{2+} 转换成 Fe^{3+}，在不断搅拌下滴加 2mol·L^{-1} 氢氧化钠，逐渐有大量白色氢氧化锌沉淀生成。当加入氢氧化钠时，在充分搅拌下继续滴加至溶液 pH＝8 为止，使得 Fe^{3+} 和 Zn^{2+} 均为沉淀，然后调节溶液 pH＝4 时，使得氢氧化锌沉淀溶解而氢氧化铁沉淀不溶解，过滤，弃去沉淀。

在除去铁的滤液中滴加 NaOH 至 pH＝8，用布氏漏斗减压抽滤，再用大量的水洗涤滤渣。将滤渣移到烧杯中，滴加 2mol·L^{-1} 硫酸，使溶液 pH＝2，将其转入蒸发皿，在水浴上蒸发、浓缩，至液面上出现晶膜后停止加热。自然冷却后，用布氏漏斗减压抽滤，将晶体放在两层滤纸间吸干，称量。计算 $ZnSO_4·7H_2O$ 产品的产率。

七水硫酸锌纯度分析：准确称取 0.80g 七水硫酸锌，加水溶解，用 100mL 容量瓶定容，取 10.00mL 于锥形瓶中，逐滴加入 1：1 $NH_3·H_2O$，同时不断摇动直至开始出现白色沉淀，再加 5mL $NH_3·H_2O$-NH_4Cl 缓冲溶液、50mL 水和 3 滴铬黑 T。用 0.0100mol·L^{-1} EDTA 进行锌的滴定，至溶液由酒红色变为纯蓝色即为终点。平行滴定三次。

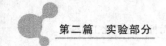

实验七　硅酸盐水泥中硅、铁、铝、钙、镁含量的测定

一、实验目的

1. 学习实际样品分析的方法。
2. 掌握 Fe^{3+}、Al^{3+}、Ca^{2+}、Mg^{2+} 混合液中各种离子的分离测定方法。

二、实验原理

水泥主要由硅酸盐组成。按我国规定，水泥分为硅酸盐水泥（熟料水泥）、普通硅酸盐水泥（普通水泥）、矿渣硅酸盐水泥（矿渣水泥）、粉煤灰硅酸水盐泥（煤灰水泥）等。水泥熟料是水泥生料经 1400℃ 以上高温煅烧而成的。硅酸盐水泥是在水泥熟料中加入适量石膏，其成分与水泥熟料相似，可按水泥熟料化学分析法进行。

本实验采用硅酸盐水泥，一般用酸分解试样后进行分析。

1. 硅的测定

水泥主要由硅酸盐组成。一般含硅、铁、铝、钙和镁等。硅的测定可利用重量法。将试样与固体 NH_4Cl 混匀后，再加 HCl 分解，其中的硅以硅酸凝胶的形式沉淀下来，经过滤、洗涤后的 $SiO_2 \cdot nH_2O$ 在瓷坩埚中于 950℃ 灼烧至恒重，称量并计算 SiO_2 的含量。本法测定结果较标准法约高 0.2%。若改用铂坩埚在 1100℃ 灼烧至恒重、经 HF 处理后，测定结果与标准法测定结果误差小于 0.1%。

滤液可进行铁、铝、钙、镁的测定。

2. 铁、铝的测定

取滤液适量，调节 pH＝2.0～2.5，以磺基水杨酸为指示剂，用 EDTA 配位滴定 Fe^{3+}；然后加入过量的 EDTA 标准溶液，加热煮沸，调节 pH 至 3.5，以 PAN 为指示剂，用 $CuSO_4$ 标准溶液返滴定法测定 Al^{3+}。

3. 钙、镁的测定

Fe^{3+}、Al^{3+} 含量高时，对 Ca^{2+}、Mg^{2+} 测定有干扰，需将它们预先分离。用尿素分离 Fe^{3+}、Al^{3+} 后，调节 pH 至 12.6，以钙指示剂或铬黑 T 为指示剂，EDTA 配位滴定法测定钙。然后调 pH 约为 10，以 K-B 或铬黑 T 为指示剂，用 EDTA 滴定镁。

三、实验仪器及试剂

仪器：马弗炉；瓷坩埚；干燥器和坩埚钳。

试剂：EDTA 标准溶液（0.02mol·L^{-1}）；铜标准溶液（0.02mol·L^{-1}）；溴甲酚绿；磺基水杨酸钠；PAN；钙指示剂；铬黑 T 指示剂；K-B 指示剂；NH_4Cl（s）；氨水（1∶1）；NaOH（质量分数为 20%）；HCl（浓，6mol·L^{-1}，2mol·L^{-1}）；尿素（50%）；浓 HNO_3；NH_4F（20%）；$AgNO_3$（0.1mol·L^{-1}）；NH_4NO_3（1%）；氯乙酸-乙酸铵缓冲液（pH＝2.0）；氯乙酸-乙酸钠缓冲液（pH＝3.5）；NaOH 强碱缓冲液（pH＝12.6）；氨水-氯化铵缓冲液（pH＝10）。

四、实验步骤

1. EDTA 溶液的标定

用移液管准确移取铜标液 10.00mL，加入 5mL pH＝3.5 的缓冲溶液和水 35mL，加热至 80℃后，加入 4 滴 PAN 指示剂，趁热用 EDTA 滴定至由红色变为茶红色，即为终点，记下消耗 EDTA 溶液的体积数。平行测定三次。求 EDTA 溶液的浓度。

2. SiO_2 的测定

准确称取 0.4g 水泥试样，置于 50mL 烧杯中，加入 2.5～3g 固体 NH_4Cl，用玻璃棒搅拌混匀，滴加浓 HCl 至试样全部润湿（一般约需 2mL），并滴加浓 HNO_3 2～3 滴，搅匀。盖上表面皿，置于沸水浴上，加热 1min，加热水约 40mL，搅动，以溶解可溶性盐类，过滤，用热水洗涤烧杯和沉淀，直至滤液中无 Cl^- 为止（用 $AgNO_3$ 检验），弃去滤液将沉淀连同滤纸放入已恒重的瓷坩埚中，低温干燥、炭化并灰化后，于 950℃灼烧 30min 取下，置于干燥器中冷至室温，称重。再灼烧，直至恒重。计算试样中 SiO_2 的含量。

3. 铁、铝、钙、镁的测定

（1）溶样 准确称取约 2g 水泥样品于 250mL 烧杯中，加入 8g NH_4Cl，搅拌 20min 混匀。加入浓 HCl 12mL，使试样全部润湿，再滴加浓 $HNO_3$4～8 滴，搅匀，盖上表面皿，置于已预热的沙浴上加热 20～30min，直至无黑色或灰色的小颗粒为止。取下烧杯，稍冷后加热水 40mL，搅拌使盐类溶解。冷却后，连同沉淀一起转移到 500mL 容量瓶中，用水稀释至刻度，摇匀后放置 1～2h，让其澄清。然后，用洁净、干燥的虹吸管吸取溶液于洁净、干燥的 400mL 烧杯中保存，作为测 Fe^{3+}、Al^{3+}、Ca^{2+}、Mg^{2+} 等之用。

（2）铁、铝含量的测定 准确移取 25.00mL 试液于 250mL 锥形瓶中，加入磺基水杨酸 10 滴，pH＝2.0 的缓冲溶液 10mL，用 EDTA 标准溶液滴定至由酒红色变为无色时，即为终点，记下消耗 EDTA 的体积。平行测定三次，计算 Fe_2O_3 含量。

在滴定完铁后的溶液中，加入 1 滴溴甲酚绿，用 HCl（1∶1）调至黄绿色，然后加入过量 EDTA 标液 15mL，加热煮沸 1min，加入 pH＝3.5 的缓冲溶液 10mL，4 滴 PAN 指示剂，用 $CuSO_4$ 标液滴至茶红色，即为终点。平行测定三次。根据消耗的 EDTA 溶液的体积，计算 Al_2O_3 含量。

（3）钙、镁含量的测定 Fe^{3+}、Al^{3+} 对 Ca^{2+}、Mg^{2+} 的测定有干扰，须将它们预先分离。取试液 100mL 置于 250mL 的烧杯中，滴加氨水至红棕色沉淀生成，再滴入 HCl（2mol·L^{-1}）使沉淀刚好溶解。然后加入尿素溶液 25mL，加热约 20min，不断搅拌，使 Fe^{3+}、Al^{3+} 沉淀完全，趁热过滤，滤液用 250mL 烧杯承接，用 NH_4NO_3（1%）热水溶液洗涤沉淀至无 Cl^- 为止。滤液冷却后转移至 250mL 容量瓶中，稀至刻度，摇匀，用于测定 Ca^{2+}、Mg^{2+}。

用移液管移取 25.00mL 试液置于 250mL 锥形瓶中，加入 10mg 钙指示剂，滴加 NaOH（20%）使溶液变为微红色，加入 10mL pH＝12.6 的缓冲溶液和 20mL 水，用 EDTA 标准溶液滴至终点。平行测定三次，计算 CaO 的含量。

在测定 Ca^{2+} 后的溶液中，滴加 HCl（2mol·L^{-1}）至溶液黄色褪去，此时 pH 约为 10，加入 15mL pH＝10 的缓冲溶液，10mg 铬黑 T 指示剂，用 EDTA 标准溶液滴至由红色变为纯蓝色，即为终点。平行测定三次，计算 MgO 的含量。

五、数据记录与处理

（自拟）

六、注意事项

① 铜标准溶液（$0.02\,mol\cdot L^{-1}$）的配制　准确称取 0.3g 纯铜，加入 3mL $6\,mol\cdot L^{-1}$ HCl，滴加 2~3mL H_2O_2，盖上表面皿，微沸溶解，继续加热赶去 H_2O_2（小气泡冒完为止），冷却后转入 250mL 容量瓶中，用水稀释至刻度，摇匀。

② 氯乙酸-乙酸铵缓冲液（pH＝2）的配制　850mL 氯乙酸（$0.1\,mol\cdot L^{-1}$）和 85mL NH_4Cl（$0.1\,mol\cdot L^{-1}$）混匀。

③ 氯乙酸-乙酸钠缓冲液（pH＝2）的配制　250mL 氯乙酸（$2\,mol\cdot L^{-1}$）与 500mL NaAc（$0.1\,mol\cdot L^{-1}$）混匀。

④ NaOH 强碱缓冲液（pH＝12.6）的配制　10g NaOH 与 10g $Na_4B_4O_7\cdot 10H_2O$（硼砂）溶于适量水稀释至 1L。

⑤ 氨水-氯化铵缓冲液（pH＝10）的配制　67g NH_4Cl 溶于适量水后，加入 520mL 浓氨水，稀释至 1L。

七、思考题

1. Fe^{3+}、Al^{3+}、Ca^{2+}、Mg^{2+} 共存时，能否用 EDTA 标准溶液控制酸度法滴定 Fe^{3+}？滴定时酸度范围为多少？

2. 测定 Al^{3+} 时为什么采用返滴法？

3. 如何消除 Fe^{3+}、Al^{3+} 对 Ca^{2+}、Mg^{2+} 测定的影响？

4. EDTA 滴定 Ca^{2+}、Mg^{2+} 时，怎样利用 GBHA 指示剂的性质调节溶液的 pH？

实验八　胃舒平药片中铝、镁含量的测定

一、实验目的

1. 了解成品药剂中组分含量测定前的处理方法。
2. 熟悉沉淀分离的基本知识和操作过程。
3. 掌握返滴法原理及用返滴法测定铝的分析方法。

二、实验原理

胃病患者常服用的胃舒平，药片中主要成分为氢氧化铝、三硅酸镁（$Mg_2Si_3O_8 \cdot 5H_2O$）及少量中药颠茄流浸膏，在制成片剂时还加了大量糊精等赋形剂。药片中 Al 和 Mg 的含量可用 EDTA 配位滴定的方法测定。

首先用酸溶解试样，采用沉淀分离法除去水中不溶物质，然后分取试液进行滴定分析。

① 取少量试液，加入过量的 EDTA 标准溶液，调节溶液的 pH 约为 4，煮沸，使 EDTA 与 Al^{3+} 配位完全。以二甲酚橙为指示剂，用 Zn^{2+} 标准溶液返滴过量的 EDTA，测出 Al^{3+} 含量。

② 另取试液，调节溶液的 pH，将 Al^{3+} 沉淀分离后，在 pH 为 10 的条件下以铬黑 T 作指示剂，用 EDTA 标准溶液滴定滤液中的 Mg^{2+}。

三、实验仪器与试剂

仪器：分析天平；可调电炉；研钵；过滤装置。

试剂：EDTA 标准溶液（0.02mol·L^{-1}）；Zn^{2+} 标准溶液（0.02mol·L^{-1}）；NH_3-NH_4Cl 缓冲溶液（pH＝10）；六亚甲基四胺（质量分数为 20%）；三乙醇胺溶液（1∶2）；$NH_3 H_2O$ 溶液（1∶1）；HCl（6mol·L^{-1}）；二甲酚橙指示剂（0.2%）；铬黑 T 指示剂；甲基红指示剂；NH_4Cl（s）；胃舒平药片。

四、实验步骤

1. 配制 0.02mol·L^{-1} Zn^{2+} 标准溶液

配制方法参照分析化学实验七。

2. 配制和标定 0.02mol·L^{-1} EDTA 标准溶液

配制及标定方法参照分析化学实验五。

3. 试样处理

称取胃舒平药片 10 片，研细后，从中准确称出药粉 2g 左右，加入 20mL 6mol·L^{-1} HCl 溶液，加入去离子水 100mL，煮沸。冷却后过滤，并以水洗涤沉淀，收集滤液及洗涤液于 250mL 容量瓶中，稀释至刻度，摇匀。

4. 药片中铝的测定

准确移取上述试液 5.00mL，加水至 25mL 左右。滴加 $NH_3 \cdot H_2O$ 溶液（1∶1）至刚出

现浑浊，再加 $6mol \cdot L^{-1}$ HCl 至沉淀恰好溶解。准确加入 25.00mL EDTA 标准溶液，再加入 10mL 20% 六亚甲基四胺溶液，煮沸 10min，冷却后加入 2～3 滴二甲酚橙指示剂，以 Zn^{2+} 标准溶液滴定至溶液由黄色转变为红色，即为终点。根据 EDTA 标准溶液加入量与 Zn^{2+} 标准溶液滴定消耗的体积，计算药片中 $Al(OH)_3$ 的质量分数。

5. 药片中镁的测定

准确吸取上述试液 25.00mL，滴加 $NH_3 \cdot H_2O$ 溶液（1∶1）至刚出现沉淀，再加 $6mol \cdot L^{-1}$ HCl 至沉淀恰好溶解。加入 2g NH_4Cl 固体，滴加入 20% 六亚甲基四胺溶液至沉淀出现并过量 15mL。加热 80℃，维持 10～15min。冷却后过滤，以少量去离子水洗涤沉淀数次，收集滤液及洗涤液于 250mL 锥形瓶中，加入 10mL 三乙醇胺溶液（1∶2），加入 10mL NH_3-NH_4Cl 缓冲溶液及甲基红指示剂一滴，铬黑 T 指示剂少许，用 EDTA 标准溶液滴定试液由暗红色转变为蓝绿色，即为终点。计算药片中 Mg 的质量分数（以 MgO 表示）。

五、数据记录与处理

自拟定计算公式求药片中 Al 和 Mg 的含量。

六、注意事项

① 胃舒平药片试样中铝镁含量可能不均匀，为使测定结果具有代表性，本实验取较多样品，研细后再取部分进行分析。

② 试验结果表明，用六亚甲基四胺溶液调节 pH 以分离 $Al(OH)_3$，其结果比用氨水好，可以减少 $Al(OH)_3$ 沉淀对 Mg^{2+} 的吸附。

③ 测定镁时，加入甲基红指示剂一滴，能使滴定终点更为敏锐。

④ 铬黑 T 指示剂配制：铬黑 T 和氯化钠固体按 1∶100 混合，研磨混匀，保持干燥。

七、思考题

1. 在控制一定的条件下能否用 EDTA 标准溶液直接滴定铝？

2. 在分离 Al^{3+} 后的滤液中测定 Mg^{2+}，为什么还要加入三乙醇胺溶液？

3. 测定镁时能否不分离铝，而采取掩蔽的方法直接测定？选择什么物质作掩蔽剂比较好？设计实验方案。

实验九　粗硫酸铜的提纯（设计型）

一、实验目标

　　粗硫酸铜中含可溶性杂质 Fe^{2+}、Fe^{3+} 等离子和一些不可溶性杂质。要求学生自己设计实验方案将杂质除掉，得到纯净的 $CuSO_4 \cdot 5H_2O$，并用化学分析方法检验产品纯度。

二、实验仪器、药品及材料

　　仪器：台秤；漏斗；布氏漏斗；吸滤瓶；蒸发皿；烧杯；量筒；研钵。

　　试剂：$HCl(2mol \cdot L^{-1})$；$NaOH(2mol \cdot L^{-1})$；$H_2SO_4(1mol \cdot L^{-1})$；$NH_3 \cdot H_2O$ $(6mol \cdot L^{-1})$；$KSCN(0.1mol \cdot L^{-1})$；$H_2O_2(3\%)$。

　　材料：pH 试纸；滤纸；精密 pH 试纸（0.5～5.0）。

三、设计内容

　　① 学生根据实验要求和实验室提供的仪器、药品及材料在实验前一周内查阅有关资料，自拟实验方案，并交指导老师审阅。

　　② 学生在制订实验方案时应注意实验方法的选择，应侧重于与无机化学、分析化学理论和实验的相关内容和方法，并要求在 3h 内能够完成且污染小。设计成可操作形式，包括实验目的、原理、仪器药品、实验操作步骤等。

　　③ 要求用实验报告纸书写并留出实验现象记录、实验现象解释、数据处理与讨论部分，以便实验后完成实验报告，形成一篇完整的设计实验。

　　④ 要求每个人独立完成实验方案的设计工作。

四、实验要求

　　实验方案通过后，可按自拟方案完成实验全部内容。

　　① 根据实验要求自己配制相关药品（方案中应具有具体配制方法，便于实验操作）。

　　② 独立完成实验全部内容，并做好记录。老师对实验操作进行考核。

　　③ 实验结束后，将自己提纯的产品及检验结果交指导老师。

　　④ 根据实验结果完成实验报告（要求对产品纯度、产率进行分析）。

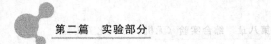

实验十 用酸碱滴定法测定食醋
中总酸量（设计型）

一、实验目标

1. 掌握 NaOH 标准溶液的配制方法。
2. 以强碱滴定弱酸理论为指导设计食醋中总酸量的测定方法。

二、实验仪器及材料

仪器：碱式滴定管（25mL）；容量瓶（250mL）；锥形瓶（250mL）；移液管（10mL、25mL）。

试剂：固体 NaOH；基准邻苯二甲酸氢钾；食醋样（3%～5%）；酚酞指示剂 0.2%。

三、设计内容

① $c(\text{NaOH})=0.1000\text{mol}\cdot\text{L}^{-1}$ 标准溶液的配制、标定基本原理，选用何种基准物及用量。

② 写出用 NaOH 标准溶液测定食醋中总酸量的基本原理。

③ 分步写出实验操作步骤。

④ 列出计算公式及数据记录处理表格。

四、实验要求

① 标定实验，三次平行实验的相对平均偏差小于 0.2%。

② 测定实验，三次平行实验的相对平均偏差小于 0.5%。

提示：食醋中总酸量以 HAc 的质量分数表示，一般为 3%～5%，取样后应配制成与标准溶液相当浓度的样液。注意如食醋有颜色，应当做相应处理。

五、思考题

1. 用酸碱滴定法测定醋酸含量的依据是什么？
2. 测定食醋含量时，所用的去离子水中不能含有 CO_2，为什么？
3. 测定食醋含量时，是否可以选用甲基橙或甲基红作指示剂？

实验十一 有机酸摩尔质量的测定（设计型）

一、实验目标

1. 熟悉 NaOH 标准溶液的配制方法。
2. 掌握强碱滴定多元弱酸的原理及指示剂的合理选择。
3. 合理设计有机酸摩尔质量的测定方法。
4. 熟悉分析数据的统计处理。

二、实验仪器、试剂及有机酸试样

仪器：电子天平（0.1mg）；碱式滴定管（25.00mL）；容量瓶（100mL、250mL）；锥形瓶（250mL）；量筒；移液管（25.00mL）。

试剂：固体 NaOH；酚酞指示剂；邻苯二甲酸氢钾基准物质。

有机酸试样：草酸；酒石酸；柠檬酸。

三、设计内容

① $c(NaOH)=0.1000mol \cdot L^{-1}$ 标准溶液的配制（不含 CO_2）。
② 阐述用 NaOH 标准溶液测定有机酸的原理。
③ 设计实验操作步骤。
④ 合理设计数据记录。
⑤ 书写相关计算公式。
⑥ 完成实验报告并分析误差。

四、实验要求

① 标定实验，7 次平行实验计算结果的相对平均偏差小于 0.2%。
② 测定实验，3 次平行实验测定值极差小于 0.02mL；计算结果相对平均偏差小于 0.2%。

相关常数：

$$M(邻苯二甲酸氢钾)=204.22g \cdot mol^{-1}$$
$$M(草酸)=126.07g \cdot mol^{-1}（含两个结晶水）$$
$$M(酒石酸)=150.09g \cdot mol^{-1}（不含结晶水）$$
$$M(柠檬酸)=210.14g \cdot mol^{-1}（含一个结晶水）$$

五、思考题

1. NaOH 标准溶液如吸收了空气中的 CO_2，当以其测定某一强酸的浓度，分别用甲基橙或酚酞指示终点时，对测定结果的准确度各有何影响？当以其测定某一弱酸浓度时，对测定结果有何影响？
2. 草酸、酒石酸、柠檬酸等多元有机酸能否用 NaOH 溶液分步滴定，为什么？
3. 标定 HCl 溶液时，可用基准 Na_2CO_3 和 NaOH 标准溶液两种方法进行标定，试比较两种方法的优缺点？

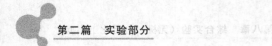

实验十二　工业氧化锌含量的测定（设计型）

一、实验目标

1. 掌握 EDTA 标准溶液的配制方法。
2. 以配位滴定理论为指导设计工业氧化锌含量的测定方法。
3. 进一步加深对设计型实验的理解。

二、实验仪器及试剂

仪器：酸式滴定管（25mL）；容量瓶（250mL）；锥形瓶（250mL）；移液管（10mL、25mL）。

试剂：工业 ZnO（含量>90%，杂质含有少量 Na^+、Fe^{3+}、Al^{3+}、Ca^{2+} 等，杂质总量<1%）；基准 ZnO；固体 EDTA；抗坏血酸（3%）；酒石酸（10%）；NH_4Y（10%）；三乙醇胺（20%）；六亚甲基四胺（20%）；NH_3-NH_4Cl 缓冲溶液；二甲酚橙（0.2%）；铬黑 T。

$lgK_{ZnY}=16.50$，$lgK_{NaY}=1.66$，$lgK_{FeY}=25.1$，$lgK_{AlY}=16.3$，$lgK_{CaY}=10.69$。

三、设计内容

① $c(EDTA)=0.0200mol \cdot L^{-1}$ 标准溶液的配制、标定基本原理，选用何种基准物及用量。

② 写出用 EDTA 标准溶液测定工业氧化锌的实验原理，根据所给条件设计实验的具体测定条件，要写出哪种离子有干扰，怎样消除？哪种离子没有干扰。

③ 写出具体的实验操作步骤。可以在 pH≈5 和 pH≈10 两种条件下进行测定，选用何种指示剂、掩蔽剂、缓冲溶液及用量。

④ 列出计算公式及数据记录处理表格，结果用 $g \cdot L^{-1}$ 表示。

四、实验要求

① 要按需求写出实验方案设计报告，提前交给指导教师。

② 按实验方法进行设计，不得抄袭别人，设计方法正确、合理，概念清楚，要有计算过程。

③ 标定实验，三次平行实验的计算结果相对平均偏差小于0.2%；测定实验，三次平行实验的计算结果相对平均偏差小于0.5%。

附 录

附录一　几种常用酸碱的密度和浓度

试剂名称	密度/g·cm⁻³	溶质的质量分数/%	物质的量浓度/mol·L⁻¹	试剂名称	密度/g·cm⁻³	溶质的质量分数/%	物质的量浓度/mol·L⁻¹
硫酸	1.84	98	18.40	高氯酸	1.67	70	11.63
	1.73	80	14.12		1.12	19	2.12
	1.40	50	7.14	氢氟酸	1.13	40	23.79
	1.14	20	2.33	氢溴酸	1.38	40	6.81
	1.12	18	2.06	氢碘酸	1.70	57	7.57
	1.06	9	0.97	氢氧化钠	1.44	41	14.76
盐酸	1.19	38	12.39		1.22	20	6.10
	1.10	20	6.03		1.09	8	2.18
	1.03	7	1.98		1.04	4	1.04
	1.02	4	1.11	氢氧化钾	1.48	48	12.69
硝酸	1.40	68	15.11		1.26	28	6.30
	1.19	32	6.04		1.09	10	1.95
	1.07	12	2.04		1.05	6	1.13
	1.03	6	0.98	氨水	0.90	28	14.82
磷酸	1.69	85	14.66		0.96	10	5.65
	1.29	45	5.92		0.97	8	4.56
	1.10	18	2.02		0.98	4	2.30
	1.05	9	0.96		0.99	2	1.16
醋酸	1.05	99	17.33	氢氧化钙水溶液		0.15	
	1.04	32	6.07				
	1.02	12	2.04	氢氧化钡水溶液		2	约0.1
	1.01	6	1.01				

注：本表主要摘译自 R. C. Weast. Handbook of Chemistry and Physics. 70th. Edition. D-222. 1989-1990.

附录二　常见离子鉴定方法汇总表

一、常见阳离子的鉴定方法

离子	鉴定方法	条件及干扰
Ba^{2+}	钡盐溶液遇硫酸,即生成不溶于酸的白色沉淀 $$Ba^{2+}+SO_4^{2-} \longrightarrow BaSO_4 \downarrow$$	
Fe^{3+}	三价铁盐遇硫氰化物溶液,能生成血红色 $Fe(SCN)_3$ $$3SCN^-+Fe^{3+} \longrightarrow Fe(SCN)_3$$	F^-、H_3PO_4、$H_2C_2O_4$、酒石酸、柠檬酸等能与 Fe^{3+} 生成稳定配合物而干扰,Co^{2+}、Ni^{2+}、Cr^{3+} 和铜盐因有色而降低灵敏度
K^+	加入 HAc 酸化,再加入 $Na_3[Co(NO_2)_6]$,放置片刻,有 K^+ 存在,即有黄色沉淀 $K_2Na[Co(NO_2)_6]$ 产生,并溶于强酸,不溶于 HAc	鉴定宜在中性或 HAc 酸性溶液中进行,强酸强碱均能使试剂分解。NH_4^+ 与试剂生成橙色沉淀,可在沸水浴中加热 $1\sim2min$ 去除影响
Na^+	在含有 Na^+ 的溶液中加入乙酸铀酰锌试剂,用玻璃棒搅拌或摩擦试管壁,有黄色乙酸铀酰锌钠晶体缓慢生成	鉴定宜在中性或 HAc 酸性溶液中进行,强酸强碱均能使试剂分解。大量 K^+ 存在干扰鉴定,Ag^+、Hg^{2+}、Sb^{3+} 有干扰,PO_4^{3-}、AsO_4^{3-} 能使试剂分解
Mg^{2+}	方法一:在含有 Mg^{2+} 的溶液中加入镁试剂后用 NaOH 碱化,有天蓝色沉淀生成 方法二:在 $NH_3 \cdot H_2O$ 和 NH_4Cl 存在的条件下,于含有 Mg^{2+} 的溶液中加入 Na_2HPO_4,缓慢生成大颗粒白色晶体 $MgNH_4PO_4$ $$HPO_4^{2-}+Mg^{2+}+NH_3 \cdot H_2O \longrightarrow H_2O+MgNH_4PO_4 \downarrow$$	鉴定宜在碱性溶液中进行,鉴定前应加碱煮沸除去 NH_4^+、Ag^+、Hg^+、Hg_2^{2+}、Cu^{2+}、Co^{2+}、Ni^{2+}、Mn^{2+}、Cr^{3+}、Fe^{3+} 及大量 Ca^{2+} 干扰反应,应预先分离
Ca^{2+}	方法一:于含有 Ca^{2+} 的溶液中加入 $(NH_4)_2C_2O_4$,即生成白色 CaC_2O_4 沉淀,溶于 HCl 而不溶于 HAc $$Ca^{2+}+C_2O_4^{2-} \longrightarrow CaC_2O_4 \downarrow$$ 方法二:在含有 Ca^{2+} 的溶液中加入氯代宗 C 试剂的氨水乙醇溶液,有红紫色有机配合物形成	鉴定宜在 HAc 酸性或中性、碱性溶液中进行。Mg^{2+}、Sr^{2+}、Ba^{2+} 有干扰,但 MgC_2O_4 溶于醋酸,Sr^{2+}、Ba^{2+} 应在鉴定前除去
NH_4^+	方法一:加入过量的 NaOH,加热,有 NH_4^+ 存在,即放出 NH_3 气体,遇湿润的红色石蕊试纸,试纸变蓝 $$NH_4^++OH^- \longrightarrow H_2O+NH_3 \uparrow$$ 方法二:加入碱性碘化汞钾试剂(奈氏试剂),若有 NH_4^+ 存在,即生成黄棕色沉淀	CN^- 存在时,加热后也会放出 NH_3,对此有干扰作用。若考虑有 CN^- 存在,可加入 Hg^{2+},使之结合生成 $[Hg(CN)_4]^{2-}$,排除干扰
Al^{3+}	在含有铝离子的溶液中加入氨水,即得白色 $Al(OH)_3$ 沉淀,能溶于 HCl 和 NaOH 溶液中,但在稀氨水中几乎不溶,煮沸也不溶解 $$Al^{3+}+3NH_3 \cdot H_2O \longrightarrow 3NH_4^++Al(OH)_3 \downarrow$$	

离子	鉴定方法	条件及干扰
Pb^{2+}	在中性或弱碱性试液中，Pb^{2+} 可以和 K_2CrO_4 作用生成黄色 $PbCrO_4$ 沉淀 $$Pb^{2+}+CrO_4^{2-}\Longrightarrow PbCrO_4\downarrow$$	Ba^{2+} 和 Ag^+ 对此有干扰。可加入 H_2SO_4，使 Ba^{2+}、Ag^{2+}、Pb^{2+} 生成硫酸盐沉淀，过滤后加入乙酸铵，生成可溶性弱电解质 $Pb(Ac)_2$，然后再鉴定 Pb^{2+}
Ag^+	在含有 Ag^+ 的溶液中加入 HCl，得白色 $AgCl$ 沉淀，能溶于氨水，将此溶液经硝酸酸化后，又析出 $AgCl$ $$Ag^++Cl^-\Longrightarrow AgCl\downarrow$$	
Cu^{2+}	加入乙酸酸化溶液，再加入亚铁氰化钾，若有 Cu^{2+} 存在，即生成红棕色 $Cu_2[Fe(CN)_6]$ 沉淀，沉淀不溶于稀 HNO_3 而溶于 $NH_3\cdot H_2O$ $$2Cu^{2+}+[Fe(CN)_6]^{4-}\Longrightarrow Cu_2[Fe(CN)_6]\downarrow$$	鉴定宜在中性或弱酸性溶液中进行。Fe^{3+} 及大量的 Co^{2+}、Ni^{2+} 有干扰
Zn^{2+}	在中性或碱性条件下，于试液中加入 $(NH_4)_2S$ 或通入硫化氢气体，若有 Zn^{2+} 存在，即生成 ZnS 白色沉淀。沉淀溶于稀盐酸，不溶于乙酸 $$Zn^{2+}+S^{2-}\Longrightarrow ZnS\downarrow$$	鉴定宜在中性或弱酸性溶液中进行。少量 Co^{2+}、Cu^{2+} 存在可形成蓝紫色混晶，利于观察，但含量大时有干扰，Fe^{3+} 干扰
Hg^{2+}	加入 $SnCl_2$，首先生成 Hg_2Cl_2 白色沉淀，在过量的 $SnCl_2$ 存在时，Hg_2Cl_2 被还原为 Hg，沉淀出现灰黑色	

二、常见阴离子的鉴定方法

离子	鉴定方法	条件及干扰
Cl^-	在含有氯离子的溶液中加入 $AgNO_3$ 溶液，立即生成白色 $AgCl$ 沉淀。沉淀不溶于稀硝酸和其他无机酸中，而易溶于氨水和 $(NH_4)_2CO_3$ 溶液 $$Ag^++Cl^-\Longrightarrow AgCl\downarrow$$ $$AgCl+2NH_3\cdot H_2O\Longrightarrow [Ag(NH_3)_2]Cl$$	
Br^-	方法一：加入 $AgNO_3$ 溶液，有溴离子存在，即生成淡黄色 $AgBr$ 沉淀，沉淀不溶于硝酸和 $(NH_4)_2CO_3$ 溶液，只是部分溶于氨水 $$Br^-+Ag^+\Longrightarrow AgBr\downarrow$$ 方法二：加入氯水，再加入氯仿，摇荡，氯仿层显黄色或红棕色，且加入淀粉试剂不变蓝 $$2Br^-+Cl_2\Longrightarrow 2Cl^-+Br_2$$	
I^-	方法一：加入 $AgNO_3$ 溶液，有碘离子存在，即生成黄色 AgI 沉淀，沉淀不溶于硝酸和氨水 $$I^-+Ag^+\Longrightarrow AgI\downarrow$$ 方法二：加入氯水，再加入氯仿，摇荡，氯仿层显紫红色，若加入过量氨水，紫红色消失。紫红色物质能使淀粉试剂变蓝 $$2I^-+Cl_2\Longrightarrow 2Cl^-+I_2$$ $$I_2+5Cl_2+6H_2O\Longrightarrow 2HIO_3+10HCl$$	

离子	鉴定方法	条件及干扰
CN^-	加入 NaOH 碱化,加入 $FeSO_4$ 溶液数滴,并加热至沸腾。然后用 HCl 酸化,再滴加 $FeCl_3$ 溶液数滴。若溶液出现蓝色,表示有 CN^- $$6CN^- + Fe^{2+} = [Fe(CN)_6]^{4-}$$ $$3[Fe(CN)_6]^{4-} + 4Fe^{3+} = Fe_4[Fe(CN)_6]_3 \downarrow$$	
SCN^-	加入 $FeCl_3$ 溶液 1~2 滴,有硫氰化物,溶液出现血红色 $$nSCN^- + Fe^{3+} = Fe(SCN)_n^{3-n}$$	
S^{2-}	方法一:硫化物与稀酸作用放出 H_2S 气体,有臭鸡蛋气味,并能使乙酸铅试纸出现黑色 $$S^{2-} + 2H^+ = H_2S \uparrow$$ $$H_2S + Pb(Ac)_2 = 2HAc + PbS \downarrow$$ 方法二:硫化物与某些金属离子作用,产生不同颜色的沉淀 $$S^{2-} + Cd^{2+} = CdS \downarrow (黄色)$$ $$S^{2-} + Mn^{2+} = MnS \downarrow (粉红色)$$ $$S^{2-} + Zn^{2+} = ZnS \downarrow (白色)$$	
SO_4^{2-}	方法一:硫酸盐遇可溶性钡盐,生成白色沉淀 $BaSO_4$,不溶于酸。氟离子和氟硅酸根离子对此有干扰 $$SO_4^{2-} + Ba^{2+} = BaSO_4 \downarrow$$ 方法二:在硫酸盐溶液中加入 $Pb(Ac)_2$,即生成白色沉淀,能在 NaOH 溶液和 NH_4Ac 中溶解 $$SO_4^{2-} + Pb(Ac)_2 = 2Ac^- + PbSO_4 \downarrow$$ $$PbSO_4 + 3OH^- = HPbO_2^- + H_2O + SO_4^{2-}$$ $$PbSO_4 + 4Ac^- = [Pb(Ac)_4]^{2-} + SO_4^{2-}$$	
SO_3^{2-}	方法一:亚硫酸盐遇强酸则放出 SO_2 气体,使硝酸亚汞试纸变黑 $$SO_3^{2-} + 2H^+ = H_2O + SO_2 \uparrow$$ $$SO_2 + Hg^{2+} + 2H_2O = 2Hg + SO_4^{2-} + 4H^+$$ 方法二:SO_3^{2-} 具有还原性,遇强氧化剂(I_2、$KMnO_4$ 等),都具有还原作用,使 I_2 和 $KMnO_4$ 溶液褪色 $$5SO_3^{2-} + 2MnO_4^- + 6H^+ = 5SO_4^{2-} + Mn^{2+} + 3H_2O$$ $$SO_3^{2-} + I_2 + H_2O = SO_4^{2-} + 2I^- + 2H^+$$	
$S_2O_3^{2-}$	方法一:硫代硫酸盐遇强酸放出 SO_2,生成淡黄色硫沉淀 $$S_2O_3^{2-} + 2H^+ = H_2O + S \downarrow + SO_2 \uparrow$$ 方法二:加入过量 $AgNO_3$ 溶液,有 $S_2O_3^{2-}$ 存在,生成白色 $Ag_2S_2O_3$ 沉淀。该沉淀不稳定,极易水解成 AgS,使沉淀由白变黄,最后变为黑色 $$2Ag^+ + S_2O_3^{2-} = Ag_2S_2O_3 \downarrow$$ $$Ag_2S_2O_3 + H_2O = Ag_2S \downarrow + H_2SO_4$$	方法二的反应须在中性溶液中进行。且 $AgNO_3$ 溶液必须过量,否则生成 $[Ag(S_2O_3)_2]^{3-}$,而无沉淀生成
NO_2^-	方法一:加 HAc 酸化,再加入 $FeSO_4$,有 NO_2^- 存在,溶液出现棕色 $$NO_2^- + 2H^+ + Fe^{2+} = Fe^{3+} + H_2O + NO \uparrow$$ 方法二:加入稀 H_2SO_4 数滴后加入碘化钾-淀粉指示剂,若有 NO_2^- 存在,即呈蓝色 $$2NO_2^- + 4H^+ + 2I^- = 2H_2O + I_2 + 2NO \uparrow$$	

离子	鉴定方法	条件及干扰
NO_3^-	方法一：加入 $FeSO_4$，再沿试管壁缓缓加入浓硫酸，使浓硫酸和试液分成两层，若有 NO_3^- 存在，两层交界面上会出现棕色的环 $$NO_3^- + 3Fe^{2+} + 4H^+ \Longrightarrow 3Fe^{3+} + 2H_2O + NO\uparrow$$ $$Fe^{2+} + NO \Longrightarrow Fe(NO)^{2+}$$ 方法二：加入 H_2SO_4 和铜屑，加热，有 NO_3^- 存在，可放出红棕色的 NO_2 气体 $$3Cu + 8NO_3^- + 8H^+ \Longrightarrow 3Cu(NO_3)_2 + 4H_2O + 2NO\uparrow$$ $$2NO + O_2 \Longrightarrow 2NO_2$$	亚硝酸根离子对方法一有干扰。若考虑到有亚硝酸根离子存在，可加入尿素并酸化溶液，使亚硝酸盐分解
AsO_4^{3-}	方法一：取中性试样液，加入 $AgNO_3$ 溶液，若有 AsO_4^{3-} 存在，即生成棕色砷酸银沉淀，易溶于酸和氨水 $$AsO_4^{3-} + 3Ag^+ \Longrightarrow Ag_3AsO_4\downarrow$$ 方法二：加入硝酸和钼酸铵，在 $70℃$ 左右温热数分钟，有 AsO_4^{3-} 存在，即产生黄色砷酸钼铵沉淀 $$AsO_4^{3-} + 3NH_4^+ + 12MoO_4^{2-} + 24H^+ \Longrightarrow (NH_4)_3AsO_4 \cdot 12MoO_3 \cdot 12H_2O\downarrow$$	
AsO_3^{3-}	方法一：取中性试样液，加入 $AgNO_3$ 溶液，若有 AsO_3^{3-} 存在，即产生黄色亚砷酸银沉淀，溶于酸和氨水 $$AsO_3^{3-} + 3Ag^+ \Longrightarrow Ag_3AsO_3\downarrow$$ 方法二：加入 HCl 酸化后，通入 H_2S 气体，若有 AsO_3^{3-} 存在，即产生黄色三硫化二砷沉淀	
PO_4^{3-}	方法一：加入 $AgNO_3$ 溶液，若有 PO_4^{3-} 存在，即有浅黄色 Ag_3PO_4 沉淀生成，沉淀在氨水和硝酸中都能溶解 $$PO_4^{3-} + 3Ag^+ \Longrightarrow Ag_3PO_4\downarrow$$ $$Ag_3PO_4 + 6NH_4 \cdot H_2O \Longrightarrow 3[Ag(NH_3)_2]OH + 3H_2O + H_3PO_4$$ $$Ag_3PO_4 + 3HNO_3 \Longrightarrow 3AgNO_3 + H_3PO_4$$ 方法二：加入硝酸和钼酸铵，在 $70℃$ 左右温热数分钟，若有 PO_4^{3-} 存在，即有黄色磷钼酸铵沉淀生成，能溶于氨水 $$PO_4^{3-} + 12MoO_4^{2-} + 24H^+ \Longrightarrow (NH_4)_3PO_4 \cdot 12MoO_3 \cdot 12H_2O\downarrow$$ $$(NH_4)_3PO_4 \cdot 12MoO_3 \cdot 12H_2O + 23NH_3 \cdot H_2O \Longrightarrow$$ $$(NH_4)_2HPO_4 + 12(NH_4)_2MoO_4 + 23H_2O$$ 方法三：加入氯化铵镁试剂，若有 PO_4^{3-} 存在，即有白色结晶性沉淀 $MgNH_4PO_4$ 生成	AsO_4^{3-} 对方法二有干扰。可加入 Na_2CO_3，使砷酸根还原为亚砷酸根，再通入 H_2S 气体，生成 As_2S_3 沉淀，过滤去除，排除干扰
CO_3^{2-} 和 HCO_3^-	碳酸盐和碳酸氢盐遇酸即放出 CO_2 气体，能使澄清石灰水变浑浊 $$CO_3^{2-} + 2H^+ \Longrightarrow H_2O + CO_2\uparrow$$ $$HCO_3^- + H^+ \Longrightarrow H_2O + CO_2\uparrow$$ $$CO_2 + Ca(OH)_2 \Longrightarrow H_2O + CaCO_3\downarrow$$	SO_3^{2-}、$S_2O_3^{2-}$ 对反应有干扰，需预先加入数滴 H_2O_2 将其氧化为 SO_4^{2-}，再进行鉴定

离子	鉴定方法	条件及干扰
BO_3^{3-} 和 $B_4O_7^{2-}$	方法一:有脱水剂浓硫酸存在时,硼酸或硼酸盐可以与醇类反应,生成硼酸酯 $$Na_2B_4O_7 + H_2SO_4 + 5H_2O \Longrightarrow 4H_3BO_3 + Na_2SO_4$$ $$H_3BO_3 + 3CH_3OH \Longrightarrow 3H_2O + B(OCH_3)_3$$ $B(OCH_3)_3$ 极易挥发,稍加热即挥发成蒸气,点火时火焰边缘呈绿色,表示有 BO_3^{3-} 或 $B_4O_7^{2-}$ 存在 方法二:在试样中加入 HCl 酸化,用姜黄试纸鉴定。若有 $B(OCH_3)_3$ 存在,姜黄试纸变成红色,放置干燥,颜色变深,用氨试液湿润,即呈绿色	
CrO_4^{2-} 和 $Cr_2O_7^{2-}$	在 CrO_4^{2-} 或 $Cr_2O_7^{2-}$ 溶液中加入乙酸酸化,再加入 $Pb(Ac)_2$,产生黄色沉淀,易溶于硝酸和 NaOH 溶液	

附录三　某些无机化合物在水中的溶解度

化学式	273K	283K	293K	303K	323K	373K
AgBr	—	—	8.4×10^{-6}			** 3.7×10^{-4}
$AgC_2H_3O_2$	0.73	0.89	1.05	1.23	1.64	—
AgCl	—	8.9×10^{-5}	1.5×10^{-4}		5×10^{-4}	2.1×10^{-3}
AgCN			2.2×10^{-5}			
Ag_2CO_3	—	—	3.2×10^{-3}			5×10^{-2}
Ag_2CrO_4	1.4×10^{-3}	—	—	3.6×10^{-3}	5.3×10^{-3}	1.1×10^{-2}
AgI				3×10^{-7}		
$AgIO_3$	—	3×10^{-3}	4×10^{-3}	—	—	—
$AgNO_2$	0.16	0.22	0.34	0.51	0.995	—
$AgNO_3$	122	167	216	265		733
Ag_2SO_4	0.57	0.70	0.80	0.89	1.08	1.41
$AlCl_3$	43.9	44.9	45.8	46.6	—	49.0
AlF_3	0.56	0.56	0.67	0.78	—	1.72
$Al(NO_3)_3$	60.0	66.7	73.9	81.8	—	160
$Al_2(SO_4)_3$	31.2	33.5	36.4	40.4	52.2	89.0
As_2O_5	59.5	62.1	65.8	69.8	—	76.7
As_2S_5	—	—	5.17×10^{-5} (291)	—	—	—
B_2O_3	1.1	1.5	2.2			15.7

化学式	273K	283K	293K	303K	323K	373K
$BaCl_2 \cdot 2H_2O$	31.2	33.5	35.8	38.1	43.6	59.4
$BaCO_3$	—	1.6×10^{-3} (281)	2.2×10^{-3} (291)	2.4×10^{-3} (297.2)	—	6.5×10^{-3}
BaC_2O_4	—	—	9.3×10^{-3} (291)	—	—	2.28×10^{-2}
$BaCrO_4$	2.0×10^{-4}	2.8×10^{-4}	3.7×10^{-4}	4.6×10^{-4}		
$Ba(NO_3)_2$	4.95	6.67	9.02	11.48	17.1	34.4
$Ba(OH)_2$	1.67	2.48	3.89	5.59	13.12	—
$BaSO_4$	1.15×10^{-4}	2.0×10^{-4}	2.4×10^{-4}	2.85×10^{-4}	3.36×10^{-4}	4.13×10^{-4}
$BeSO_4$	37.0	37.6	39.1	41.4	—	82.8
Br_2	4.22	3.4	3.20	3.13	—	
Bi_2S_3	—	—	1.8×10^{-5} (291)			
$CaBr_2 \cdot 6H_2O$	125	132	143	185(307)	—	312(378)
$Ca(H_2C_3O_2)_2 \cdot 2H_2O$	37.4	36.0	34.7	33.8		
$CaCl_2 \cdot 6H_2O$	59.5	64.7	74.5	100	—	159
CaC_2O_4	—	6.7×10^{-4} (286)	6.8×10^{-4} (298)	—	9.5×10^{-4}	—
CaF_2	1.3×10^{-3}	—	1.6×10^{-3} (298)	1.7×10^{-3} (299)	—	—
$Ca(HCO_3)_2$	16.15	—	16.60	—		18.40
CaI_2	64.6	66.0	67.6	69.0	—	81
$Ca(IO_3)_2 \cdot 6H_2O$	0.090	0.17	0.24	0.38	—	—
$Ca(NO_2)_2 \cdot 4H_2O$	63.9	—	84.5(291)	104		178
$Ca(NO_3)_2 \cdot 4H_2O$	102.0	115	129	152	—	363
$Ca(OH)_2$	0.189	0.182	0.173	0.160	0.128	0.076
$CaSO_4 \cdot 0.5H_2O$	—	—	0.32	0.29(298)	0.21(318)	0.071
$CdCl_2 \cdot 2.5H_2O$	90	100	113	132	—	—
$CdCl_2 \cdot H_2O$	—	135	135	135		147
$Cl_2$①	1.46	0.980	0.716	0.562	0.386	0
CO①	0.0044	0.0035	0.0028	0.0024	0.0018	0
$CO_2$①	0.3346	0.2318	0.1688	0.1257	0.0761	0
$CoCl_2$	43.5	47.7	52.9	59.7	—	106
$Co(NO_3)_2$	84.0	89.6	97.4	111	—	—
$CoSO_4$	25.50	30.50	36.1	42.0	—	38.9

化学式	273K	283K	293K	303K	323K	373K
$CoSO_4 \cdot 7H_2O$	44.8	56.3	65.4	73.0	—	—
CrO_3	164.9	—	167.2	—	183.9	206.8
$CsCl$	161.0	175	187	197	218.5	271
$CsOH$	—	—	395.5(288)	—	—	—
$CuCl_2$	68.6	70.9	73.0	77.3	—	120
CuI_2	—	—	1.107			—
$Cu(NO_3)_2$	83.5	100	125	156	—	247
$CuSO_4 \cdot 5H_2O$	23.1	27.5	32.0	37.8		114
$FeCl_2$	49.7	59.0	62.5	66.7		94.9
$FeCl_3 \cdot 6H_2O$	74.4	81.9	91.8	106.8	315.1	535.7
$Fe(NO_3)_2 \cdot 6H_2O$	113	134	—	—	—	—
$FeSO_4 \cdot 7H_2O$	28.8	40.0	48.0	60.0		57.8
H_3BO_3	2.67	3.72	5.04	6.72	11.54	40.25
HBr[①]	221.2	210.3	204(288)	—	171.5	130
HCl[①]	82.3	77.2	72.6	67.3	59.6	—
$H_2C_2O_4$	3.54	6.08	9.52	14.23		
$HgBr$	—	—	4×10^{-6} (299)	—		
$HgBr_2$	0.30	0.40	0.56	0.66	—	4.9
Hg_2Cl_2	0.00014	—	0.0002	—	—	—
$HgCl_2$	3.63	4.82	6.57	8.34	—	61.3
I_2	0.014	0.020	0.029	0.039	0.078	0.445
KBr	53.5	59.5	65.3	70.7	80.2	104.0
$KBrO_3$	3.09	4.72	6.91	9.64	17.5	49.9
$KC_2H_3O_2$	216	233	256	283	—	—
$K_2C_2O_4$	25.5	31.9	36.4	39.9	—	75.3
KCl	28.0	31.2	34.2	37.2	42.6	56.3
$KClO_3$	3.3	5.2	7.3	10.1	19.3	56.3
$KClO_4$	0.76	1.06	1.68	2.56	6.5	22.3
$KSCN$	177.0	198	224	255	—	675
K_2CO_3	105	108	111	114	121.2	156
K_2CrO_4	56.3	60.0	63.7	66.7	—	75.6
$K_2Cr_2O_7$	4.7	7.0	12.3	18.1	34	80

化学式	273K	283K	293K	303K	323K	373K
$K_3Fe(CN)_6$	30.2	38	46	53	—	91
$K_4Fe(CN)_6$	14.3	21.1	28.2	35.1	—	74.2
$KHC_4H_4O_6$	0.231	0.358	0.523	0.762	—	
$KHCO_3$	22.5	27.4	33.7	39.9	—	
$KHSO_4$	36.2	—	48.6	54.3	—	122
KI	128	136	144	153	168	208
KIO_3	4.60	6.27	8.08	10.03	—	32.3
$KMnO_4$	2.83	4.31	6.34	9.03	16.98	—
KNO_2	279	292	306	320	—	410
KNO_3	13.9	21.2	31.6	45.3	85.5	245
KOH	95.7	103	112	126	140	178
K_2PtCl_6	0.48	0.60	0.78	1.00	2.17	5.03
K_2SO_4	7.4	9.3	11.10	13.0	16.50	24.1
$K_2S_2O_8$	1.65	2.67	4.70	7.75	—	—
$K_2SO_4 \cdot Al_2(SO_4)_3$	3.00	3.99	5.90	8.39	17.00	—
$LiCl$	69.2	74.5	83.5	86.2	97	128
Li_2CO_3	1.54	1.43	1.33	1.26	1.08	0.72
LiF	—	—	0.27(291)	—	—	—
$LiOH$	11.91	12.11	12.35	12.70	13.3	19.12
Li_3PO_4	—	—	0.039(291)	—	—	—
$MgBr_2$	98	99	101	104	—	125.0
$MgCl_2$	52.9	53.6	54.6	55.8	—	73.3
MgI_2	120	—	140	—	—	—
$Mg(NO_3)_2$	62.1	66.0	69.5	73.6	—	—
$Mg(OH)_2$	—	—	0.0009(291)	—	—	0.004
$MgSO_4$	22.0	28.2	33.7	38.9	—	50.4
$MnCl_2$	63.4	68.1	73.9	80.8	98.15	115
$Mn(NO_3)_2$	102	118.0	139	206	—	—
MnC_2O_4	0.020	0.024	0.028	0.033	—	—
$MnSO_4$	52.9	59.7	62.9	62.9	—	35.3
NH_4Br	60.5	68.1	76.4	83.2	99.2	145
NH_4SCN	120	144	170	208	—	—
$(NH_4)_2C_2O_4$	2.2	3.21	4.45	6.09	10.3	34.7

化学式	273K	283K	293K	303K	323K	373K
NH_4Cl	29.4	33.3	37.2	41.4	50.4	77.3
NH_4ClO_4	12.0	16.4	21.7	27.7	—	—
$(NH_4)_2 \cdot Co(SO_4)_2$	6.0	9.5	13.0	17.0	27.0	75.1
$(NH_4)_2CrO_4$	25.0	29.2	34.0	39.3	—	—
$(NH_4)_2Cr_2O_7$	18.2	25.5	35.6	46.5	—	156
$(NH_4)_2 \cdot Cr_2(SO_4)_4$	3.95	—	10.78(298)	18.8	—	—
$(NH_4)_2 \cdot Fe(SO_4)_2$	12.5	17.2			40	—
$(NH_4)_2 \cdot Fe_2(SO_4)_4$	—		—	44.15(298)	—	—
NH_4HCO_3	11.9	16.1	21.7	28.4	—	354
$NH_4H_2PO_4$	22.7	29.5	37.4	46.4	—	173
$(NH_4)_2HPO_4$	42.9	62.9	68.9	75.1	—	—
NH_4I	155	163	172	182	199.6	250
NH_4MgPO_4	0.0231	—	0.052		0.03	0.0195
$NH_4MnPO_4 \cdot H_2O$	—	0.0031(冷水)	—			
NH_4NO_3	118.3	—	192	241.8	344.0	871.0
$(NH_4)_2PtCl_6$	0.289	0.374	0.499	0.637	—	3.36
$(NH_4)_2SO_4$	70.6	73.0	75.4	78.0	—	103
$(NH_4)_2SO_4 \cdot Al_2(SO_4)_3$	2.1	5.0	7.74	10.9	20.10	*109.7(368)
$(NH_4)_2S_2O_8$	58.2	—	—			
$(NH_4)_3SbS_4$	71.2		91.2	120	—	—
$(NH_4)_2SeO_4$	—	117(280)				197
NH_4VO_3	—	—	0.48	0.84	1.78	—
$NaBr$	80.2	85.2	90.8	98.4	116.0	121
$Na_2B_4O_7$	1.11	1.6	2.56	3.86	10.5	52.5
$NaBrO_3$	24.2	30.3	36.4	42.6	—	90.8
$NaC_2H_3O_2$	36.2	40.8	46.4	54.6	83	170
$Na_2C_2O_4$	2.69	3.05	3.41	3.81	—	6.50
$NaCl$	35.7	35.8	35.9	36.1	37.0	39.2
$NaClO_3$	79.6	87.6	95.9	105	—	204
Na_2CO_3	7.0	12.5	21.5	39.7	—	—
Na_2CrO_4	31.70	50.10	84.0	88.0	104	126
$Na_2Cr_2O_7$	163.0	172	183	198	244.8	415
$Na_4Fe(CN)_6$	11.2	14.8	18.8	23.8		—

化学式	273K	283K	293K	303K	323K	373K
NaHCO$_3$	7.0	8.1	9.6	11.1	14.45	—
NaH$_2$PO$_4$	56.5	69.8	86.9	107	157	—
Na$_2$HPO$_4$	1.68	3.53	7.83	22.0	80.2	104
NaI	159	167	178	191	227.8	302
NaIO$_3$	2.48	2.59	8.08	10.7	—	33.0
NaNO$_3$	73.0	80.8	87.6	94.9	104.1	180
NaNO$_2$	71.2	75.1	80.8	87.6		160
NaOH	—	98	109	119	—	—
Na$_3$PO$_4$	4.5	8.2	12.1	16.3	—	77.0
Na$_4$P$_2$O$_7$	3.16	3.95	6.23	9.95	17.45	40.26
Na$_2$S	9.6	12.10	15.7	20.5	36.4	—
NaSb(OH)$_6$	—	0.03(285.2)	—	—	—	0.3
Na$_2$SO$_3$	14.4	19.5	26.3	35.5		
Na$_2$SO$_4$	4.9	9.1	19.5	40.8	46.7	42.5
Na$_2$SO$_4$·7H$_2$O	19.5	30.0	44.1	—	—	—
Na$_2$S$_2$O$_3$·5H$_2$O	50.2	59.7	70.1	83.2		
NaVO$_3$	—	—	19.3	22.5	—	—
Na$_2$WO$_4$	71.5	—	73.0	—	—	—
NiCO$_3$	—	—	0.0093(298)	—	—	
NiCl$_2$	53.4	56.3	60.8	70.6	78.3	87.6
Ni(NO$_3$)$_2$	79.2	—	94.2	105	—	—
NiSO$_4$·7H$_2$O	26.2	32.4	37.7	43.4	—	—
Pb(C$_2$H$_3$O$_2$)$_2$	19.8	29.5	44.3	69.8		
PbCl$_2$	0.67	0.82	1.00	1.20	1.70	3.20
PbI$_2$	0.044	0.056	0.069	0.090	0.164	0.42
Pb(NO$_3$)$_2$	37.5	46.2	54.3	63.4	85	133
PbSO$_4$	0.0028	0.0035	0.0041	0.0049	—	—
SbCl$_3$	602	—	910	1087	—	—
Sb$_2$S$_3$	—	—	0.000175 (291)	—	—	—
SnCl$_2$	83.9	—	259.8(288)	—	—	—
SnSO$_4$	—	—	33(298)	—	—	18
Sr(C$_2$H$_3$O$_2$)$_2$	37.0	42.9	41.1	39.5	37.4	36.4

化学式	273K	283K	293K	303K	323K	373K
SrC_2O_4	0.0033	0.0044	0.0046	0.0057	—	—
$SrCl_2$	43.5	47.7	52.9	58.7	72.4	101
$Sr(NO_2)_2$	52.7	—	65.0	72	83.8	139
$Sr(NO_3)_2$	39.5	52.9	69.5	88.7	—	—
$SrSO_4$	0.0113	0.0129	0.0132	0.0138	—	—
$SrCrO_4$	—	0.0851	0.090	—	—	—
$Zn(NO_3)_2$	98	—	118.3	138	—	—
$ZnSO_4$	41.6	47.2	53.8	61.3	—	60.5

① 表示在压力 $1.01325×10^5 Pa$ 下。

摘自 J. A. dean Ed, Lange's Handbook of Chemistry, 13th. edition, 1985。

注：表中括号内数据指温度（K）。

＊＊摘自顾庆超等编. 化学用表. 江苏省科学技术出版社, 1979。

＊摘自 R. C. Weast, Handbook of chemistry and physics, 70th. edition, 1989-1990。

附录四　基准试剂的干燥条件

基准物质	干燥条件	标定对象
$AgNO_3$	280～290℃干燥至恒重	卤化物、硫氰酸盐
As_2O_3	室温干燥器中保存	I_2
$CaCO_3$	110～120℃保持 2h, 干燥器中冷却	EDTA
$KHC_8H_4O_4$（邻苯二甲酸氢钾）	110～120℃干燥至恒重, 干燥器中冷却	$NaOH$、$HClO_4$
KIO_3	120～140℃保持 2h, 干燥器中冷却	$Na_2S_2O_3$
$K_2Cr_2O_7$	140～150℃保持 3～4h, 干燥器中冷却	$FeSO_4$、$Na_2S_2O_3$
$NaCl$	500～600℃保持 50min, 干燥器中冷却	$AgNO_3$
$Na_2B_4O_7 \cdot 10H_2O$	含 NaCl-蔗糖饱和溶液的干燥器中保存	HCl、H_2SO_4
Na_2CO_3	270～300℃保持 50min, 干燥器中冷却	HCl、H_2SO_4
$Na_2C_2O_4$（草酸钠）	130℃保持 2h, 干燥器中冷却	$KMnO_4$
Zn	室温干燥器中保存	EDTA
ZnO	900～1000℃保持 50min, 干燥器中冷却	EDTA

附录五　标准溶液的配制和标定

标准溶液的配制与标定的一般规定如下。

① 配制及分析中所用的水及稀释液, 在没有注明其他要求时, 是指其纯度能满足分析

要求的蒸馏水或离子交换水。

②工作中使用的分析天平砝码、滴管、容量瓶及移液管均需校正。

③标准溶液规定为20℃时，标定的浓度为准（否则应进行换算）。

④在标准溶液的配制中规定用"标定"和"比较"两种方法测定时，不要略去其中任何一种，而且两种方法测得的浓度值的相对误差不得大于0.2%，以标定所得数字为准。

⑤标定时所用基准试剂应符合要求，含量为99.95%～100.05%，换批号时，应做对照后再使用。

⑥配制标准溶液所用的药品应符合化学试剂分析纯级。

⑦配制0.02mol·L⁻¹或更稀的高锰酸钾标准溶液时，应于临用前将浓度较高的高锰酸钾标准溶液，用煮沸并冷却的水稀释，必要时重新标定。

⑧碘量法的反应温度在15～20℃之间。

标准溶液	配制方法	标定方法
盐酸标准溶液	0.02mol·L⁻¹:量取1.8mL盐酸,注入1L水 0.1mol·L⁻¹:量取9mL盐酸,注入1L水 0.2mol·L⁻¹:量取18mL盐酸注入1L水 0.5mol·L⁻¹:量取45mL盐酸,注入1L水	称取在120℃干燥过的分析纯碳酸钠1.5000g±0.0001g(0.1mol·L⁻¹:0.1～0.15g),置于250mL锥形瓶中,加水100mL,搅拌溶解,加入甲基橙指示剂1～2滴,用配制好的盐酸滴定至由黄变橙为终点 $$c(mol \cdot L^{-1}) = \frac{2m \times 1000}{VM}$$ 式中 c——盐酸标准溶液的物质的量浓度; V——耗用盐酸标准溶液的体积; m——碳酸钠的质量; M——碳酸钠的摩尔质量
硫酸标准溶液	1mol·L⁻¹:量取分析纯浓硫酸($d=1.84$)54mL,缓缓倾入500mL水中,冷却后稀释至1L 0.1mol·L⁻¹:量取分析纯浓硫酸5.4mL,缓缓倾入500mL水中,冷却后稀释至1L	称取在120℃干燥过的分析纯碳酸钠1.5000g±0.0001g(0.1mol·L⁻¹:0.1～0.15g),置于250mL锥形瓶中,加水100mL,搅拌溶解,加入甲基橙指示剂1～2滴,用配制好的硫酸滴定至由黄变橙为终点 $$c(mol \cdot L^{-1}) = \frac{m \times 1000}{VM}$$ 式中 c——硫酸标准溶液的物质的量浓度; V——耗用硫酸标准溶液的体积; m——碳酸钠的质量; M——碳酸钠的摩尔质量
氢氧化钠标准溶液	1mol·L⁻¹:称取氢氧化钠40g,用冷沸水溶解于硬质烧杯中,冷却后,以冷沸水稀释至1L 0.1mol·L⁻¹:称取氢氧化钠4g,溶于水中,冷却稀释至1L	称取在120℃干燥过的分析纯邻苯二甲酸氢钾($KHC_8H_4O_4$)4.0000g±0.0001g于250mL锥形瓶中,加水100mL,温热溶解,加入酚酞指示剂2滴,用配制好的氢氧化钠溶液滴定至淡红色终点 $$c(mol \cdot L^{-1}) = \frac{m \times 1000}{VM}$$ 式中 c——氢氧化钠标准溶液的物质的量浓度; V——耗用氢氧化钠标准溶液的体积; m——邻苯二甲酸氢钾的质量; M——邻苯二甲酸氢钾的摩尔质量

标准溶液	配制方法	标定方法
高锰酸钾标准溶液	0.02mol·L⁻¹:称取分析纯高锰酸钾 3.3g 溶于 1L 水中,加热溶解,煮沸 15min,冷却放置过夜,用 3# 砂芯漏斗过滤,用棕色玻璃瓶放置,置于暗处	称取在 120℃ 干燥过的分析纯草酸钠 0.2000g±0.0001g 于 250mL 锥形瓶中,加水 60mL 溶解,加 1:8 硫酸 15mL,加热至 80~90℃,用滴定管加入已配好的高锰酸钾溶液数滴,放置片刻至红色消失后,继续用高锰酸钾滴定至溶液呈微红色,保持 30s 不消失为终点。滴定时,溶液温度不得低于 75℃ $$c(\text{mol·L}^{-1})=\frac{2m\times1000}{VM\times5}$$ 式中 c——高锰酸钾标准溶液的物质的量浓度; V——耗用高锰酸钾标准溶液的体积; m——草酸钠的质量; M——草酸钠的摩尔质量
重铬酸钾标准溶液	0.1mol·L⁻¹:准确称取在 150℃下干燥过的分析纯重铬酸钾 29.421g,加水溶解,用容量瓶稀释至 1L 0.02mol·L⁻¹:准确称取 5.8842g 溶于水中,用容量瓶稀释至 1L	不需标定
硫酸亚铁铵标准溶液	0.1mol·L⁻¹:称取硫酸亚铁铵 [FeSO₄·(NH₄)₂SO₄·6H₂O]40g,溶于 300mL 20% 硫酸溶液中,加水稀释至 1L。使用前标定	用移液管吸取 0.02mol·L⁻¹ 重铬酸钾标准溶液 20mL 于 250mL 锥形瓶中,加水 70mL,1:1 硫酸溶液 20mL,加入 PA 酸指示剂 4 滴,用硫酸亚铁铵标准溶液滴定至紫红色变绿色为终点 $$c(\text{mol·L}^{-1})=\frac{20c(\text{K}_2\text{Cr}_2\text{O}_7)\times6}{V}$$ 式中 c——硫酸亚铁铵标准溶液的物质的量浓度; V——耗用硫酸亚铁铵标准溶液的体积
硫代硫酸钠标准溶液	0.1mol·L⁻¹:称取分析纯硫代硫酸钠(Na₂S₂O₃·5H₂O)25g,溶于水中,加入碳酸钠 0.1g,稀释至 1L	用移液管吸取 0.02mol·L⁻¹ 重铬酸钾标准溶液 20mL 于 250mL 锥形瓶中,加水 60mL,碘化钾 2g,1:1 盐酸 5mL,盖好瓶塞,放置 10min,用硫代硫酸钠溶液滴定至黄绿色,加入淀粉指示剂 5mL,继续滴定至蓝色消失为终点 $$c(\text{mol·L}^{-1})=\frac{20c(\text{K}_2\text{Cr}_2\text{O}_7)\times6}{V}$$ 式中 c——硫代硫酸钠标准溶液的物质的量浓度; V——耗用硫代硫酸钠标准溶液的体积
硝酸银标准溶液	0.1mol·L⁻¹:取分析纯硝酸银于 120℃ 干燥 2h,准确称取 17.000g,加水溶解,于容量瓶中稀释至 1L	不需标定

标准溶液	配制方法	标定方法
锌标准溶液	0.05mol·L^{-1}:称取纯锌3.2685g,溶于1:1盐酸中,于容量瓶中稀释至1L	不需标定
乙二胺四乙酸二钠(EDTA)标准溶液	0.1mol·L^{-1}:称取分析纯乙二胺四乙酸二钠20g,以水加热溶解后,冷却,稀释至1L	移液管吸取0.05mol·L^{-1}锌标准溶液20mL于250mL锥形瓶中,加水50mL,以氨水调节至微碱性,加入pH=10的缓冲溶液10mL,铬黑T指示剂10mg,摇匀,以配好的EDTA标准溶液滴定至红色变蓝色为终点 $$c(\text{mol·L}^{-1})=\frac{20c(\text{Zn}^{2+})}{V}$$ 式中 c——EDTA标准溶液的物质的量浓度; V——耗用EDTA标准溶液的体积
碘标准溶液	0.05mol·L^{-1}:称取分析纯碘13g及碘化钾40g溶于最少量的水中,溶解完全后稀释至1L。贮于棕色瓶中,置于暗处	用移液管吸取0.1mol·L^{-1}硫代硫酸钠标准溶液25mL于250mL锥形瓶中,加水100mL,加入淀粉指示剂5mL,以配好的碘溶液滴定至蓝色不消失为终点 $$c(\text{mol·L}^{-1})=\frac{25c(\text{Na}_2\text{S}_2\text{O}_3)}{2V}$$ 式中 c——碘标准溶液的物质的量浓度; V——耗用碘标准溶液的体积
硝酸汞标准溶液	0.005mol·L^{-1}:准确称取在120℃干燥过的红色氧化汞(HgO)1.083g,用1:1硝酸溶液5mL溶解,再以容量瓶加水稀释至1L	不需标定
硫氰化钾标准溶液	0.1mol·L^{-1}:称取分析纯硫氰化钾10g,以水溶解后,稀释至1L	用移液管吸取0.1mol·L^{-1}硝酸银标准溶液25mL于250mL锥形瓶中,加水50mL,加入1:1硝酸溶液5mL,加铁铵矾指示剂5mL,用配好的硫氰化钾溶液滴定至微红色不消失为终点 $$c(\text{mol·L}^{-1})=\frac{c(\text{AgNO}_3)\times25}{V}$$ 式中 c——硫氰化钾标准溶液的物质的量浓度; V——耗用硫氰化钾标准溶液的体积

附录六　某些试剂溶液的配制

名称	浓度	配制方法
萘斯勒试剂		称取11.55g HgI$_2$和8g KI溶于水中,稀释至50mL,再加入50mL 6mol·L^{-1} NaOH溶液,静置后取其清液,贮于棕色瓶中
醋酸双氧铀锌		(1)溶解10g醋酸双氧铀于15mL 6mol·L^{-1} HAc溶液中,微热,并搅拌使其溶解,加水至100mL (2)另取醋酸锌Zn(Ac)$_2$·2H$_2$O 30g溶于15mL 6mol·L^{-1} HAc溶液中,搅拌加水稀释至100mL (3)将上述两种溶液加热至70℃后混合,放置24h后,取其清液贮于棕色瓶中

名称	浓度	配制方法
钴亚硝酸钠 Na₃[Co(NO₂)₆]		溶解 23g NaNO₂ 于 50mL 水中,加 16.5mL 6mol·L⁻¹ HAc,3g Co(NO₃)₂·H₂O,放置 24h,取其清液,稀释至 100mL,贮于棕色瓶
镁试剂	0.01g·L⁻¹	取 0.01g 镁试剂(对硝基苯偶氮间苯二酚)溶于 1L 1mol·L⁻¹ NaOH 溶液中
碘水	0.01mol·L⁻¹	取 2.5g 碘和 3g KI,加入尽可能少的水中,搅拌至碘完全溶解,加水稀释至 1L
淀粉溶液	5g·L⁻¹	将 1g 可溶性淀粉加入 100mL 冷水调和均匀。将所得乳浊液在搅拌下倾入 200mL 沸水中,煮沸 2~3min 使溶液透明,冷却即可
KI-淀粉溶液		0.5%淀粉溶液中含有 0.1mol·L⁻¹ KI
铬酸洗液		将 25g 重铬酸钾溶于 50mL 水中,加热溶解。冷却后,向该溶液中缓慢加入 450mL 浓硫酸,边加边搅拌,冷却即可。切勿将重铬酸钾溶液加到硫酸中
硝酸亚汞 Hg₂(NO₃)₂	0.1mol·L⁻¹	取 56.1g Hg₂(NO₃)₂·2H₂O 溶于 250mL 6mol·L⁻¹ HNO₃ 中,加水稀释至 1L,并加入少量金属汞
硫化钠 Na₂S	1mol·L⁻¹	取 240g Na₂S·9H₂O 和 40g NaOH 溶于水中,稀释至 1L,混匀
硫化铵 (NH₄)₂S	3mol·L⁻¹	在 200mL 浓氨水中通入 H₂S 气体至饱和,再加入 200mL 浓氨水稀释至 1L,混匀
碳酸铵 (NH₄)₂CO₃	1mol·L⁻¹	将 96g (NH₄)₂CO₃ 研细,溶于 1L 2mol·L⁻¹ 氨水中
硫酸铵 (NH₄)₂SO₄	饱和	将 50g (NH₄)₂SO₄ 溶于 100mL 热水中,冷却后过滤
钼酸铵 (NH₄)₂MoO₄	0.1mol·L⁻¹	取 124g (NH₄)₂MoO₄ 溶于 1L 水中,然后将所得溶液倒入 1L 6mol·L⁻¹ HNO₃ 中,放置 24h,取其清液
氯水		在水中通入氯气至饱和。25℃时,氯溶解度为 199mL/100g H₂O
溴水		将 50g(16mL)液溴注入有 1L 水的磨口瓶中,剧烈振荡 2h。每次振荡后将塞子微开,使溴蒸气放出。将清液倒入试剂瓶中备用。溴在 20℃ 的溶解度为 3.58g/100g H₂O
镍试剂	10g·L⁻¹	溶解 10g 镍试剂(丁二酮肟)于 1L 95%乙醇溶液中
硫氰酸汞铵	0.15mol·L⁻¹	取 8g HgCl₂,9g NH₄SCN 溶于水中,贮于棕色瓶中
对-氨基苯磺酸	0.34%	将 0.5g 对-氨基苯磺酸溶于 150mL 2mol·L⁻¹ HAc 中
α-苯胺	0.12%	将 0.3g α-苯胺溶于 20mL 水中,加热煮沸后,在所得溶液中加入 150mL 2mol·L⁻¹ HAc
二苯硫腙	0.01%	将 0.01g 二苯硫腙溶于 100mL CCl₄ 中
硫脲	10%	取 10g 硫脲溶于 100mL 水中
二苯胺	1%	将 1g 二苯胺在搅拌下溶于 100mL 浓硫酸中
三氯化锑 SbCl₃	0.1mol·L⁻¹	取 22.8g SbCl₃ 溶于 330mL 6mol·L⁻¹ HCl 中,加水稀释至 1L
三氯化铋 BiCl₃	0.1mol·L⁻¹	取 31.6g BiCl₃ 溶于 330mL 6mol·L⁻¹ HCl 中,加水稀释至 1L
氯化亚锡 SnCl₂	0.1mol·L⁻¹	取 22.6g SnCl₂·2H₂O 溶于 330mL 6mol·L⁻¹ HCl 中,加水稀释至 1L,加入几粒纯锡,以防氧化
三氯化铁 FeCl₃	1mol·L⁻¹	取 90g FeCl₃·6H₂O 溶于 80mL 6mol·L⁻¹ HCl 中,加水稀释至 1L
三氯化铬 CrCl₃	0.5mol·L⁻¹	取 44.5g CrCl₃·6H₂O 溶于 40mL 6mol·L⁻¹ HCl 中,加水稀释至 1L
硫酸亚铁 FeSO₄	0.1mol·L⁻¹	取 69.5g FeSO₄·7H₂O 溶于适量的水中,缓慢加入 5mL 浓硫酸,再用水稀释至 1L,并加入数枚小铁钉,以防氧化

名称	浓度	配制方法
二苯碳酰二肼	0.4g·L^{-1}	0.04g 二苯碳酰二肼溶于 20mL 95% 乙醇中,边搅拌,边加入 80mL (1:9) 硫酸(存于冰箱中可用一个月)
硝酸铅 Pb(NO$_3$)$_2$	0.25mol·L^{-1}	取 83g Pb(NO$_3$)$_2$ 溶于少量水中,加入 15mL 6mol·L^{-1} HNO$_3$ 中,用水稀释至 1L
亚硝酰铁氰化钠 Na$_2$[Fe(CN)$_5$NO]	1%	溶解 1g 亚硝酰铁氰化钠于 100mL 水中,如溶液变成蓝色,即需重新配制(只能保存数天)
硫酸氧钛 TiOSO$_4$		溶解 19g 液态 TiCl$_4$ 于 220mL H$_2$SO$_4$(1:1)中,再用水稀释至 1L(注意:液态 TiCl$_4$ 在空气中强烈发烟,因此必须在通风橱中配制)
氯化氧钒 VO$_2$Cl		将 1g 偏钒酸铵固体,加入 20mL 6mol·L^{-1} 盐酸和 10mL 水中

附录七　缓冲溶液

缓冲溶液组成	pK_a	缓冲液 pH 值	缓冲溶液配制方法
氨基己酸-HCl	2.35 (pK_{a1})	2.3	氨基己酸 150g 溶于 500mL 水中,加浓盐酸 80mL,用水稀释至 1L
H$_3$PO$_4$-枸橼酸盐		2.5	Na$_2$HPO$_4$·12H$_2$O 113g 溶于 200mL 水后,加枸橼酸 387g,溶解,过滤后,稀释至 1L
一氯乙酸-NaOH	2.86	2.8	将 200g 一氯乙酸溶于 200mL 水中,加 NaOH 40g 溶解后,稀释至 1L
邻苯二甲酸氢钾-HCl	2.95 (pK_{a1})	2.9	500g 邻苯二甲酸氢钾溶于 500mL 水中,加浓盐酸 80mL,稀释至 1L
甲酸-NaOH	3.76	3.7	95g 甲酸和 40g NaOH 于 500mL 水中,溶解,稀释至 1L
NH$_4$Ac-HAc		4.5	NH$_4$Ac 77g 溶于 200mL 水中,加冰醋酸 59mL,稀释到 1L
NaAc-HAc	4.74	4.7	无水 NaAc 83g 溶于水中,加冰醋酸 60mL,稀释至 1L
NaAc-HAc	4.74	5.0	无水 NaAc 160g 溶于水中,加冰醋酸 60mL,稀释至 1L
NH$_4$Ac-HAc		5.0	NH$_4$Ac 250g 溶于 200mL 水中,加冰醋酸 25mL,稀释至 1L
六亚甲基四胺-HCl	5.15	5.4	六亚甲基四胺 40g 溶于 200mL 水中,加浓盐酸 10mL,稀释至 1L
NH$_4$Ac-HAc		6.0	NH$_4$Ac 600g 溶于 200mL 水中,加冰醋酸 20mL,稀释到 1L
NaAc-H$_3$PO$_4$ 盐		8.0	无水 NaAc 50g 和 Na$_2$HPO$_4$·12H$_2$O 50g,溶于水中,稀释至 1L
NH$_3$-NH$_4$Cl	9.26	9.2	NH$_4$Cl 54g 溶于水中,加浓氨水 63mL,稀释到 1L
NH$_3$-NH$_4$Cl	9.26	9.5	NH$_4$Cl 54g 溶于水中,加浓氨水 126mL,稀释到 1L
NH$_3$-NH$_4$Cl	9.26	10.0	NH$_4$Cl 54g 溶于水中,加浓氨水 350mL,稀释到 1L

附录八　某些离子和化合物的颜色

一、常见离子的颜色

中心原子	物质	颜色	中心原子	物质	颜色
钛	$[Ti(H_2O)_6]^{3+}$	紫色	铁	$[Fe(NCS)_n]^{3-n}$	血红色($n\leqslant6$)
	$[TiO(H_2O)_2]^{2+}$	橙色		$[Fe(CN)_6]^{4-}$	黄色
	TiO^{2+}	无色		$[Fe(CN)_6]^{3-}$	红棕色
钒	$[V(H_2O)_6]^{2+}$	蓝紫色		$[FeCl_6]^{3-}$	黄色
	$V(H_2O)_6^{3+}$	绿色		$[Fe(C_2O_4)_3]^{3-}$	黄色
	VO^{2+}	蓝色		$[Fe(H_2O)_6]^{2+}$	浅绿色
	VO_2^+	黄色		$[Fe(H_2O)_6]^{3+}$	淡紫色
铬	$[Cr(H_2O)_6]^{2+}$	蓝紫色	钴	$[Co(H_2O)_6]^{2+}$	粉红色
	$[Cr(H_2O)_6]^{3+}$	天蓝色		$[Co(NH_3)_6]^{3+}$	土黄色
	$[Cr(NH_3)_6]^{3+}$	黄色		$[Co(NH_3)_6]^{3+}$	红棕色
	$[CrCl(H_2O)_5]^{2+}$	蓝绿色		$[Co(NCS)_4]^{2-}$	蓝色
	$[CrCl_2(H_2O)_4]^+$	绿色	镍	$[Ni(H_2O)_6]^{2+}$	亮绿色
	$[Cr(OH)_4]^-$	亮绿色		$[Ni(NH_3)_6]^{2+}$	蓝色
	CrO_4^{2-}	黄色		$[Ni(NH_3)_6]^{3+}$	蓝紫色
	$Cr_2O_7^{2-}$	橙色	铜	$[Cu(H_2O)_4]^{2+}$	蓝色
锰	$[Mn(H_2O)_6]^{2+}$	肉色		$[Cu(NH_3)_4]^{2+}$	深蓝色
	MnO_4^{2-}	绿色		$[Cu(OH)_4]^{2-}$	亮蓝色
	MnO_4^-	紫红色		$[CuCl_3]^-$	无色
碘	I^{3-}	浅棕黄色		$[Cu(NH_3)_2]^+$	无色
				$[CuCl_4]^{2-}$	黄色

二、常见化合物的颜色

类别	物质	颜色	类别	物质	颜色
氧化物	PbO_2	棕褐色	氧化物	Bi_2O_3	黄色
	Pb_3O_4	红色		TiO_2	白色
	Pb_2O_3	橙色		V_2O_5	橙或黄色
	Sb_2O_3	白色		VO_2	深蓝色

续表

类别	物质	颜色	类别	物质	颜色
氧化物	V_2O_3	黑色	氢氧化物	$Cu(OH)_2$	浅蓝色
	VO	黑色		$Zn(OH)_2$	白色
	Cr_2O_3	绿色		$Cd(OH)_2$	白色
	CrO_3	橙红色		$Mg(OH)_2$	白色
	MoO_2	紫色		$Al(OH)_3$	白色
	WO_2	棕红色		$Sn(OH)_2$	白色
	MnO_2	棕色		$Sn(OH)_4$	白色
	SnO_2	白色或浅黄色		$Pb(OH)_2$	白色
	FeO	黑色		$Sb(OH)_3$	白色
	Fe_2O_3	棕红色		$Bi(OH)_3$	白色
	Fe_3O_4	红色		$Sn(OH)_2$	白色
	CoO	灰绿色	氯化物	$BiOCl$	白色
	Co_2O_3	黑色		$SbOCl$	蓝紫色
	NiO	暗绿色		$TiCl_2 \cdot 6H_2O$	紫或绿色
	N_2O_3	黑色		$CrCl_3 \cdot 6H_2O$	绿色
	CuO	黑色		$FeCl_3 \cdot 6H_2O$	棕黄色
	Ag_2O	褐色		$CoCl_2$	蓝色
	CdO	棕黄色		$CoCl_2 \cdot 2H_2O$	紫红色
	ZnO	白色		$CoCl_2 \cdot 6H_2O$	粉红色
	Hg_2O	黑色		$Co(OH)Cl$	蓝色
	HgO	红色或黄色		$CuCl$	白色
	Cu_2O	暗红色		$AgCl$	白色
氢氧化物	$Cr(OH)_3$	灰绿色		Hg_2Cl_2	白色
	$Mn(OH)_2$	白色		$Hg(NH_2)Cl$	白色
	$MnO(OH)$	棕黑色	碘化物	PbI_2	黄色
	$Fe(OH)_2$	白色		SbI_3	黄色
	$Fe(OH)_3$	红棕色		BiI_3	褐色
	$Co(OH)_2$	粉红色		CuI	白色
	$CoO(OH)$	褐色		AgI	黄色
	$Ni(OH)_2$	绿色		Hg_2I_2	黄绿色
	$NiO(OH)$	黑色		HgI_2	红色
	$Cu(OH)$	黄色			

类别	物质	颜色	类别	物质	颜色
	SnS	褐色	硫酸盐	$NH_4Fe(SO_4)_2 \cdot 12H_2O$	浅紫色
	SnS_2	黄色		$CoSO_4 \cdot 7H_2O$	红色
	PbS	黑色		$FeSO_4 \cdot 7H_2O$	浅绿色
	As_2S_5	黄色		$CuSO_4 \cdot 5H_2O$	蓝色
	As_2S_3	黄色		Ag_2SO_4	白色
	Sb_2S_3	橙色		Hg_2SO_4	黄色
	Sb_2S_5	橙色		$HgSO_4 \cdot HgO$	白色
	Bi_2S_3	黑色		$CaCO_3$	白色
	Bi_2S_5	黑褐色		$Mg_2(OH)_2CO_3$	白色
硫化物	MnS	肉色		$SrCO_3$	白色
	FeS	黑色		$BaCO_3$	白色
	Fe_2S_3	黑色		$Pb_2(OH)_2CO_3$	白色
	CoS	黑色		$Bi(OH)CO_3$	白色
	NiS	黑色		$MnCO_3$	白色
	Cu_2S	黑色	碳酸盐	$FeCO_3$	白色
	Ag_2S	黑色		$CdCO_3$	白色
	ZnS	白色		$Co_2(OH)_2CO_3$	红色
	CdS	黄色		$Ni_2(OH)_2CO_3$	浅绿色
	HgS	红或黑色		$Cu_2(OH)_2CO_3$	蓝色
	$BaSO_3$	白色		$Zn_2(OH)_2CO_3$	白色
其他含氧酸盐	BaS_2O_3	白色		$Cd_2(OH)_2CO_3$	白色
	$NaBiO_3$	浅黄色		$Hg_2(OH)_2CO_3$	红褐色
	$Ag_2S_2O_3$	白色		Ag_2CO_3	白色
	$CaSO_4$	白色		Hg_2CO_3	浅黄色
	$SrSO_4$	白色		$Fe_2(SiO_3)_3$	棕红色
	$BaSO_4$	白色		$BaSiO_3$	白色
	$PbSO_4$	白色		$CoSiO_3$	紫色
硫酸盐	$Cr_2(SO_4)_3$	桃红色	硅酸盐	$NiSiO_3$	翠绿色
	$Cr(SO_4)_3 \cdot 18H_2O$	紫色		$CuSiO_3$	蓝色
	$Cr(SO_4)_3 \cdot 6H_2O$	绿色		$ZnSiO_3$	白色
	$[Fe(NO)]SO_4$	深棕色		Ag_2SiO_3	黄色
	$(NH_4)_2FeSO_4 \cdot 6H_2O$	浅绿色		Na_2SiO_3	浅黄色

续表

类别	物质	颜色	类别	物质	颜色
铬酸盐	$CaCrO_4$	黄色	磷酸盐	$Ca_3(PO_4)_2$	白色
	$SrCrO_4$	浅黄色		$CaHPO_4$	白色
	$BaCrO_4$	黄色		$BaHPO_4$	白色
	$PbCrO_4$	黄色		$MgNH_4PO_4$	白色
	Ag_2CrO_4	砖红色		$FePO_4$	浅黄色
	Hg_2CrO_4	棕色		Ag_3PO_4	黄色
	$HgCrO_4$	红色	其他化合物	$Mn_2[Fe(CN)_6]$	白色
	$CdCrO_4$	黄色		$K[Fe(CN)_6]$	深蓝色
	KCr_2O_7	红色		$Co_2[Fe(CN)_6]$	绿色
草酸盐	CaC_2O_4	白色		$Ni_2[Fe(CN)_6]$	浅绿色
	BaC_2O_4	白色		$Zn_2[Fe(CN)_6]$	白色
	PbC_2O_4	白色		$Cu_2[Fe(CN)_6]$	棕红色
	FeC_2O_4	浅黄色		$Ag_4[Fe(CN)_6]$	白色
	$Ag_2C_2O_4$	白色		$K_2Ba[Fe(CN)_6]$	白色
拟卤化物	$CuCN$	白色		$Pb_2[Fe(CN)_6]$	白色
	$Cu(CN)_2$	黄色		$Cd_2[Fe(CN)_6]$	白色
	$Ni(CN)_2$	浅绿色		二丁二酮肟镍（Ⅱ）	桃红色
	$AgCN$	白色		$HgNI$	棕红色
	$AgSCN$	白色		$(NH_4)_3PO_4·12MoO_3·6H_2O$	黄色
	$Cu(SCN)_2$	黑绿色	溴化物	$PbBr_2$	白色
				$AgBr$	淡黄色

附录九　元素的相对原子质量（2007）

　　许多元素的原子量并非固定不变，而是决定于材料的来源和处理途径。表中的附注详细地注解了各元素可能有的变化情况。本表提供的值应用于在地球上存在的天然元素和某些人工合成元素。应对附注给予应有的注意。括号中的数值用于某些放射性元素，它们的准确原子量因与来源有关而无法提供，表中数值是该元素已知半衰期最长的同位素的原子质量数。

原子序数	名称	元素符号	原子量	原子序数	名称	元素符号	原子量
1	氢	H	1.00794(7)	4	铍	Be	9.012182(3)
2	氦	He	4.002602(2)	5	硼	B	10.811(7)
3	锂	Li	6.941(2)	6	碳	C	12.0107(8)

原子序数	名称	元素符号	原子量	原子序数	名称	元素符号	原子量
7	氮	N	14.0067(2)	40	锆	Zr	91.224(2)
8	氧	O	15.9994(3)	41	铌	Nb	92.90638(2)
9	氟	F	18.9984032(5)	42	钼	Mo	85.96(2)
10	氖	Ne	20.1797(6)	43	锝	Tc	(98)
11	钠	Na	22.98976928(2)	44	钌	Ru	101.07(2)
12	镁	Mg	24.3050(6)	45	铑	Rh	102.90550(2)
13	铝	Al	26.9815386(8)	46	钯	Pd	106.42(1)
14	硅	Si	28.0855(3)	47	银	Ag	107.8682(2)
15	磷	P	30.973762(2)	48	镉	Cd	112.4411(8)
16	硫	S	32.065(5)	49	铟	In	114.818(3)
17	氯	Cl	35.453(2)	50	锡	Sn	118.710(7)
18	氩	Kr	39.948(1)	51	锑	Sb	121.760(3)
19	钾	K	39.0983(1)	52	碲	Te	127.60(3)
20	钙	Ca	40.078(4)	53	碘	I	126.90447(3)
21	钪	Sc	44.955912(6)	54	氙	Xe	131.293(6)
22	钛	Ti	47.867(1)	55	铯	Cs	132.9054512(2)
23	钒	V	50.9415(1)	56	钡	Ba	137.327(7)
24	铬	Cr	51.9961(6)	57	镧	La	138.90547(7)
25	锰	Mn	54.938045(5)	58	铈	Ce	140.116(1)
26	铁	Fe	55.845(2)	59	镨	Pr	140.90765(2)
27	钴	Co	58.933195(5)	60	钕	Nd	144.242(3)
28	镍	Ni	58.6934(4)	61	钷	Pm	(145)
29	铜	Cu	63.546(3)	62	钐	Sm	150.36(2)
30	锌	Zn	65.38(2)	63	铕	Eu	151.964(1)
31	镓	Ga	69.723(1)	64	钆	Gd	157.25(3)
32	锗	Ge	72.64(1)	65	铽	Tb	158.92535(2)
33	砷	As	74.92160(2)	66	镝	Dy	162.500(1)
34	硒	Se	78.96(3)	67	钬	Ho	164.93032(2)
35	溴	Br	79.904(1)	68	铒	Er	167.259(3)
36	氪	Kr	83.798(2)	69	铥	Tm	168.93421(2)
37	铷	Rb	85.4678(3)	70	镱	Yb	173.054(5)
38	锶	Sr	87.62(1)	71	镥	Lu	174.9668(1)
39	钇	Y	88.90585(2)	72	铪	Hf	178.49(2)

原子序数	名称	元素符号	原子量	原子序数	名称	元素符号	原子量
73	钽	Ta	180.94788(2)	96	锔	Cm	(247)
74	钨	W	183.84(1)	97	锫	Bk	(247)
75	铼	Re	186.207(1)	98	锎	Cf	(251)
76	锇	Os	190.23(3)	99	锿	Es	(252)
77	铱	Ir	192.217(3)	100	镄	Fm	(257)
78	铂	Pt	195.084(9)	101	钔	Md	(258)
79	金	Au	196.966569(4)	102	锘	No	(259)
80	汞	Hg	200.59(2)	103	铹	Lr	(260)
81	铊	Tl	204.3822(2)	104	𬬻	Rf	(261)
82	铅	Pb	207.2(1)	105	𬭊	Db	(262)
83	铋	Bi	208.98040(1)	106	𬭳	Sg	(263)
84	钋	Po	(209)	107	𬭛	Bh	(264)
85	砹	At	(210)	108	𬭶	Hs	(265)
86	氡	Rn	(222)	109	鿏	Mt	(266)
87	钫	Fr	(223)	110	𫟼	Ds	(269)
88	镭	Ra	(226)	111	𬬭	Rg	(272)
89	锕	Ac	(227)	112	鿔	Cn	(273)
90	钍	Th	232.03806(2)	113		Uut	(278)
91	镤	Pa	231.03588(2)	114		Uuq	(289)
92	铀	U	238.02891(3)	115		Uup	(288)
93	镎	Np	(237)	116		Uuh	(289)
94	钚	Pu	(244)	118		Uuo	(294)
95	镅	Am	(243)				

附录十 化合物的相对分子质量

化合物	分子量	化合物	分子量	化合物	分子量
AgBr	187.772	Ag_2CrO_4	331.730	Al_2O_3	101.961
AgCl	143.321	AgI	234.722	$Al(OH)_3$	78.004
AgCN	133.886	$AgNO_3$	169.873	Al_2SO_4	342.154
AgSCN	165.952	$AlCl_3$	133.340	As_2O_3	197.841

化合物	分子量	化合物	分子量	化合物	分子量
As_2O_5	229.840	$KHC_2O_4 \cdot H_2C_2O_4 \cdot H_2O$	254.20	$NH_3 \cdot 6H_2O$	35.046
As_2S_3	246.041	$KHC_4H_4O_6$	188.178	NH_4Cl	53.492
$BaCO_3$	197.336	$KHSO_4$	136.170	$(NH_4)_2CO_3$	96.086
BaC_2O_4	225.347	KI	166.003	$(NH_4)_2C_2O_4$	124.10
$BaCl_2$	208.232	KIO_3	214.001	$NH_4Fe(SO_4)_2 \cdot H_2O$	482.194
$BaCrO_4$	253.321	$KIO_3 \cdot HIO_3$	389.91	$(NH_4)_2PO_4 \cdot 12MoO_3$	1876.35
BaO	153.326	$KMnO_4$	158.034	NH_4SCN	76.122
$Ba(OH)_2$	171.342	$KNaC_4H_4O_6 \cdot 4H_2O$	282.221	C_6H_5COONa	144.11
$BaSO_4$	233.391	KNO_3	101.103	$C_6H_4COOHCOOK$	204.22
$BiCl_3$	315.338	KNO_2	85.104	CH_3COONH_4	77.08
$BiOCl$	260.432	K_2O	94.196	CH_3COONa	82.03
CO_2	44.010	KOH	56.105	C_6H_5OH	94.11
CaO	56.077	K_2SO_4	174.261	$(C_9H_7N)_3H_3PO_4 \cdot 12MoO_3$(磷钼酸喹啉)	2212.74
$CaCO_3$	100.087	$MgCO_3$	84.314		
CaC_2O_4	128.098	$MgCl_2$	95.210	$COOHCH_2COOH$	104.06
CaF_2	78.075	$MgC_2O_4 \cdot 2H_2O$	148.355	$COOHCH_2COONa$	126.04
$Ca(NO_3)_2$	164.087	$Mg(NO_3)_2 \cdot 6H_2O$	256.406	CCl_4	153.82
$Ca(OH)_2$	74.093	$MgNH_4PO_4$	137.82	$CoCl_2$	129.838
$Ca_3(PO_4)_2$	310.177	MgO	40.304	$Co(NO_3)_2$	182.942
$CaSO_4$	136.142	$Mg(OH)_2$	58.320	CoS	91.00
$CdCO_3$	172.420	$Mg_2P_2O_7 \cdot 3H_2O$	276.600	$CoSO_4$	154.997
$CdCl_2$	183.316	$MgSO_4 \cdot 7H_2O$	246.475	$CO(NH_2)_2$	60.06
CdS	144.477	$MnCO_3$	114.947	$CrCl_3$	158.354
$Ce(SO_4)_2$	332.24	$MnCl_2 \cdot 4H_2O$	197.905	$Cr(NO_3)_3$	238.011
CH_3COOH	60.05	$Mn(NO_3)_2 \cdot 6H_2O$	289.040	Cr_2O_3	151.990
CH_3OH	32.04	MnO	70.937	$CuCl$	98.999
CH_3COCH_3	58.08	MnO_2	86.937	$CuCl_2$	134.451
C_6H_5COOH	122.12	MnS	87.004	$CuSCN$	121.630
K_2CrO_3	294.185	$MnSO_4$	151.002	CuI	190.450
$K_3Fe(CN)_6$	329.246	NO	30.006	$Cu(NO_3)_2$	187.555
$K_4Fe(CN)_6$	368.347	NO_2	46.006	CuO	79.545
$KHC_2O_4 \cdot H_2O$	146.141	NH_3	17.031	Cu_2O	143.091

化合物	分子量	化合物	分子量	化合物	分子量
CuS	95.612	$NaCl$	58.443	$H_2C_2O_4 \cdot 2H_2O$	126.0665
$CuSO_4$	159.688	$NaClO$	74.442	$H_2C_4H_4O_4$(酒石酸)	150.09
$FeCl_2$	126.750	NaI	149.894	HCl	36.461
$FeCl_3$	162.203	NaF	41.988	$HClO_4$	100.459
$Fe(NO_3)_3$	241.862	$NaHCO_3$	84.007	HF	20.006
Fe_3O_4	71.844	Na_2HPO_4	141.959	HI	127.912
Fe_2O_3	159.688	NaH_2PO_4	119.997	HIO_3	175.910
Fe_3O_4	231.533	$Na_2H_2Y \cdot 2H_2O$	372.240	HNO_3	63.013
$Fe(OH)_3$	106.867	$NaNO_2$	68.996	HNO_2	37.014
FeS	87.911	$NaNO_3$	84.995	H_2O	18.015
Fe_2S_3	207.87	Na_2O	61.979	H_2O_2	34.015
$FeSO_4$	151.909	Na_2O_2	77.979	H_3PO_4	97.995
$Fe_2(SO_4)_3$	399.881	$NaOH$	39.997	H_2S	34.082
H_3AsO_3	125.944	Na_3PO_4	163.94	H_2SO_3	82.080
H_3AsO_4	141.944	Na_2S	78.046	H_2SO_4	98.080
H_3BO_3	61.833	$NaSiF_6$	188.056	$Hg(CN)_2$	252.63
$(NH_4)_2HCO_3$	79.056	Na_2SO_3	126.044	$HgCl_2$	271.50
$(NH_4)_2MoO_4$	196.04	$Na_2S_2O_3$	158.11	Hg_2Cl_2	472.09
NH_4NO_3	80.043	Na_2SO_4	142.044	HgI_2	454.40
$(NH_4)_2HPO_4$	132.055	$NiC_8H_{14}O_4N_4$ (丁二酮肟合镍)	288.92	$Hg_2(NO_3)_2$	525.19
$(NH_4)_2S$	68.143			$Hg(NO_3)_2$	324.60
$(NH_4)_2SO_4$	132.141	$NiCl_2 \cdot 6H_2O$	273.689	HgO	216.59
Na_3AsO_3	191.89	NiO	74.692	HgS	232.66
$Na_2B_4O_7$	201.220	$N(NO_3)_2 \cdot 6H_2O$	290.794	$HgSO_4$	296.65
$Na_2B_4O_7 \cdot 10H_2O$	381.373	NiS	90.759	Hg_2SO_4	497.24
$NaBiO_3$	279.968	$NiSO_4 \cdot 7H_2O$	280.863	$KAl(SO_4)_2 \cdot 12H_2O$	474.391
$NaBr$	102.894	P_2O_5	141.945	$KB(C_6H_5)_4$	358.332
$NaCN$	43.008	HBr	80.912	KBr	119.002
$NaSCN$	81.074	HCN	27.026	$KBrO_3$	167.000
Na_2CO_3	106.00	$HCOOH$	46.03	KCl	74.551
$Na_2CO_3 \cdot 10H_2O$	286.142	H_2CO_3	62.0251	$KClO_3$	122.549
$Na_2C_2O_4$	134.000	$H_2C_2O_4$	90.04	$KClO_4$	138.549

化合物	分子量	化合物	分子量	化合物	分子量
KCN	65.116	PdS	239.3	$SrCrO_4$	203.61
KSCN	97.182	$PdSO_4$	303.3	$Sr(NO_3)_2$	211.63
K_2CO_3	138.206	SO_3	80.064	$SrSO_4$	183.68
K_2CrO_4	194.191	SO_2	64.065	TiO_2	79.866
$PbCO_3$	267.2	$SdCl_3$	228.118	$UO_2(CH_3COO)_2 \cdot 2H_2O$	422.13
PdC_2O_4	295.2	$SdCl_5$	299.024	WO_3	231.84
$PdCl_2$	278.1	Sd_2O_3	291.518	$ZnCO_3$	125.40
$PdCrO_4$	323.2	Sd_2S_3	339.718	$ZnC_2O_4 \cdot 2H_2O$	189.44
$Pd(CH_3COO)_2$	325.3	SiO_2	60.058	$ZnCl_2$	136.29
$Pd(CH_3COO)_2 \cdot 3H_2O$	427.2	$SnCO_3$	178.82	$Zn(CH_3COO)_2$	183.48
PdI_2	461.0	$SnCl_2$	189.615	$Zn(NO_3)_2$	189.40
$Pd(NO_3)_2$	331.2	$SnCl_4$	260.521	$Zn_2P_2O_7$	304.72
PdO	223.2	SnO_2	150.709	ZnO	81.39
PdO_2	239.2	SnS	150.776	ZnS	97.46
Pd_3O_4	685.6	$SrCO_3$	147.63	$ZnSO_4$	161.45
$Pd_3(PO_4)_2$	811.5	SrC_2O_4	175.64		

参 考 文 献

[1] Dean J A. 1999. Lang's Handbook of Chemistry and Physics [M]. 15th ed. New York：McGraw-Hill Book Company.

[2] Braun R D, 北京大学化学系等译. 最新仪器分析全书 [M]. 北京：化学工业出版社，1990.

[3] 常文宝，李克安. 简明分析化学手册 [M]. 北京：北京大学出版社，1981.

[4] 北京师范大学无机化学教研室. 无机化学实验 [M]. 第 2 版. 北京：高等教育出版社，1991.

[5] 华东理工大学无机化学教研组. 无机化学实验 [M]. 第 4 版. 北京：高等教育出版社，2007.

[6] 吴惠霞. 无机化学实验 [M]. 北京：科学出版社，2008.

[7] 吴茂英，肖楚民. 微型无机化学实验 [M]. 北京：化学工业出版社，2006.

[8] 武汉大学. 分析化学实验 [M]. 北京：高等教育出版社，2001.

[9] 石军. 分析化学学习指导 [M]. 天津：南开大学出版社，2009.

[10] 庄京，林金明. 基础分析化学实验 [M]. 北京：高等教育出版社，2007.

[11] 章伟光. 综合化学实验 [M]. 北京：化学工业出版社，2008.

[12] 南京大学无机及分析化学实验编写组. 无机及分析化学实验 [M]. 北京：高等教育出版社，2006.

[13] 张寒琦，徐家宁. 综合和设计化学实验 [M]. 北京：高等教育出版社，2006.